信息技术概论

曹健 李静远 李海生 编著

清华大学出版社
北京

内 容 简 介

进入信息时代,信息技术催生的新事物和新理念层出不穷,给人们的工作、学习、生产和生活带来深刻而又长远的影响。了解信息科学和运用信息技术,已经成为当代复合型人才必备的素质。

本书主要围绕编码、芯片、软件、网络、数据、计算、安全、智能 8 个专题,介绍相关领域的基本原理、核心技术以及发展趋势,涉及计算机、软件、电子、通信、自动化等多个专业的入门知识。

本书是在计算机专业导论课和信息技术前沿通识课的教学资源上加工而成的,也是作者多年教学实践经验的总结升华。本书适合作为普通高等学校相关专业的"信息技术导论""计算机导论""大学计算机基础""信息技术基础"等课程的教材,也可作为广大工程技术人员和信息技术爱好者自学的参考书。

图书在版编目(CIP)数据

信息技术概论/曹健,李静远,李海生编著. -- 北京:清华大学出版社,2025.8.
ISBN 978-7-302-69718-3

Ⅰ. TP3

中国国家版本馆 CIP 数据核字第 2025CG9114 号

责任编辑:张瑞庆
封面设计:刘　键
责任校对:郝美丽
责任印制:沈　露

出版发行:清华大学出版社
　　　　网　　　址:https://www.tup.com.cn,https://www.wqxuetang.com
　　　　地　　　址:北京清华大学学研大厦 A 座　　　　邮　　编:100084
　　　　社 总 机:010-83470000　　　　邮　　购:010-62786544
　　　　投稿与读者服务:010-62776969,c-service@tup.tsinghua.edu.cn
　　　　质量反馈:010-62772015,zhiliang@tup.tsinghua.edu.cn
　　　　课件下载:https://www.tup.com.cn,010-83470236
印 装 者:三河市铭诚印务有限公司
经　　销:全国新华书店
开　　本:186mm×240mm　　　印　　张:16.5　　　字　　数:321 千字
版　　次:2025 年 9 月第 1 版　　　印　　次:2025 年 9 月第 1 次印刷
定　　价:49.80 元

产品编号:111035-01

　　七八十年前,普通民众的识字率非常低,替人读书写信是一门职业,随着我国的文盲率逐渐降低、趋近于零,该职业也在不知不觉中消亡了;三十多年前,拍照摄影是专业人士才能掌握的技术,而今大多数人都可以操作影像设备随时记录自己和周围的事情,甚至可以使用软件进行编辑;二十多年前,几乎只有专职司机才会开车,现在很多人高中刚毕业就报考驾照,准备载着家人出去旅游了;十几年前,维护计算机、录入文字是信息化的一道门槛,各个机构争聘信息专业的学生从事这项工作,现在连退休的大爷大妈都能在跳广场舞时发一篇微博、转一个朋友圈……

　　"人无远虑,必有近忧",如果我们要想在未来几年甚至十几年后还能跟得上时代的步伐,就要提前做好准备:掌握信息技术,才能适应未来的工作学习;提升信息素养,才能保障未来的生活质量。这个大趋势无法避免,每个人都要主动或被动地参与其中。正如《爱丽丝梦游仙境》中的红皇后所说:"必须不停地奔跑,才能使你保持在原地。"与之对应的中国谚语就是"逆水行舟,不进则退"。

　　信息技术涉及的知识领域非常广泛,如数学、物理学、计算机科学、数据科学、电子信息、自动控制、心理学、社会学等。信息技术的发展速度也异乎寻常的快,科研工作者刚发掘的新成果到成书时往往就不是最前沿的知识了。例如,就在作者整理此稿件的过程中,国内外的芯片技术持续升级,AI模型也迭代了数轮。这些对信息专业的导论课的教学来说,都是非常大的挑战。

　　近年来,市场上关于信息技术概论或信息技术导论的教材已有很多,我们团队的教师在近二十年的教学过程中翻阅过几百本不同文献。其中,多数文献都使用了复杂的专业术语和深奥的数学知识,这对于信息专业的高年级学生或基础扎实的技术人员来说可能没有问题,但对于低年级的普通本科生来说还是很有难度的。

　　为了顺应国家战略性新兴产业政策的实施,培养更多有竞争力的信息领域人才,我们教学团队整理近几年教学和科研的相关材料,编写了这本适合普通大众理解,能供大一新生轻松入门、从零学起的信息技术的导论教材,并在教学改革中做出以下有益的尝试。

（1）进入一个新的领域，最好从了解背景开始。知道了事物的由来、应用和意义，与个人的生活体验紧密联系起来，才能真正引发读者的兴趣，理解起来才更加容易。多年来的教学实践表明，兴趣是第一位的，思维方式的转变是最为关键的。这并不是说具体的理论与技术不重要，而是当读者有了兴趣、转变了思维方式之后，自然会去学习和钻研。

（2）每个人在成长过程中已经接触了很多信息技术，只不过是零散的、片面的，缺少系统化的整理。本书立足于捋出信息学科的主线脉络，忽略一些技术细节和旁支侧叶，以免读者因为信息冗杂而产生认知负担。毕竟，搭起一个简易的主框架之后，对后续课程的深入学习将会变得轻松。

（3）学习信息技术并没有什么专业门槛。只要着眼于理论与现实的内在联系、技术与生活的紧密结合，哪怕仅有中学的基础也一样可以掌握大多数内容。本书正文中需要深入解释的部分，都放在了扩展阅读、脚注或附录里面，有兴趣的读者可以深入阅读，直接跳过这部分也不会影响对整体的理解。

非常感谢北京工商大学计算机与人工智能学院的鼎力支持，使得三位教师能在繁忙的教学与科研活动之余完成编撰工作。本书在编写过程中参考了很多优秀教材与科技图书，在此向这些文献的作者和出版社表示由衷的感谢。

由于编者水平有限且时间仓促，书中难免会有缺漏和错误，敬请广大读者批评和指正。

曹健　李静远　李海生

2025 年 7 月于北京工商大学

CONTENTS 目录

第1章

绪　论

信息技术(Information Technology,IT)很早就出现在人们的生产生活中,并在人类文明史上占据了重要的地位。且不说语言、文字、珠算都属于信息技术的范畴,在我国的四大发明中就有两项是实打实的信息技术——造纸术和活字印刷术。大家耳熟能详的诗句"烽火连三月,家书抵万金",其中的"烽火"和"家书"就是古代最常用的信息技术。

在如今的信息时代,每个人手中的电话、桌上的计算机、客厅里的电视、教室里的投影、街道上的广播、太空中的卫星,无一不是信息技术的产物。信息技术产业(IT 产业)不仅是全球经济形势的晴雨表,更是职业选择最热门的领域。信息技术在为人类带来丰厚物质财富的同时,还深刻影响着人们的生产、生活和思维方式,从根本上改变着人类社会的方方面面。

1.1　信息技术的本质

所有的生物每天都在进行信息活动,例如寻找食物、迁移、辨别敌害、辨认配偶等,这是生物与生俱来的决定存亡的能力。当然,它可能只是很简单的本能,例如微生物遇到酸碱度不适合的环境就会逃走;也可能需要复杂一些的技能,例如黑猩猩使用树枝插入蚁穴捕食蚂蚁。

人类认识世界和改造世界的所有活动,都可以认为是信息活动。即不断从外部世界的客体中获取信息,并对这些信息进行处理,最终根据处理结果反作用于外部世界的过程,如图 1.1 所示。信息活动中用到的人体信息器官可以分为感觉器官、传导器官(神经系统)、思维器官和效应器官四大类型,分别负责信息获取、信息传输、信息加工和信息应用四种功能。

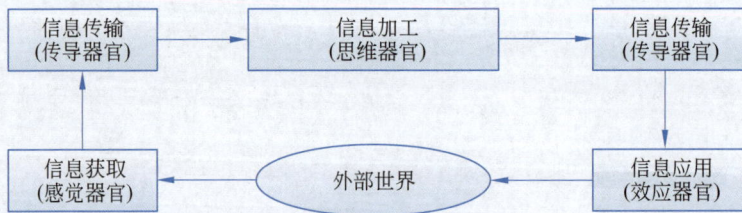

图 1.1　信息活动的基本流程

人们不仅在生产实践中了解了信息活动的基本流程,搞清楚了相应器官的主要作用,而且还发明了一些工具来提升自己的信息处理能力。因此,从本质上讲,信息技术是用来扩展人类信息器官的功能、协助人类更有效地进行信息处理操作的技术。因此,基本的信息技术主要包括以下几类：

(1) 扩展感觉器官功能的感测技术。

(2) 扩展传导器官功能的通信技术。

(3) 扩展思维器官功能的计算与存储技术。

(4) 扩展效应器官功能的控制与显示技术。

由于信息的传递是通过通信技术来完成的，信息的处理是通过各种类型的计算机来完成的，而信息要为人类所用，又必须是可以控制的，所以有一派观点认为信息技术就是 3C——计算机（Computer）、通信（Communication）和控制（Control），即 IT ＝ Computer＋Communication＋Control。

有时计算机技术又和信息技术并列起来，称为"计算机与信息技术"，这是在强调计算机技术的核心地位。毕竟计算机已经成为信息接收、处理、存储的主要载体。所有的 IT 人才或多或少都要掌握一些计算机技术。

经过多年的蓬勃发展和广泛普及，信息技术已经成为一种典型的通用技术：它不再是与数、理、化、天、地、生等平行的一门学科，而是演变成一种与多种学科交叉的横向型科学技术；也不再是以研究信息获取、存储、处理等为主的一门单独的学科，而是更加强调与社会、健康、能源、材料等其他领域的紧密联系。

科学与技术的关系

"科学"和"技术"常常一起出现，例如"科学技术是第一生产力"，但这两个词还是有所区分的："科学"是在发现已存的规律，"技术"是在发明未有的事物。如果我们仔细观察周边，就会意识到所有的事物基本可以划分为两类：一类是本来就存在于自然中，人类所做的只不过是发现；另一类是本来并不存在，人类所做的是发明。从这个角度来说，信息科学就是人类在发现信息活动的原理和规律，而信息技术毫无疑问都是人类发明出来的种种处理信息的工具和手段了。

科学和技术的关系之所以非常紧密，是因为发现往往是发明的基础。很多情况下都是先发现了一些规律，然后在这些规律的指导下进行发明创造。例如，人们发现了季节更替的特点，就可以发明防暑御寒的措施；人们发现了浮力作用的原理，就可以发明热气球和轮船；人们发现了生物矿产的特性，就可以发明治疗疾病的医药。当然，对科学和技术也可以有不同的侧重。例如，牛顿的各种伟大发现（如力学定律、万有引力定律）奠定了近代科学的基础，人们称其为科学家；爱迪生的两千多项技术专利也对世界产生了深远的影响，人们称其为发明家。

1.2　信息科学的支柱

信息科学是指以信息为主要研究对象,以信息的运动规律和应用方法为主要研究内容,以计算机等技术为主要研究工具,以扩展人类的信息功能为主要目标的一门新兴的综合性学科。其支柱为信息论、控制论和系统论,合称为"三论"。其实,"三论"一经提出,就有很多人和组织机构开始在其指导下解决各种前沿问题了。近年来涌现出来的"互联网思维""云计算思维""大数据思维",本质上也没有太多的变化,它们的理论基础依然还是"三论"。

1.2.1　信息论

信息论是用于度量信息以及利用概率论阐述通信理论的交叉学科。其创始人香农[①]的突出贡献是第一次采用量化的方式度量信息,并用数学的方法将通信的原理解释得一清二楚。香农借用热力学中熵的概念来描述信息世界的不确定性,进一步指出,若要消除系统内的不确定性,就要引入信息。假如我们需要搞清楚一件非常不确定的事,或是我们一无所知的事情,就需要了解大量的信息;相反,如果我们对某件事已经有了较多的了解,那么不需要太多的信息就能把它搞清楚。所以,想要消除系统内的不确定性,就要引入信息,至于要引入多少信息,那就得看系统中的不确定性有多大了。所以说,在工业时代,谁掌握了资本,谁就能获取财富;而在信息时代,谁掌握了信息,谁就能够获取财富。

很多时候,我们能够获取的信息和需要研究的事物并非一回事,那么这些信息能不能帮助我们消除关于所研究的事物的不确定性呢?这就必须有"关联"。于是,信息论中一个重要的概念——"互信息"就出现了,它可以实现对相关性的量化度量。此外,香农还给出了两个相关信息处理和通信的基本定律——香农第一定律和香农第二定律,这两个定律在信息时代的作用堪比牛顿力学定律在机械时代的作用。关于这两个定律,在第 2 章会有详细介绍。

在信息论中还有一个最大熵原理[②],在很多领域,尤其是金融领域,已经充分证实了其有效性:首先,在没有信息的情况下,不能对未来做任何主观的假设;其次,在获得

---

① 克劳德·艾尔伍德·香农(Claude Elwood Shannon),美国数学家,信息论的创始人。他提出了信息熵的概念,为信息论和数字通信奠定了基础。

② 最大熵原理也称最大信息原理,其主要思想是在对未知事件发生的概率分布进行预测时,我们的预测应当满足全部已知条件,而对未知的情况不要做任何主观假设。

了一些信息的情况下,做出的判断首先要符合这些信息(当然对其他事物的判断依然不能做任何先验的假设)。这样才能做到风险最小,回报最大。例如,好的风险投资人都不做事先的假定,因为不知道未来的发展方向一定是什么样的,他们希望从创业者那里了解这种信息。在得到一些信息后,他们做出适当的反应。而且为了降低投资风险,他们"不要把鸡蛋放进一个篮子里"。同时,一旦察觉到某种技术趋势,他们会让自己的一部分投资符合这种技术趋势。这显然不同于我们使用了几百年的"大胆假设、小心求证"的方法论了,因为它要求不引入主观的假设。我们能做的就是尽可能多地获取数据,利用更丰富的数据对细节进行描述。

1.2.2　控制论

自从 1948 年维纳[①]出版了《控制论——关于在动物和机器中控制和通信的科学》以来,控制论的思想和方法已经渗透到几乎所有的自然科学和社会科学领域。维纳把控制论看作一门研究机器、生命社会中控制和通信的一般规律的科学,是研究动态系统在变化的环境条件下如何保持平衡状态或稳定状态的科学。他特意创造 Cybernetics 这个英语新词来命名这门科学。

控制论的本质可以概括为以下三个要点:

首先,控制论突破了牛顿的绝对时间观。按照绝对时间观,时间是绝对恒定的物理量,例如,昨天的一小时和今天的一小时是一样的,昨天出去玩了一小时没有做作业,今天多花一小时补上即可。维纳采用了法国哲学家伯格森的时间观,即"Duree"这样一个概念,翻译成中文为"绵延"。意思是说,时间不是静态和片面的,事物发展的过程不能简单拆成一个个独立的因果关系。例如,昨天浪费了一小时,今天多花了一小时做作业,就少了一小时休息,就可能造成明天听课效果不好,因此浪费一小时和没有浪费一小时的人,其实已经不是同一个人了。如果我们把这种观点应用到企业管理上,那么企业主强制员工在某一天加班一小时,未必能够多生产出平常一小时产生的产品,因为多加班一小时的员工已经不是原来的员工了。

其次,任何系统(可以是人体、股市、商业环境、产业链等)在外界环境刺激(也称为输入)下必然做出反应(也称为输出),然后反过来影响系统本身。例如,在资本市场,购买一种股票就会导致其股价被一定程度地抬高。正因如此,根据过去的经验或者任何已知的信号去操作当下股市,都不可能达到预期。因为当你觉得便宜时进行购买,而这个行为本身抬高了股价,使你赚不到预想的收益。在维纳看来,任何系统,无论是机械

---

① 诺伯特・维纳(Norbert Wiener),美国应用数学家,控制论的创始人,美国艺术与科学院院士,生前是麻省理工学院荣休教授。

系统还是生命系统,乃至社会系统,撇开它们各自的形态,都存在这样的共性。

为了维持一个系统的稳定,或者为了对它进行优化,可以将它对刺激的反应反馈回系统中,这最终可以让系统产生一个自我调节的机制。例如,上百层楼高的摩天大厦,在自然状态下会随风飘摆,顶层的位移是 $1\sim 2\,\mathrm{m}$,在大楼的顶上安装一个非常重的阻尼减振器,让它朝着与大楼摇摆相反的方向运动,大楼顶端漂移(输入)得越多,它往相反方向运动(输出)也越多,而这种反方向的运动反馈给大楼,最终会让大楼稳定。在管理上,一个组织为了保证计划的实现,就要不断地对计划进行监控和调整,以防止偏差继续扩大。

1.2.3 系统论

一般认为,1948 年贝塔朗菲[①]出版的《生命问题》标志着系统论的问世。虽然系统论源于对生物系统的研究,但它适用于各种组织和整个社会。贝塔朗菲和其他系统论的奠基人(布里渊、薛定谔和普利高津等)主要的观点如下:

首先,一个有生命的系统和非生命的系统是不同的。前者是一个开放的系统,需要和外界进行物资、能量或者信息的交换。后者为了其稳定性,需要和外界隔离,才能保持其独立性。例如,一瓶纯净的氧气,盖子一旦打开,就和周围环境中的空气相混合,就不再是纯氧了。

其次,根据热力学第二定律,一个封闭系统总是朝着熵增加的方向变化的,即从有序变成无序。例如,一杯冷水和一杯热水相混合,变成一杯温水,这是无序状态。用香农的理论来描述,即一个封闭系统的变化一定是不确定性不断增加。我们可以把一个公司或者一个组织看作一个系统,如果它是一个封闭系统,一定是越变越糟糕;相反,对于一个开放的系统,因为可以和周围进行物资、能量和信息交换,有可能引入所谓的"负熵",这样就会让这个系统变得更加有序。最初薛定谔等人用负熵的概念来说明为什么生物能够进化(越变越有序),后来,管理学家借用这个概念来说明一个公司或组织在外界环境的影响下,可以变得更好。中国的俗话"他山之石,可以攻玉"就是这个道理。这从某个角度解释了为什么近亲繁殖会让一个组织的道路越走越窄,而引入外来文化才有可能不断进步。

最后,对于一个有生命的系统,其功能并不等于每一个局部功能的总和,或者说将每一个局部研究清楚了,不等于整个系统研究清楚了。例如,熟知人体每一个细胞的功

---

① 路德维希·冯·贝塔朗菲(Ludwig von Bertalanffy),美籍奥地利理论生物学家和哲学家,建立了关于生命组织的机体论,并由此发展成一般系统论。一般系统论不仅适用于生物学,还广泛应用于物理学、心理学、经济学和社会科学等多个学科领域。

能,并不等于研究清楚了整个人体的功能。这种理念与机械思维中的"整体总是能够分解成局部,局部可以再合成整体"的思路不同。

1.3 信息活动的演变

整个人类的进化史,同时也是一部人类信息活动的演进史。在人类文明不断前进的过程中,每隔一段时间都会出现或大或小的信息技术变革。其中有 5 次尤为特殊,它们对人类社会的发展产生了超乎想象的巨大推动力,给人类社会带来了飞跃式的进步。这 5 次信息革命分别是语言的突破、文字的诞生、印刷术的出现、电磁波的应用以及计算机的发明。

1.3.1 语言的突破

早在几百万年前,南方古猿(人类的远祖)通过肢体动作、自身气味和各种叫声进行简单的信息传递,这和其他动物几乎没有什么区别。大约 7 万年前,生活在东非的一种智人突然脱颖而出,迅速扩张到全球各个角落,把其他古人类赶出了历史的舞台。这伙人类祖先胜出的秘诀是什么呢? 比较令人信服的答案是因为独特的语言。

一方面,人类的语言最为灵活,表达尤为丰富。虽然人类只能发出有限的声音,但组合起来却能产生无限多的句子,各有不同的含义。于是,人类就能吸收、储存和沟通惊人的信息量,并通过语言来间接地了解周遭的世界。猴子也能够向同伴大声叫喊,表达类似"小心! 有狮子!"的意思。而人类却能够告诉同伴:出了山洞往北走多长距离就能看到一个小池塘,刚才有一群狮子正在跟踪一群羚羊。而且,他还能确切地描述出狮子和羚羊的数量,以及今天的天气情况。有了这些信息,大家就能一起讨论:应该召集多少人,什么时间过去,如何把狮子赶走,让羚羊成为自己的囊中物。

另一方面,人类的语言是一种"八卦"的工具,可以描述我们自己。作为一种社会性的动物,沟通合作一直是人类得以生存和繁衍的关键。所以对于个人来说,光是知道外界环境是不够的,更重要的是要知道自己的部落里谁跟谁有仇,谁跟谁好上了,谁总是踏实能干,谁天天胡说八道……就算只有几十个人,想随时知道他们之间不断变动的关系状况,相关信息的数量已经十分惊人了。7 万年前,智人的语言能力取得了突破,让他们能够持续"八卦"达数小时之久。通过这些闲话,他们可以理顺部落成员之间的各种关系。于是部落的规模就能够扩大,而智人也能够发展出更紧密、更复杂的合作形式。

社会学研究指出,借由"八卦"来维持的最大自然团体大约是 150 人,即著名的

"邓巴数字"①。只要超过这个数字,大多数人就无法真正深入了解、"八卦"所有成员的生活情形。直到今日,人类的群体还是继续受到这个神奇的数字影响:只要在 150 人以下,不论是 30 人的一个班级、60 人的一个家族企业,还是 100 人的一个社会团体,靠着大家都认识、彼此互通消息就能够运作顺畅,而不需要规定出正式的阶层、职称、规范。一旦越过了 150 人的门槛,就有了质的变化。很多成功的家族企业在规模小的时候并没有董事会、职业经理人或会计部门,后来规模逐渐扩大,雇用的人员越来越多,就会陷入危机,不得不彻底重组,才能继续成长。

那么,人类是怎么跨过这个门槛值,最后创造出了有成千上万居民的城市和国家的呢?这里的秘密很有可能就在于人类善于通过语言来虚构故事,传达一些根本不存在的事物的信息。不论是人类还是一些其他动物,都能通过大喊来提醒:"小心!有狮子!"但只有人类能够说:"狮子是我们部落的守护神!"我们没法劝一只狮子舍弃口中的羚羊,不要制造杀孽。但是人类就会相信"放下屠刀,立地成佛",或者向上帝祷告,祈求升上天堂。猴子抢走了游客的挎包挂在树上,没有任何惩罚和不安。但人类拿走了别人的东西就可能面临制裁,或者良心上有所愧疚。可以说无论是神灵、天堂,还是法律、正义,这些概念都只存在于人类的想象之中,都是虚构的故事。

虚构故事的意义不只在于让人类能够拥有想象,更重要的是可以一起想象。就算是大批互不相识的人,只要同样相信某个故事,就能共同合作。例如,教会的根基就在于宗教故事。两个素未谋面的天主教徒,能够一起参加十字军东征,或者一起筹措资金盖医院,原因就在于他们同样相信上帝的创世纪和基督的故事。经济的体系也是基于资本故事。两个远隔万里的企业家,只要相信市场的调节作用和私有财产不可侵犯,就能够一起创办跨国公司或者一起投资炒股。正由于大规模的人类合作是以虚构的故事作为基础的,所以只要改变所讲的故事,就能改变人类合作的方式。

可以说语言不仅使沟通更加便利,而且使人类的信息活动从具体走向抽象。我们的祖先借此编织出了极其复杂的故事网络,也因而发展出许许多多的行为模式,而这正是我们所谓"文化"的主要成分,是人与动物的根本区别之一。正如德国社会学家马克斯·韦伯所说的:"人是悬挂在自我编织的意义之网上的动物。"总之,语言的突破,可以说是信息技术的首次革命,对人类的发展影响巨大,与火的使用同样重要。

不过,人类的语言需要面对一个能听见、能理解的同类时才有效。如果面对的是不能进行语言交流的对象(如聋哑人),或者由于时间和空间的原因无法接触的对象(如远方的人或者百年之后的子孙)呢?可见,直接的口头交流还是有其内在的局限性的。更

---

① 邓巴数字,又称 150 定律,由英国牛津大学的人类学家罗宾·邓巴在 20 世纪 90 年代提出。其内容为:人类智力将允许人类拥有稳定社交网络的人数是 148 人,四舍五入大约是 150 人。

为不幸的是,即便有人来咨询我们一些以前亲身经历的事情,我们可能已经无法准确地回忆起当时的情景。毕竟,大脑在形成长时记忆[①]的过程中,不自觉地进行了详略整理和信息加工,此外还一直伴随着遗忘。而且在他人分析并存储我的叙述时,会受到其个人发展与生活环境的影响,融入了他自己的理解和想象。这就像孩子们爱玩的"土电话"游戏一样,传话的效果只会越来越糟。如图 1.2 所示,当大家轻声细语,一个人一个人地往下传话时,他们在传给下一个人时已经对听到的话"添油加醋"了。这导致的结果就是,队伍中最后一人说出的话往往与最先传出的原话风马牛不相及。

图 1.2 多人传话的谬误

1.3.2 文字的诞生

如何才能让信息传递能够跨越空间的距离和时间的长河并保持稳定不变?答案就是把信息活动的记录从大脑转移到一些外部"存储器"上,比如绘画。这种古老的信息记录形式可以追溯到三万多年前世界各地的洞穴里,主题经常是动物和猎人,如图 1.3 所示。随着时间的发展,绘画被用于记录生活中的一些场景,从而保存了人类的经验。同时,绘画也记录了社会中的重要事件:战争的胜利或失败,财富的增加或损耗,灾害(洪涝、瘟疫)的产生或消退。

这种艺术化的信息记录有着其与生俱来的缺陷:首先是它不仅耗时而且昂贵,艺术家不得不苦干很长一段时间,才有可能创造出这些令人印象深刻的艺术作品;其次,绘画只是善于捕捉某个永恒的瞬间,例如一场战役的关键时刻,但要描绘整个战争如何开始并逐步结束就非常困难了,而且故事的大部分细节还得要观看者去想象;另外,抽象的观念或者思想,例如勾股定理或者万有引力定律都很难用绘画去表现,如果用具体的场景去影射(如直角三角形或者下落的苹果)将会产生很多种不同的解释,可能会造成令人无法忍受的歧义性。

---

① 长时记忆是指存储时间在一分钟以上的记忆,一般能保持多年甚至终身。它的信息主要来自短时记忆阶段加以复述的内容,也有由于印象深刻一次形成的。长时记忆的容量似乎是无限的,它的信息是以有组织的状态被存储的。

图 1.3　法国肖维岩洞中的史前壁画（大约 3.6 万年前）

由于绘画的这些固有缺点，我们的祖先便去寻求其他方法来构建外部的信息记录。尤其是那些专注于生产、贸易与管理的组织，想要拥有一种能够简便精确地存储与提取信息的方法，这就诞生了文字。让人非常诧异的是，古代的官僚主义与会计人员正是促成因素。例如，公元前 3500 年左右，居住在美索不达米亚南部的苏美尔人已经超越小的村庄形态，形成了更大的群体。为了记录账目与存货，便有人在黏土泥板上刻印小的凹痕进行信息存储。如图 1.4 所示，目前找到人类祖先最早留下的文字是一份财务记录："29086 单位大麦 37 个月库辛"，最有可能的解读是："在 37 个月间，总共收到 29086 单位的大麦。由库辛签核。"这些早期的象形文字，最终逐渐形成了书写，使得早期苏美尔人的楔形文字成为了第一种广泛应用的书面语言。大约在同一时期（公元前 3000 年），埃及也出现了类似的象形文字。而几个世纪之后，在东亚的黄河岸边产生了更为成熟的象形文字——甲骨文，并随着中华文明一直流传下来，衍生出了今天的汉字。

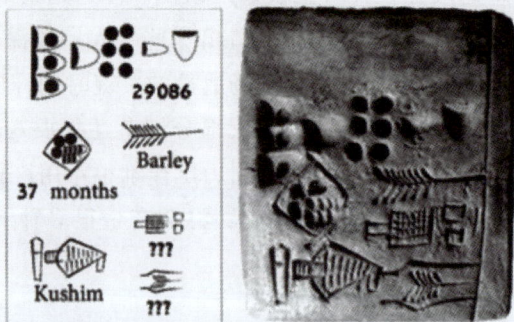

图 1.4　来自古城乌鲁克（Uruk）大约公元前 3400—前 3000 年的泥板

文字的诞生是信息技术的一个巨大变革，因为一旦书写被大家所知并确立下来，人类的经验与知识就能够被存储在人类的头脑之外，并能够随意准确地进行提取。它记录下了复杂的灌溉和耕种流程，流传开来，并进一步促进了广泛的贸易；它降低了征税、行政命令和军事决策的信息管理难度，从而促进了国家的诞生；它让科学技术的传承和发展更加容易，使得复杂的结构与了不起的建筑成为可能，例如埃及金字塔、雅典卫城以及中国的长城和故宫。

文字的载体——从龟甲到纸张

文字的使用当然离不开记录和传播文字的载体。早期各个文明采用的方法大致相同，都尝试过陶器、青铜器、树叶、兽皮、骨头、石碑等。例如，在中国河南出土的记录商朝政治军事的文献，全部都是刻在龟甲与兽骨上，所以命名为甲骨文；亚述帝国的末代国王巴尼帕喜欢在征服的城市中搜集能够看到的所有文字材料，这些文本大都整洁地存储在成千上万的黏土块上；统治亚历山大港（今埃及）的托勒密家族诱使精英知识分子从遥远的地方慕名而来，从而获取他们携带的各种记录文字的莎草纸①卷轴，打造出当时世界上最大的图书馆。

不管是刻在龟甲和石碑上，还是铸在青铜器上，高昂的费用使得早期的文字只能局限于上流社会使用。直到中国的春秋时期，一种新的文字载体开始登上历史舞台，文字才得以广泛地流传和使用，那就是被认为是文字平民化的使者——竹简。作为一种廉价、轻便的文字载体，竹简流行了800多年之久，直至魏晋时期，才随着纸张的推广逐渐退出历史舞台。东汉时期，蔡伦在总结以往造纸经验的基础上革新了造纸工艺，并于公元105年进献给汉和帝，得到了皇帝的赞赏，并诏令天下推广使用。此后，造纸术就传入了与我国毗邻的朝鲜和越南，随后又传到了日本。大约8世纪前后，造纸术又沿着丝绸之路传到了中亚，后来经过阿拉伯传到了欧洲和非洲，欧洲人又带着纸张踏上了新大陆——美洲。可以说，1800多年以来，纸这种媒介已经深入人类生活的方方面面，它让书写变得更加方便快捷，极大地促进了各地的文化交流和教育普及，加速了世界文明的进程。

---

① 莎草纸是为古埃及人广泛采用的书写载体，它用当时盛产于尼罗河三角洲的纸莎草的茎制成，类似于竹简的制作，但比竹简的制作过程复杂。

1.3.3　印刷术的出现

文字的诞生和造纸技术的改进,让图书成为信息传播的有力工具。但书籍非常昂贵——它们都是万中选一的,而且每册书都是经过训练的专业人员辛辛苦苦用手工制作的。最勤奋的抄写员在他们的一生中也仅能制作几十本书,况且许多手工制作的书籍包含丰富的插图和华丽的封面,这些都需要消耗更多的额外时间。在公元 15 世纪开始之前,剑桥大学的图书馆总共只有 122 本藏书,经过长达半个世纪的努力,这一数量才增加到了 330 本。手工抄书不仅费时费事,而且容易抄错、抄漏,既阻碍了文化的发展,又给文化的传播带来不应有的损失。

印章和石刻给印刷术提供了直接的经验性启示。印章在先秦时就存在了,一般只有几个字,表示姓名、官职或机构。印文均刻成反体,有阴文(凹下的文字)和阳文(凸起的文字)之别。在纸没有出现之前,公文或书信都写在简牍上,写完用绳捆好,在打结处填进胶泥,然后将印章盖在泥上,称为泥封。可以说,泥封就是在泥上印刷,这也是当时的一种保密手段。纸张出现之后,泥封演变为纸封,即在几张公文纸的接缝处或公文纸袋的封口处盖印。据记载,在北齐时(公元 550—577 年)有人把用于公文纸盖印的印章做得很大,很像一块小小的雕刻版。

如图 1.5 所示,雕版印刷是在一定厚度的平滑的木板上,粘贴上抄写工整的书稿,薄而近乎透明的稿纸正面和木板相贴,字就成了反体,笔画清晰可辨。雕刻工人用刻刀把版面没有字迹的部分削去,就成了字体凸出的阳文(和字体凹入的碑石阴文截然不同)。印刷的时候,在凸起的字体上涂上墨汁,然后把纸覆在它的上面,轻轻拂拭纸背,字迹就留在纸上了。到了宋朝,雕版印刷事业发展到全盛时期。雕版印刷对文化的传播起了重大作用,但是也存在明显缺点:一是刻版费时费工费料,二是大批书版存放不便,三是有错字不容易更正。

图 1.5　雕版示例

　　北宋平民发明家毕昇总结了历代雕版印刷的丰富的实践经验,经过反复试验,在宋仁宗庆历年间(公元1041—1048年)制成了胶泥活字,实现排版印刷,完成了印刷史上一项重大的革命。毕昇的方法是:用胶泥做成一个个规格一致的毛坯,在一端刻上反体单字,用火烧硬,成为单个的胶泥活字。为了适应排版的需要,一般常用字都备有几个甚至几十个,以备同一版内重复时使用。遇到不常用的冷僻字,如果事前没有准备,可以随制随用。毕昇的胶泥活字版印刷术,如果只印两三本书,并不算省事,但要印成百上千本不同的文献,工作效率就极其可观了。不仅能够节约大量的人力物力,而且可以极大提高印刷的速度和质量,比雕版印刷要优越得多。活字版印完之后可以拆版,所以活字可重复使用,且活字比雕版占有的空间小,容易存储和保管。

　　公元1450年,德国人约翰内斯·古登堡在欧洲发明并推广了"铅活字版机械印刷机"(现代铅活字如图1.6所示)。从此,印刷厂开始大批量地生产娱乐作品以及希腊与罗马经典书籍,还有少量的宗教典籍。从1453—1503年,大约800万本书被印刷出版,可能比1250年君士坦丁堡建城以来欧洲所有抄写员制作的书籍还要多,产出的书籍增长了令人瞠目结舌的25倍!到了1574年,一位出版商将马丁·路德翻译的《圣经》出版了十多万册,供人们在家中与小型社区中大声朗读。人们终于可以不依赖昂贵且腐败的教会机构,直接聆听上帝的教诲。由于古登堡印刷术的推广,仅仅几十年的时间,教会就彻底失去了对信息的掌控。而此前的中世纪,它禁锢了人们的思想长达千年之久。

图1.6　现代铅活字示例

　　书籍和报纸的普及提高了人们的识字率,反过来又扩大了书籍和报纸的需要量。此外,手工业者从早期印行的手册、广告中发觉印行这类印刷品可以名利双收。这样又提高了他们的阅读和书写能力。例证说明,印刷术帮助了一些出身低微的人们提高了他们的社会地位,例如在早期德国的教会改革中就有出身鞋匠和铁匠家庭的教士和牧师。这充分说明印刷术能为地位低下的人提供改善社会处境的机会。

总之,印刷术的出现是人类文明史上的光辉篇章。一方面,印本的大量生产,使书籍留存的机会增加,减少了手抄本因为有限的收藏而遭受绝灭的可能性;另一方面,印刷使得书籍的形式日渐统一,而不是像从前手抄者的各随所好,使读者养成一种有系统的思想方法,并促进各种学科组织的结构方式得以形成;最重要的是,印刷促进教育的普及和知识的推广,书籍低廉的价格使得更多人可以获得知识,因而对他们的人生观和世界观产生了影响。

1.3.4　电磁波的应用

18 世纪末,继瓦特改进蒸汽机以来,引发了各国对科学技术的普遍关注。但由于当时正处于一个农业社会的背景,地域间、国家间的相对封闭影响了信息的广泛交流,从根本上阻碍了世界的整体进步。

19 世纪初,人们经过长期研究,发现了电磁波可以运载信息。1837 年,美国的莫尔斯通过试验,发明并建成了电报线路,7 年后正式开通了有线电报通信业务。1876 年,英国科学家贝尔发明了电话,并创建了贝尔电话公司。到了 1895 年,意大利的马可尼在赫兹实验①的基础上进行了 25km 无线电报的传送,并在 4 年后让无线电信号跨越了英吉利海峡。1901 年,远隔大西洋 3200km 距离的无线电报试验又获得了成功。无线电报的发明是人类利用电磁波传递信息的一个巨大成就,它拉近了世界各国的距离。

1906 年,美国物理学家费森登首次在波士顿一座 128m 高的无线电塔上进行了一次广播,让大西洋航船上的服务员听到了从美国陆地上传来的音乐。1919 年,第一个播发语言和音乐的无线电广播电台在英国建成。此后,无线电广播事业在世界各地得到普及,并从中波扩展到短波、超短波,从调幅扩展到调频、脉冲调制等,直至可以进行远距离的现场直播。

1929 年,经过长时间的艰苦努力和无数次失败之后,英国科学家贝尔德终于用电信号将人的形象搬上屏幕。之后,英国和美国先后开始了试验性的电视广播,20 世纪中叶,电视广播陆续在世界各地得到发展。从此以后,不仅是语言信息和文字信息,同时也包括音响信息和图像信息都可以通过电视进行广泛的传播和交流。

---

①　1887 年,德国科学家海因里希·鲁道夫·赫兹进行了一项实验,证实了麦克斯韦关于电磁波存在的预言,并由此架起了电磁波从有线通向无线的桥梁。

1957年，苏联人造地球卫星上天，它迎来了全球通信时代的到来。1963年，美国把辛康2号射入距离地球35800km的同步轨道，成为第一颗定点通信卫星。与此同时，20世纪60年代初，美国梅曼研制成功了第一台激光器——红宝石脉冲激光器。不到一年时间，又研制成功第一个连续激光器——氦氖激光器。从此，用于信息技术的电磁波谱从无线电频段扩展到光频段。此时，美国华人物理学家高锟博士首先提出了可用高纯度的玻璃纤维代替导线，用光代替电流，从而实现长距离、低损耗的激光通信理论。20世纪70年代，光纤通信技术研制成功并进入实用阶段，这一成果使得全球通信容量扩大了10亿倍。

电磁波理论的具体应用不断取得重大成就，包括无线电技术、微波技术和光波导技术等，遂使电磁波上升为人类传递信息的最为重要的形式和手段。它使通信、广播、电视、遥控、遥测、遥感、雷达、无线电导航等得以实现，并进一步使电磁波成为人类探索宇宙宏观世界和物质微观世界的重要途径。

电磁波的发现和利用，使人们获得信息的能力大幅度提升，同时也催化了科学技术更加迅猛的发展，这便是人类历史上第四次伟大的信息革命。这次信息革命的成果推动了工业社会的全面革新，使世界生产力体制发生了质的变化，即由原来的"生产—技术—科学"转变为"科学—技术—生产"。这种革命性的变革使人类文明的进程在短短几十年的时间内超越了以前几个世纪。同时也为下一次信息革命的到来做好了先导准备。

1.3.5　计算机的发明

20世纪下半叶，科学家们在新领域的重大突破、学科与学科间的碰撞交叉、艺术与技术的相互融合、文化氛围的不断创新、区域经济的全球联系、世界格局的多极演变……各种意想不到的新事物、新概念、新形势层出不穷，使人目不暇接。人类社会经历了巨大变迁，生产力得到了翻天覆地的发展。在此背景下，轰轰烈烈的人类社会第五次信息革命爆发了。

1946年，第一台电子计算机ENIAC在美国宣告诞生。该机占地面积170平方米，重30多吨，每小时耗电140千瓦，运算速度为5000次/秒，能自动计算炮弹轨迹。自20世纪50年代开始，电子计算机逐步从军用走向民用，进入工业生产阶段。到了20世纪80年代，个人计算机（Personal Computer，PC）的出现让计算机从工厂和公司走进了千家万户。

很难想象，从第一台电子计算机诞生至今，不过短短70年。它发展得如此之快，应用如此之广，早已超出了当年所有人，包括当年计算机领域的顶尖科学家最大胆的想象。历史上其他重大发明，如轮子和瓷器，从出现到完善再到广泛应用，通常需要上百年甚至更长时间。但是,计算机只用短短一两代人的时间就完成了这个过程,而且让我们对它产生如此之大的依赖,不得不说是人类文明史上的奇迹。

今天,计算机的功能早已超越了科学计算,它的式样也远不止常见的台式机、笔记本电脑和智能手机,而可以是一个大机柜、一块电路板或者一颗小小的芯片,如图 1.7 所示。计算机不仅遍布人们的周围,甚至还在很多人的身体里。例如智能假肢,又称神经义肢,在影视作品里面经常出现。医生可以把它与人体自身的神经系统连接起来,让智能假肢内部的芯片接收人类大脑的指令,进而控制机械装置替代人体缺失的躯体部分。又如智能心脏起搏器,它也是一台功能颇为齐全的计算机,不仅可以记录患者全部的心电图数据和其他有关心脏活动的数据,还具备较强的学习功能,可以根据携带者每日的活动情况自行调节心跳速度。对于携带者来讲,智能假肢和起搏器其实已经成为身体的一部分,不仅起到延续生命的作用,还能提升生活质量。

图 1.7　形态各异的计算机及其相关设备

计算机的发展和应用已不单纯是一种科学技术现象,它更是一种政治、经济、军事和社会的整体现象,一直在推动着生产生活中几乎所有相关领域的信息革命。可以预料,计算机还会以更快的速度向前发展,其规模将向全球网络化、纵深化推进,其技术将向超导化、生物化和量子化迈进。

1.4　信息时代的浪潮

1.3 节讲到"整个人类的进化史,同时也是一部人类信息活动的演进史",那为什么直到最近几十年,人们才把信息提升为最活跃的生产要素和战略资源①,隆重地推出

---

① 　人类社会最基本的三个要素是物质、能量和信息。物质是基础,能量是动力,而信息则是社会经济赖以构造和协调的纽带,是合理配置、正确调度的依据,是社会生产力的倍增器。

"信息社会"和"信息时代"的概念呢?

这主要是因为信息固然重要,但是在生产力和生产社会化程度不高时,人们凭借自身信息器官的能力,就基本上满足了当时认识世界和改造世界的需要;另外,从发展过程来看,在物质资源、能量资源和信息资源之间,相对而言,物质资源比较直观,信息资源比较抽象,而能量资源则介于二者之间。人类的认识过程是从简单到复杂、从直观到抽象的,所以材料科学与技术往往发展在前,接着是能源科学与技术的发展,最后才是信息科学与技术的发展。

随着材料科学与技术、能源科学与技术的发展,人们对客观世界的认识取得了长足的进步,不断地向客观世界的深度和广度延伸。这时,人类信息器官的功能已明显滞后于行为器官的功能了。从古代的结绳记事、龟甲竹简、石刻墓铭、信札尺牍、烽火驿站、飞鸽传书……到现代社会的电报电话、广播传真、雷达导航、遥感卫星、量子通信……我们与生俱来的视听能力、大脑存储的容量、处理信息的速度和精度,越来越不能满足生产生活的实际需求了。

人类的欲望无穷无尽,我们不仅要"上天""下海",还要"入地""探微";不仅要"千里传音",还要"过目不忘";不仅要"远程控制",还要"自主导航"。全球性通信网络的形成以及满载信息的光盘、磁盘所建立起来的巨大信息库最终使世界缩小了,地球变成了一个村庄。这就是信息在人类实践过程中所释放出来的巨大能量,也是信息社会的真谛所在。

早在1980年,阿尔文·托夫勒在《第三次浪潮》中指出,经历了农业革命和工业革命之后,人类文明正在进入第三次浪潮,期间会出现4种最为关键的高科技产业,即电子计算机产业、空间产业、海洋工程和生物遗传工程。可以说这次浪潮汹涌澎湃,催生了一个物质文明和精神文明比以往任何时候都更为丰富的时代。而信息活动的革命一次次推动了社会整体功能的发展,信息技术(包含电子计算机产业)已经成为所有高科技产业的基本推动力,引领了这个时代的浪潮。

做个复杂的现代人

我们的世界有一个明显的趋势,就是越来越复杂了,这也导致我们需要学习更多的技能来适应现代社会的工作和生活。回想20世纪刚刚改革开放的时候,英语只是一门普通专业课程,只在对外贸易和接待外国友人时才可能用得上,到时带上一个英语翻译人员不就可以了么?谁能想到,全球一体化的进程如此之快,学习英语已经成为各行各业人士、各专业学生的首要任务;以前大家都认为经济学如此高冷,应该是政府部门中进行经济调控或者企业上市运作才需要研究的学问,普通人与之根本不搭边。但随着中国加入WTO,以及老百姓物质越来越丰富、选择越来越多样化,大量的经济学知识已经成为一种生活常识,经济学思维已经成为一个现代人的标配;同样,现在提起计算机和软件工程,一方面觉得高深莫测,另一方面又认为苦累无聊,但是再过几年,当购买通用的设备和下载常见的 App 无法解决工作生活中的具体问题时,我们不得不亲手定制、编写个性化的软硬件来满足自己的需求。

第2章

编　码

信息技术的发展历史可以分为两个阶段：自发的时代和自觉的时代。在前一阶段，虽然人类取得了辉煌的成就，发明了电报、电话、无线电、电视机以及机械计算机，但那时的成功有很大的偶然性。无数发明家和技术天才都是在黑暗中摸索前进，甚至在错误的方向上反复尝试，浪费了很多的努力。而进入后一个阶段，信息科学和工程的发展突飞猛进，人类几乎没有再犯过什么大的错误，也没有走太多的弯路。

这两个阶段的本质区别在于有没有科学理论的指导，是否掌握了信息的本质和规律，而在这方面做出突出贡献的代表性人物就是香农。香农用一个被称为"熵"的概念和三个非常简洁的定律，描述了信息科学的本质。它们就是我们今天所说的信息论的核心。通过对信息论的学习，我们可以初步了解编码的奥秘，进而掌握信息时代的底层逻辑。

2.1　为什么要用二进制

19世纪末，电能逐渐成为了新的能源，它既新潮又干净，用途广泛，还很便宜。于是人们发明了各种电器为生产生活服务，例如电视机、空调、冰箱、洗衣机。只要持续给一个电器供上电，它就能不眠不休的工作，几乎不用人管理。这时，人们就在想，能不能发明一种电器来自动进行数学计算呢？

经过无数的挫折和漫长的探索，人们才发现：对于电子元器件来说，二进制有着无可比拟的先天优势。事实上，我们目前的所有IT产品中，无论界面、功能多么令人眼花缭乱，本质上都使用二进制系统，数据最终都要转换成二进制的形式来存储和处理。

2.1.1　摆脱思维的惯性

要通过电器进行数学计算，首先要解决的问题是"如何用电来表示数字（包括参与计算的数和计算结果）？"。最直接的想法就是用不同的电压来表示不同的数，例如，要计算"30＋18"，就在两个输入端分别加上30V和18V的电压，运算完成之后，在输出端获得48V的电压。遗憾的是这种理想化的设计往往会在复杂的实际应用中碰壁。当参与运算的数大小适当的时候，还算可行。数字变得很大的时候，情况就不容乐观了，比如计算"85450000＋316674"，这意味着需要生成8000多万伏的高压。无论是能耗方面还是安全方面，都存在不小的隐患。

如果高压还能容忍，那么真正无法逾越的障碍是表示像0.00021这样的小数。通常，一个电路只能工作在近似精确的状态，因为有很多因素都会对它产生影响，最常见的一个因素就是温度变化。学过物理的人都清楚，电压和电流的关系用公式表示就是：

$U=IR$。其中,U 表示电压,I 表示电流,R 表示电阻。当电路中有电流通过时,导体的温度就会发生变化(如电器用久了就会发热),这也就导致 R 的值发生变化,进而导致 U 的值变化。所以,仅想将电压精确地调整到 0.00021V 就非常麻烦,如果还想保证它不变化,那几乎就是不可能完成的任务。但是,在军事、医疗、经济等领域,一旦出现这种精度的误差,都会产生灾难性的后果。

总之,我们要换一种思路。前面的方案之所以行不通,是因为仅仅只用一根导线是无法表示所有数的,但通过对阿拉伯数字系统的分析,我们发现无论一个十进制数有多大,它总是 0、1、2、3、4、5、6、7、8、9 这 10 个数字符号的不同组合。我们完全可以用多根导线来表示一个数值,其中每根导线都对应其中一位。如图 2.1 所示,5 根导线自上而下排列,每根导线上的电压分别代表 93850 这个数从高到低的每一位。

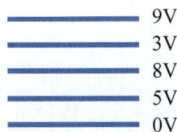

9V
3V
8V
5V
0V

图 2.1　用多根导线表示一个数值

这种方法的一大特点就是不需要令人畏惧的高电压了,取而代之的是 $0\sim9\text{V}$ 共 9 种低电压(可以认为 0V 即无电压)。另一个特点就是表示小数也很方便——只要把导线分成两组,分别代表整数部分和小数部分即可,如图 2.2 所示。

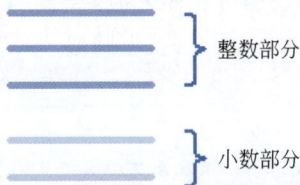

整数部分

小数部分

图 2.2　整数部分和小数部分的划分

从理论上讲,这种方案还是可行的。基于这种思路制造出来的模拟计算机曾经取得了一些成果。例如,第二次世界大战期间,美国贝尔实验室①研制出的 M-9 火炮指挥仪就是一种模拟计算机。1940 年,一种模拟计算机还安装在了潜艇上,用来计算发射鱼雷的方向和速度。

在导线上施加 $0\sim9\text{V}$ 的电压来表示一个十进制数,在应用起来还是有问题的,主

① 美国贝尔实验室是晶体管、激光器、太阳能电池、发光二极管、数字交换机、通信卫星、电子数字计算机、蜂窝移动通信设备、长途电视传送、仿真语言、有声电影、立体声录音以及通信网等许多重大发明的诞生地。自 1925 年以来,贝尔实验室共获得 25000 多项专利,并获得 8 项诺贝尔奖(其中 7 项物理学奖,1 项化学奖)。

要还是"一个电路只能工作在近似精确的状态"这个原因。以图 2.1 为例,从上面数第二根导线上,操作者力图用电压 3V 表示十进制的数字"3"。如果电路通电时间较长,在各种因素(如温度影响到电阻值)的作用下电压会发生变化,某一时刻测量是 3.3V 了,过一段时间电压值又可能变为 2.8V。当每次测量得到的结果都是一个近似值,而且一直在变化,计算得出的结论我们还敢相信吗?

于是,人们决定放弃对十进制的模拟,精确设定并测量电压值实在是一件费力不讨好的事情。如图 2.3 所示,这是一种简易电路,材料就是一节电池、一根导线、一个开关和一个灯泡。闭合开关,接通电路,灯泡就亮了;断开开关,切断电路,灯泡就灭了。对这两种状态(灯亮和灯灭)的判断,不需要任何精密测量工具,就算电压高低不稳,灯明亮一些还是灰暗一些,也是无关大局的。

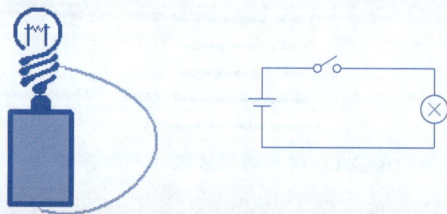

图 2.3　一个电路图的例子

再进一步思考,会发现这种两个状态的表示方法,应该比前面设想的 10 种状态的表示方法更加稳健,更不容易出错。当开关断开时,代表 0;当开关闭合时,代表 1,如图 2.4 所示[①]。这种设计暗合了二进制的思想,开关电路似乎天生就和二进制有着内在的联系。

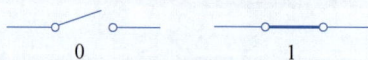

0　　　　1

图 2.4　用开关状态表示 0 和 1

当然,在大多数情况下,一个真正的二进制数不仅仅只有一个 0 或者一个 1,它可能包含了很多位,是一连串的 0 或 1。所以,要表示一个真正实用的二进制数,例如 101 (十进制的 5),就需要一排开关,每一个开关对应二进制数的一位,如图 2.5 所示。

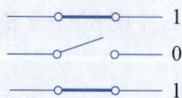

1
0
1

图 2.5　用多个开关表示二进制数

---

① 当然也可以反其道而行之,用开关断开表示 1,闭合表示 0。但是,大多数人可能会觉得有些别扭,毕竟人们习惯把"无"看作 0,断开开关就没有电流了,似乎就应该是 0 才对。

一旦有了用电路的开关表示二进制的创意后,人们就想把它应用到电子元器件中,尽快搞出可以自动计算的电器来。如图 2.6 所示,灰色的方框通常代表一个具有某种功能的电路,在这里它代表的是人们一直努力想要制造的运算部件,这个运算部件的左边和下面各有 5 个开关,分别用于输入两个参与运算的二进制数。

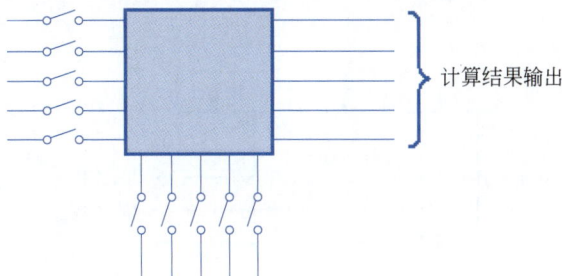

图 2.6　理想中的二进制运算部件

通过这个图,不难发现二进制数之所以在电的世界里受到欢迎的原因。在以前,人们必须制作一大堆电路,为的是生成不同的电压。这还不算,为了知道生成的电压够不够精准,人们还得拿着电压表一根一根地反复测量。但现在,人们只需要准备一个合适的电源和为数不多的开关就足够了。至于精度,在这里有电表示 1,没电表示 0,使用多大的电压都无所谓(只要不会烧坏零件或者电到自己)。

除此之外,还有更令人振奋的。在前面的设计过程中,由于忙着解决如何将数送到运算部件里去,我们还没有认真研究过另外一个同样很重要的问题,那就是当运算结果出来之后怎样知道它是不是正确,是否是我们真正想要的。现在,由于采用了二进制,这个问题也迎刃而解了。因为运算部件是以二进制的方式工作的,结果自然也是用一排导线表示的二进制数。如图 2.7 所示,我们可以把小灯泡接在每一根输出导线上,以此来显示输出结果的每一位到底是 0(灯灭)还是 1(灯亮)。

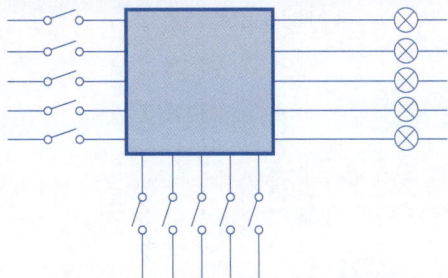

图 2.7　通过灯泡发光直观看到结果

2.1.2　制定运算的法则

既然二进制对于电子设备来说那么好用,我们就要多花点儿时间仔细研究,先看一看怎么计算它的值。在一个多位二进制数中,数字的位置和 2 的整数次幂的对应关系如图 2.8 所示。

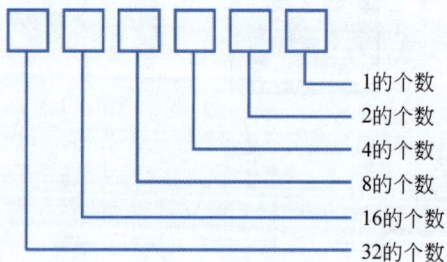

图 2.8　位置决定值的大小(二进制)

假定有一个二进制数 $111010_{[2]}$(读作"一一一零一零"),它可以分解成如下形式:

$$111010_{[2]} = 100000_{[2]} + 10000_{[2]} + 1000_{[2]} + 10_{[2]}$$

或者用十进制表示每一个位置的值,拆分为:

$$111010_{[2]} = 1 \times 32 +$$
$$1 \times 16 +$$
$$1 \times 8 +$$
$$0 \times 4 +$$
$$1 \times 2 +$$
$$0 \times 1$$

或者用 2 的整数次幂(十进制)的形式来表示:

$$111010_{[2]} = 1 \times 2^5 +$$
$$1 \times 2^4 +$$
$$1 \times 2^3 +$$
$$0 \times 2^2 +$$
$$1 \times 2^1 +$$
$$0 \times 2^0$$

将各部分以十进制的形式相加,就可以计算出 $111010_{[2]}$ 的值为 58。

用二进制计数是:$0_{[2]}$,$1_{[2]}$,$10_{[2]}$,$11_{[2]}$,$100_{[2]}$,$101_{[2]}$,$110_{[2]}$,$111_{[2]}$,$1000_{[2]}$,$1001_{[2]}$,$1010_{[2]}$,$1011_{[2]}$,$1100_{[2]}$,$1101_{[2]}$,$1110_{[2]}$,$1111_{[2]}$,$10000_{[2]}$,$10001_{[2]}$,$10010_{[2]}$,$10011_{[2]}$,

$10100_{[2]}$……最右边的一位（最低位）以 0 和 1 交替。每当该位由 1 变为 0，从右边数第二位（次低位）也随之改变——不是由 0 变为 1，就是由 1 变为 0。因此，每次只要有一个二进制数位的值由 1 变为 0，紧挨着的高位数字也会发生变化，即产生"进位"。

如果需要对两个二进制数进行加法或乘法运算，直接运算要比转换成十进制再进行运算要简单得多。二进制加法的口诀非常简单，如表 2-1 所示。

表 2-1　二进制加法表

+	0	1
0	0	1
1	1	10

下面利用这个加法规则计算两个二进制数的和[①]。

$$
\begin{array}{r}
1\,1\,0\,0\,1\,0\,1 \\
+\quad 0\,1\,1\,0\,1\,1\,0 \\
\hline
1\,0\,0\,1\,1\,0\,1\,1
\end{array}
$$

乘法也很简单：任何数乘以 0 结果都为 0；任何数乘以 1 结果都是这个数本身，如表 2-2 所示。

表 2-2　二进制乘法表

×	0	1
0	0	0
1	0	1

下面是两个二进制数相乘的过程。

$$
\begin{array}{r}
1\,1\,0\,1 \\
\times\quad 1\,0\,1\,1 \\
\hline
1\,1\,0\,1 \\
1\,1\,0\,1 \\
0\,0\,0\,0 \\
1\,1\,0\,1 \\
\hline
1\,0\,0\,0\,1\,1\,1\,1
\end{array}
$$

---

① 从最右边的一列开始做起：1 加上 0 等于 1；右数第 2 列，0 加上 1 等于 1；第 3 列，1 加上 1 等于 0，进位为 1；第 4 列，1（进位值）加上 0 再加上 0 等于 1；第 5 列，0 加上 1 等于 1；第 6 列，1 加 1 等于 0，进位为 1；第 7 列，1（进位值）加上 1 再加上 0 等于 10。

需要注意的是,二进制数的位长度增加得特别快,不利于人类的判读。例如,"一千二百万"这个数量用二进制表示为 10110111000110110000000$_{[2]}$。为了让它更易读,通常是每 4 个数字之间用一个连字符或空格来分开[①]。例如,1011-0111-0001-1011-0000-0000$_{[2]}$ 或 1011 0111 0001 1011 0000 0000$_{[2]}$。

如果把分隔好的每 4 个二进制数字符号变成一个数字符号,那就是十六进制数的表示方法(十六进制的 16 个基本数字符号分别是 0、1、2、3、4、5、6、7、8、9、A、B、C、D、E、F),因此,1011 0111 0001 1011 0000 0000$_{[2]}$ 就可以转换为 B71B00$_{[16]}$。如果把每 3 个二进制数字符号变成一个数字符号,就是八进制数的表示方法,1011 0111 0001 1011 0000 0000$_{[2]}$ 可以转换为 55615400$_{[8]}$。从二进制转换为十六进制或八进制,要比转换为十进制更加直接、便捷。

2.2 如何度量信息

进入信息时代,各种信息技术的根基就是二进制编码。不仅要用二进制表示数值,还要用二进制表示各种文字符号、图像、视频、音频等。正是在深入研究二进制编码的过程中,科学家逐渐弄清楚了信息的本质。

2.2.1 字符编码的原理

与其他进制相比,二进制的特殊性在于它是人们所能想到的最简单的数字系统,它只有两个数字符号:0 和 1。如果想进一步简化它,就只好把 1 去掉,就剩下一个数字符号 0 了。但只有一个符号,或者说只有一个状态,是没有办法产生变化的。

很早以前,我们的祖先就开始尝试用两个符号对世间万物进行编码。如图 2.9 所示,《易经》的两个基本符号"--"和"—"(称为"阴爻"和"阳爻"),不仅看起来简洁优美,而且很有神秘感,让人浮想联翩。从样子上看,"--"很像断开的电路开关,而"—"像闭合的电路开关,如果把前者作为"0",把后者作为"1",就可以从图中找到 000 到 111 这 8 个二进制数。

正如《易传·系辞上传》的论述:"是故,易有太极,是生两仪,两仪生四象,四象生八卦……"其实,"两仪"是 1 位二进制数,"四象"是 2 位二进制数,"八卦"是 3 位二进制数,经过"八卦"两两组合的"六十四卦"显然就是 6 位二进制数了,如图 2.10 所示。当然《易经》的卦并不是数制,古代人发明它,更多的是希望用它来占卜或者论述哲学道

[①] 在阿拉伯数字系统中,如果十进制数很长,我们也是用逗号或者空格分隔开,以利于辨认。例如,"一千二百万"写作 12,000,000,这样一眼就可以看出大小了。

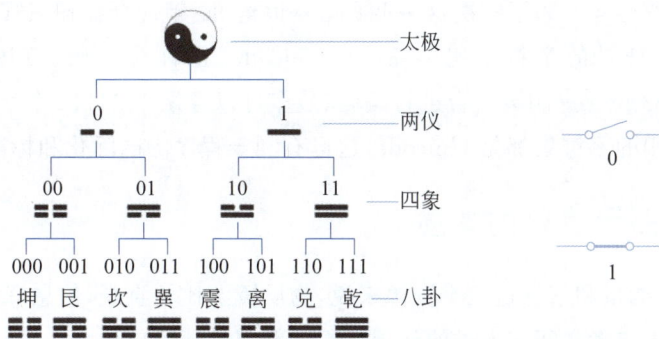

图 2.9 "阴""阳"和"0""1"

理。虽然他们没有研究如何运用这些卦来进行算术运算(如"艮"卦加上"震"卦,"离"卦乘以"兑"卦等),但是他们已经发现用这两个符号就可以设计出各种不同的组合来,借以指代各式各样的事物——这就是一种朴素的编码思想。

豫		000100—4
晋		000101—5
萃		000110—6
否		000111—7
谦		001000—8
艮		001001—9
蹇		001010—10
渐		001011—11
小过		001100—12
旅		001101—13
咸		001110—14
遁		001111—15
师		010000—16
蒙		010001—17

图 2.10 六十四卦对应 6 位二进制数

现代电子计算机就是延续了这种二进制编码的思想,用 8 位二进制数组合来表示256 种可能的字符(囊括了标准键盘上的所有按键),这就是美国国家标准学会(ANSI)制定的"美国信息互换标准代码"(American Standard Code for Information Interchange,ASCII),简称 ASCII 码。例如,ASCII 码中对"!"的编码是"0010 0001$_{[2]}$",对"％"的编码是"0010 0101$_{[2]}$",对"A"的编码是"0100 0001$_{[2]}$",对" "(空格)的编码是"0010 0000$_{[2]}$",等等。

不过,ASCII 码是基于拉丁字母的一套计算机编码系统,主要用于显示现代英语和其他西欧语言,所以它不能满足其他国家的需要,例如,中国象形汉字、希腊字母、日文和韩文的特殊符号等。为了解决这一问题，20世纪90年代开始研发了可以容纳世界上所有文字和符号的字符编码方案——Unicode（也称统一码、万国码、单一码）。Unicode利用32位二进制数组合进行编码，最多可以容纳1114112个字符[①]，目前世界上大多数程序用的字符集都是Unicode，这也有利于程序的国际化和标准化。

2.2.2　揭示信息的本质

对于物质、能量和信息这三类资源来说，物质资源比较直观，信息资源比较抽象，而能量资源则介于二者之间。人类的认识过程一般都是从简单到复杂、从直观到抽象的，所以人们很早就知道用秤或者天平计量物质的质量了；到了近代，能量的计量也通过卡、焦耳等新单位得到了解决；虽然声音、图画、文字、数值的历史也非常久远，但它们的总称是什么，如何统一地计量，直到19世纪末还没有被明确地提出来，更谈不上如何去解决了。

到了20世纪初期，随着电报、电话、照片、电视、无线电、雷达等的发展，如何计量信号中信息量的问题被隐约地提上日程。许多科学家都在如何计算信息量这个问题上做了大量的工作，但做出决定性贡献的人还是香农。1948年，香农发表的长达数十页的论文"通信的数学理论"成了信息论正式诞生的里程碑。在该论文中，他引入了比特[②]（bit）这个术语作为信息量的度量单位，并定义一条消息的信息量为：对消息所有可能含义进行编码时所需要的最少的比特数。

举一个简单的例子。如果我们不知道张三是男还是女，有人来告诉我们答案，那么我们获得的信息量是多少呢？答案是1比特，记作1b。可以这样理解：如果用二进制编码 $1_{[2]}$ 表示男，$0_{[2]}$ 表示女，对于张三的性别进行编码最少用1位二进制数（1b）就够了。

如果有人坚持用2位二进制数来表示，也就是2b，不行吗？当然可以用 $00_{[2]}$ 表示男，$01_{[2]}$ 表示女，但这就浪费了 $10_{[2]}$ 和 $11_{[2]}$。也就是浪费了一半的编码量，所以传递的信息量只是2b的一半，即1b。

再举一个例子，如果我们不知道一种陌生的水果在哪个季节成熟（春、夏、秋、冬都有可能）。有人来告诉我们答案，那么我们获得的信息量是多少呢？答案是2比特，记作2b。因为要对春、夏、秋、冬4种可能的含义进行编码，最少需要2比特（用1比特只能表示2种可能）。

---

① 截至2016年6月，Unicode总共包含了128237个字符，基本覆盖了全世界各个国家语言的字符。

② 英文bit音译而来，是二进制数字中的位。20世纪40年代，美国数学家约翰·威尔德·特克（John Wilder Tukey）提议用bit作为binary digit（二进制数）的缩写。

最后这个例子稍微复杂一些。如果有朋友要来探望你,你打个电话问他星期几过来(你需要考虑车辆限号、例会冲突、坐班调休等相关问题,腾出时间来招待他)。那么他给你的信息量是多少?你有经验了,不就是看看最少用多少比特就能给周一到周日编码么?你会发现 2 比特不够用,但 3 比特又多了一点:

$$000_{[2]} = 星期日$$
$$001_{[2]} = 星期一$$
$$010_{[2]} = 星期二$$
$$011_{[2]} = 星期三$$
$$100_{[2]} = 星期四$$
$$101_{[2]} = 星期五$$
$$110_{[2]} = 星期六$$
$$111_{[2]} (没用上)$$

你估计他给了你不超过 3 比特的信息,但具体是二点几比特,仅靠估计是得不到精确结果的。而且,你的估计是建立在概率相等的前提下的,也就是说他来的那天是简单随机的,是星期一、星期二、星期三、星期四、星期五、星期六和星期日其中任一天的概率相等,都是 1/7。

现实情况没那么理想化,比如朋友需要上班,工作日过来的可能性是 0,那就只有周六和周日了,很显然,1 比特就足以表示了,信息量成了 1b(不用电话询问,也知道不是周六就是周日)。把情况设计得再复杂一点,假设已知朋友周四和周五一般都是半天班,请个事假也没太大问题,所以周一到周三过来的概率为 0,周四来的概率为 12.5%,周五来的概率为 12.5%,周六来的概率为 50%,周日来的概率为 25%。那么他在电话里告诉你哪天过来,这会给你多少信息量?估计是不超过 2b 的信息(只有周四、周五、周六、周日 4 种情况),但到底是一点几比特?我们依然没法处理。

香农的信息论告诉我们,一条消息 M 中的信息量可以通过它的熵(entropy)[①]度量,表示为 $H(M)$,它的单位是比特,计算公式如下:

$$H(M) = -\sum_{x \in R} p(x) \log_2 p(x)$$

这里,把消息 M 看作一个随机变量,它的概率分布为 $p(x) = P(M=x)$,R 为 x 的取值空间,$\sum$ 是求和的意思。有时也将 $H(M)$ 记为 $H(p)$,将 $\log_2 p(x)$ 简写成 $\log p(x)$,并约定 $0\log 0 = 0$。

---

① 熵指的是体系的混乱的程度,它在控制论、概率论、数论、天体物理、生命科学等领域都有重要应用,在不同的学科中也有引申出的更为具体的定义,是各领域十分重要的参量。熵由鲁道夫·克劳修斯(Rudolf Clausius)提出,并应用在热力学中。后来,香农第一次将熵的概念引入信息论中。

这时就可以进行精确的计算了,朋友周一到周三来的概率为 0,周四来的概率为 12.5％,周五来的概率为 12.5％,周六来的概率为 50％,周日来的概率为 25％,代入熵的公式:

$$H(M) = -\sum_{x \in R} p(x) \log_2 p(x)$$

$$= -\left(0\log_2 0 + 0\log_2 0 + 0\log_2 0 + \frac{1}{8}\log_2 \frac{1}{8} + \frac{1}{8}\log_2 \frac{1}{8} + \frac{1}{2}\log_2 \frac{1}{2} + \frac{1}{4}\log_2 \frac{1}{4}\right)$$

$$= -\left(0 + 0 + 0 - \frac{3}{8} - \frac{3}{8} - \frac{1}{2} - \frac{2}{4}\right)$$

$$= 1.75$$

可以看出,用数学的语言来描述问题,不仅简洁概括,而且逻辑严密。正如马克思所说:"一种科学只有在成功地运用数学时,才算达到了真正完善的地步。"

信息是什么?

目前为止,我们了解了如何计算信息量。但信息究竟是什么,我们依然没有答案。对此,香农在进行信息的定量计算时,明确地把信息量定义为随机不定性程度的减少。这就表明了他对信息的理解:信息是用来减少随机不定性的东西。或香农逆定义:信息是确定性的增加。控制论的创始人维纳则认为"信息是人们在适应外部世界,并使这种适应反作用于外部世界的过程中,同外部世界进行互相交换的内容和名称",这也被人们作为信息的经典定义加以引用。

"信息"一词在英文、法文、德文、西班牙文中均是 information,在日文中为"情报",中国台湾称为"资讯",我国古代用的是"消息"。我们普遍认为,信息是事物发出的消息、指令、数据、符号等所包含的内容。人通过获得、识别自然界和社会的不同信息来区别不同事物,得以认识和改造世界。

2.3　理论指导实践

与其他技术的发展过程一样,信息技术早期更多的是靠应用驱动,从经验中积累知识。当其发展到一定阶段,就会提炼出自己的科学理论,进而指导技术实践突飞猛进。香农的突出贡献就是开创了信息论这门学科,不仅采用量化的方式度量信息,而且用数学的方法将通信的原理解释得一清二楚。

当时,信息处理专家所关注的是如何进一步改进信息处理的具体方法,通信专家则致力于改进具体的通信系统。香农却致力于寻找信息处理和通信的数学基础,并且几乎凭一己之力解决了信息处理、通信和密码学最基本的理论问题。香农的信息论对于信息时代的作用堪比牛顿力学对机械时代的作用。

2.3.1 信息冗余与信息压缩

在日常生活中,信息和编码经常被混在一起。人们觉得《道德经》内容丰富,信息量非常大,究竟有多大呢?过去没有人说得清楚,只能说它有 5000 多个字。但字数只代表使用汉字对信息进行编码后的编码长度,而且字数多未必就等同于信息量大。随便在起点中文网上找本小说,篇幅就达百万字以上,恐怕没有人觉得其包含的信息量比《道德经》大。

当然,《道德经》之所以信息量大但篇幅简短,主要原因是采用了文言文写作。如果翻译成白话文,字数至少是原文的 2 倍以上。也就是说,在内容相同的情况下,可以用简短和冗长两种方式来表达。文言文和白话文,其实是对信息的两种不同的编码方式。香农指出,对于任何信息,无论采用哪一种方式编码,得到的编码总长度都永远不会小于这段信息的信息熵。

使用语言文字或者二进制对信息进行编码时,我们得到的编码长度总是会超过信息熵,多出来的那部分就是信息冗余。同样的信息,用不同的方式编码,产生的信息冗余是截然不同的。因此,不能因为编码的总长度长,就认为信息多了,那些冗余并不增加信息量。例如,《圣经》的中文版编码长度(存储到计算机中)不到 200 万字节,但英文版却为 300 万字节,多占用了大约 50% 的存储空间。显然,英文版比中文版多出来的那部分并非额外的信息,而是信息冗余。

信息冗余虽然没有增加信息量,但对于信息传输是非常必要的!每当出现部分传输错误时,我们可以通过冗余的信息恢复原来的内容。例如,从一本当代的白话文书中删掉 10% 的字,或者将其改成错别字,依然能够根据上下文猜出原来的意思。但对于信息冗余少的古籍,写错了或丢掉了一些字,恢复原来的信息就相当困难了。由此可知,考古人员整理古墓中发掘出来的残缺书简,难度有多大。另外,这也解释了为什么很多学者更习惯于阅读英文论文,哪怕是已有相应中文文献的情况下。要知道,科技论文本身就不容易读懂,各种公式推导或工艺流程遍布其中。相对中文来说,英文描述起来会有更多的信息冗余,方便读者从中恢复作者的原始想法和研究细节。

信息论告诉我们,可以通过增加信息的冗余度来增强信息传输的安全性和可靠性。例如,使用一个不稳定的通信电路进行信息传输时,很有可能在传输的过程中出错。如果把同一份信息多传输几遍,就算中间出了错,也可以将多次传输的结果进行对比,用少数服从多数的方法进行判定,避免大部分的传输错误。况且根据概率学来计算,假设单次信息传输出错的概率是 1%，那么传输三次中至少出错一次的可能性还不到 0.03%。这种做法与生活经验也是一致的，"重要的事情要说三遍"其实就是在利用信息冗余来保证我们的想法能够被准确无误地传递过去。

了解了信息论的基本概念和原理，我们就可以将所有信息传输和存储问题，变成在特定的需求下选择合适的信息编码方式的问题，即根据不同的应用和要求，在编码长度和冗余度之间寻找一个合适的平衡点。例如，要将尺寸很大的图片保存下来，最好的办法不是直接存储每个像素，而是先去掉图片中的冗余信息再进行存储，也就是常见的压缩存储，能够节省大量的存储空间。对于普通的静态图片，已经可以在没有任何信息损失的前提下大比例压缩文件的大小；对于信息冗余更多的动态视频，可以压缩到原文件大小的几十分之一，甚至几百分之一。

有没有一种优化的编码方式，能够让信息编码的总长度接近它的信息熵呢？答案是肯定的。这需要对不同的符号采用不同的编码：经常出现的符号，采用较短的编码；出现次数较少的符号，采用较长的编码。如果每一种符号的编码长度正好等于它出现概率的对数，那么编码的总长度就是它的信息熵。例如，传送的信息由 c1、c2、c3、c4、c5、c6、c7、c8 这 8 个字符构成，出现概率分别是 1/2、1/4、1/8、1/16、1/32、1/64、1/128 和 1/128。如果我们用 0 作为 c1 的编码，10 作为 c2 的编码，以此类推，110、1110、11110、111110、1111110、1111111 分别作为 c3、c4、c5、c6、c7、c8 的编码，那么平均的编码长度就是 1.98 比特，正好等于信息熵。要是采用等长编码，每一个符号都需要 3 比特的编码，那么平均的编码长度就是 3 比特，比 1.98 比特大了很多。

上面这个原理称为香农第一定律，又称为无失真(不丢失信息的)信源编码定律。它有两个非常重要的意义：一方面，这个定律为人们进行信息压缩指明了方向，可以将任何形式的原始信息都转换为一种新的编码符号，并且可以使这种新的编码符号具有尽可能短的编码长度，同时完整地保存了所有原始信息[①]；另一方面，这个定律给信息压缩划定了一个极限，即如果想不丢失任何信息，无论采用什么样的编码，都不可能将信息压缩到小于信息熵的程度。

那么问题来了，如果已经将信息压缩到了极限，依然无法满足存储或者传输的要求，那么该怎么办？这时还要进一步压缩，就不得不舍弃一些次要信息了。在这种情况下，通常会预设一个信息的失真率，然后看看在这样的失真率下能做得有多好，即能将压缩比提高多少。当然，也可以预设一个压缩比，看看能让失真率降到多低。今天各种视频或者图像的压缩标准，其实都是根据不同的应用场景，在上述两个维度中选择一个维度进行优化。例如，用手机传输视频或者图片，压缩比需要很高，这个前提不能变，而

---

① 在需要恢复原始信息时，又可以采用和编码逆向的操作过程来准确无误地恢复它们。

各种技术的改进就围绕着如何降低信息的失真率展开。

在信息论出现之前,人们对信息的编码只有一个感性认识。对于信息是否压缩得足够紧凑,如果不够紧凑又应该如何进一步改进等问题,科学家和工程师并不知道答案。例如,发电报用到的莫尔斯电码,比较符合香农第一定律的原则,即常见字符的编码较短,罕见字符的编码较长。只不过,这是莫尔斯从个人经验出发设计的,并没有理论的指导,还有优化的余地。信息论的出现给编码设计指明了方向,科学家不用浪费精力反复摸索,从一开始就能让编码效率接近最优。

2.3.2　信道容量与带宽拓展

有了无线电这种方便快捷的通信方式后,人们就试图在一定的无线电波发射频率内尽可能多地设置无线电台。但两个电台的频率如果挨得很近,就会互相产生干扰,收听到的就是噪声。一开始,人们觉得是因为收音机的接收频率调得不够精准,或者电台的发射功率不够大,抑或周围有其他信号的干扰。后来,无线电发射装置的功率不断增加,接收机也能够准确地调整频率,但这个问题依然无法解决。于是,人们觉察到两个电台之间的频率不能太近,具体间隔是多大,只能凭据实践经验来决定。

贝尔实验室的工程师哈里·奈奎斯特发现,要想不失真地恢复一个无线电信号,只要采样的频率足够高就可以做到,即采集这个信号中足够多的样点。具体来讲,如果一个无线电信号的频谱中最高频率是 F,那么采样的频率大于或等于 $2F$,即达到最高频率的两倍以上时,就能不失真地恢复原有信号。为什么会有这样一个关系呢?因为任何一种无线电信号都可以通过傅里叶变换,分解为不同频率的正弦波,信号有多高的频率,就可能有多少条正弦波。而任何正弦波,只要固定了其中的两个点,就能将它们确定下来,因此最高频率是 F 的信号对应着 F 条正弦波,进而可以由 $2F$ 个样点来确定。这个发现后来被称为奈奎斯特-香农采样定理,简称采样定理。

把采样定理反过来理解,每一条正弦波能够传递的信息其实是有限的。因此,如果无线电波的频率区间是从 F_1 到 F_2,那么它所能传递的信息就是这个频带的宽度 F_2-F_1,再乘以每一条正弦波所能传递的信息,是一个有限的数量。例如,一个无线电的频带是从 $87.2\mathrm{kHz}$ 到 $87.4\mathrm{kHz}$,那么它的带宽就是两者相减的结果,即 $200\mathrm{Hz}$,可以简单粗略地理解为包含了 200 条正弦波。

香农从数学上证明了采样定理的正确性,并且给出了一个通信信道的带宽为 B 时所能传递的信息 C 的上限,即信道容量,其计算公式如下:

$$C=B\times\log(1+S/N)$$

其中,S 和 N 分别代表信号的强度和噪声的强度,S/N 为信噪比。在上面的例子中,如果带宽 $B=200\mathrm{Hz}$,信噪比是 $63:1$,那么这个信道的容量就是:

$$C=200\mathrm{Hz}\times\log(1+63)=1200\mathrm{b/s}$$

从公式中可以看出，如果信噪比太低，这个信道的容量就很小。例如，当信噪比降低到 7：1 时，虽然带宽没有改变，信道的容量只剩下 600b/s。事实上，如果离 Wi-Fi（无线上网）发射器距离 20m 时，信噪比是 63：1，在没有任何建筑物阻碍的情况下，挪到距离 60m（三倍远）的地方，信噪比就会下降到 7：1。香农还指出，在任何一个信道中，无论怎样对编码进行优化，信息的传输率 R 永远都不可能超过信道的容量 C。这就是香农第二定律，可以简单描述为 $R\leqslant C$。

香农第二定律划定了通信技术的一个极限，就如同热力学第二定律给蒸汽机和内燃机效率所划定的极限一样，不可逾越。在一个固定的频带范围内，不可能安排太多的电台，因为每一套广播都有一个基本的信息传输率，也就是我们每秒钟传输的语音信息，例如 48kb/s（即香农第二定律里的 R）。为了保证这些信息能够传输出去，就需要一定的带宽。假定信噪比还是 63：1，根据前面的公式可以算出频带的宽度 B 是8kHz。假设某个电台的频率是 600kHz，这其实是一个频率范围，从 596kHz 到604kHz，而不是一个单一的频率点。在这个频率范围内，不能有另一个电台工作，否则信息重叠就变成了噪声。在实际操作中，为了防止电台彼此干扰，这个电台的频率范围可能需要从 590kHz 一直延伸到 610kHz。这也是今天各个国家都不允许私设电台的原因——会干扰正常的通信。

整个通信行业在设计和实现与通信相关的产品时，都要以香农第二定律作为一个重要原则。中国第一代互联网用户基本上都是通过电话拨号上网的，会感觉网速非常慢。这是因为电话线的带宽非常窄，使得信道的容量仅为 56kb/s，只能查收邮件或者浏览以文字为主的网页，打开一张图片的时间都特别长。几年后开始使用 ADSL（非对称数字用户线路）上网，带宽增加了几百倍，于是信道的容量就大大增加了，传输率也随之有了明显的提高，便于在互联网上查看图像了，但观看视频还是会卡住。当第二代互联网用户开始上网时，已经有了宽带入户，带宽又增加了许多，流畅地看视频已经不是问题了。但家里有三四台计算机同时播放高清视频，依然会出现卡顿的情况，这还是信道容量不足所致。等到光纤入户的服务普及开来，无论看多么高清晰的内容，有多少设备同时使用，带宽也基本够用了。

与互联网的发展类似，无线电话网络从 1G 到 5G 的本质区别在于通信的带宽不断增加。实际算来，今天的移动通信比早年间的带宽增加了 10 万倍都不止，这才让我们能够在手机上做越来越多的事情。

香农第二定律，还给我们指明了增加信道容量的两个途径，即增加频率范围（也就是带宽）和增加信噪比。从前面介绍的计算公式不难看出，带宽与信道容量成正比，信噪比与信道容量也是正相关。

　　光纤通信相比无线通信和电缆通信,其信息传输率可以高出很多,根本原因就是它的带宽要比后两者宽了很多。光纤通信用的是可见光,而光的频率比无线电通信中电磁波的频率高很多。同样是无线电通信,从1G到5G,它的频率是不断提高的。因为要想增加带宽,让频率变动的范围往上走是有很大空间的,但是往下走的空间却很有限,最多频率降到零(不可能为负)。当然,仅仅是简单地增加通信的频率会带来很多问题,例如,电磁波频率很高时就无法绕过障碍物了。而如何解决这些问题,就是当今通信领域的科学家和工程师的课题了。

　　信噪比,顾名思义,包括信号和噪声两部分,而增加它们的比值,只能从增加信号的强度和降低噪声两方面入手。一开始,人们更多考虑的是加大发射功率,增加信号的强度。但是这种做法是有极限的,例如移动通信的基站,功率太大就会对周围的人和动物造成辐射伤害,需要将其限制在安全的范围内。至于卫星通信,太阳能电池板所提供的能量根本无法确保无限制地加大发射功率。所以,人们开始侧重于尽可能地降低信号的衰减,以及如何降低噪声上。例如在有线网络中,同轴电缆(见图2.11)将信号包裹在屏蔽层内,将噪声挡在屏蔽层外,同时起到了屏蔽噪声和防止信号衰减两种效果。当然,光纤在这两方面的效果会更好。

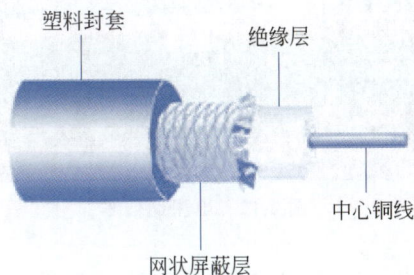

图 2.11　同轴电缆结构图

　　由于无法使用某种材料将信号包裹起来,无线电信号会随着距离的增加,按照平方的速度衰减。也就是说,当无线电信号传播到10km远时,功率只有1km距离的1‰了,而噪声则是恒定不衰减的。所以,对于无线通信来说,要想在不增加功率的情况下增加信噪比,唯一的方式就是缩短通信的距离,这就是5G基站要建得非常密集的原因之一。

　　网上经常讨论5G与星链[①]谁更先进,这相当于拿螺丝刀与锤子相比,因为它们要解决的根本不是同一个问题。5G是要解决大量设备同时高速上网的问题,而星链要解

---

① 星链(Starlink)是由美国太空探索技术公司提出的低轨互联网星座计划。该计划拟用4.2万颗卫星在全球范围内提供价格低廉、高速且稳定的卫星宽带服务。

决的是那些无法建设基站的地区的通信问题,例如沙漠中心、海洋中心、高空、南北极和喜马拉雅山上。如果单从通信的容量来看,最好的通信卫星也达不到无线基站的 1%。因为它距离地面设备太遥远,功率也不会很大,信噪比非常低。如图 2.12 所示,在演唱会或者足球赛场外进行电视转播的卫星发射器体型庞大,且需要专门的电机供电,才能将现场情况通过卫星和地面中继传输到远方的电视台,电视台还需要使用有线电视网络或互联网将视频分发到千家万户。如果每个用户都想直接接收卫星信号观看高清视频,且不说设备的体积和功率会非常大,单说通信量就不是卫星网络可以承受的。试想我国(大陆地区)的 4G 基站数量多达 500 万的量级,依然无法满足人民群众日益增长的需求,不得不建设数量更多、功能更先进的 5G 基站。仅凭太空中那几万颗信道容量不足 1% 的卫星,就想全面替代无线基站?通过信息论的基本原理就可以得出,这是不可能的。

图 2.12　卫星通信车

香农预见了在给定条件下通信的极限,我们的技术通常达不到那些极限,即信道的容量。那么我们能否找到一个方法,充分利用信道的容量呢?香农对这个问题给出了肯定的答案,这就是香农第三定律。

香农第三定律认为,总能找到一种行之有效的编码方法,让信息的传输率无限接近信道的容量而不出错。这就如同我们总有一种编码方式,可以将信息压缩到信息熵的大小一样。但是,如果试图以超越信道容量的传输率来传输信息,那么不论怎样编码,通信出错的概率都是 100%。对于这一点,大家在生活中都有深刻的体会。例如网速很慢时,多个人还想同时上网,最终结果就是所有人都上不了网,而不是简单的下载时间变长,因为这时的网络传输一直处于出错状态。再如周围环境太吵时,为了能让对方听清楚我们的讲话,除了提高声调,就是把话讲得慢一些。这其实就是因为当噪声降低了信道的容量后,我们可以通过降低信息的传输率,让信息能够传输出去,而不是被堵死。

第3章

芯 片

日常生活中，人们往往对芯片有所误解，认为只有像计算机或手机里的 CPU 才是芯片。其实，CPU 属于逻辑芯片，可以进行逻辑控制，有运算功能。更多的是各式各样的其他种类的芯片，例如，5G、Wi-Fi、蓝牙等通信芯片，内存、U 盘里的存储芯片，还有手机里的陀螺仪和电子秤中测压力的传感芯片，等等。

芯片已经成为现代社会生活中不可或缺的一部分。从城市公共基础设施到飞机、火车和汽车等交通工具，从商场、银行的业务系统到各种家用电器，无一不是受到芯片控制。前沿科技的发展，如自动驾驶、太空探索、基因编辑、元宇宙、人工智能等也都依赖芯片技术的持续创新。

3.1 飞速的技术迭代

芯片是数字世界的基石，更是物质世界与数字世界的唯一接口，芯片技术决定了当代信息技术的水平。与人类历史上许多重大的发明一样，芯片的出现也不是某个天才灵机一动的结果，而是经历了几代人的科学研究和技术积累。

3.1.1 从继电器到晶体管

众所周知，电子元器件都是用二进制来编码和处理信息的，这是因为电路的"开"和"关"非常适于表示 0 和 1 两种状态。那么，如何控制元器件中电路的开关状态呢？19世纪 30 年代，美国科学家约瑟夫·亨利通过其发明的继电器解决了这一问题。

如图 3.1 所示，继电器可以看成由上端和下端两套装置组成。在下端，有一个开关可以控制电流的通断，进而决定着一个电磁铁的状态——有磁性和无磁性。在电磁铁

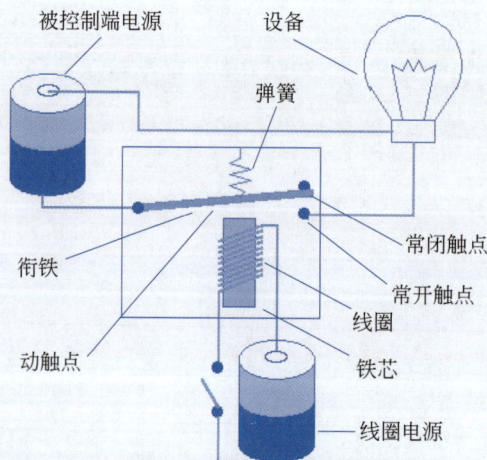

图 3.1　继电器的原理图

的上方,有一个长长的铁片——衔铁臂——安装在支架上,它可以上下自由活动。平时,也就是电磁铁没有通电产生磁力的时候,它被一根弹簧拉着,以免与电磁铁挨在一起。一旦下端的开关闭合,衔铁臂就会被电磁铁吸引从而接通上端的电路;当下端开关断开,电磁铁失去磁性,衔铁臂又在弹簧的牵引下回到原来的位置从而断开了上端的电路。

继电器可以通过电流把一端的信息传递到另一端,即下端开关的闭合可以控制上端开关的闭合。更让人着迷的是,通过对继电器稍作改动加上串联或并联的方式组合使用,很容易实现布尔代数中的"与""或""非"三种基本计算,进而搞定各种复杂的信息处理。1938年,香农在其硕士学位论文"继电器与开关电路的符号分析"中把布尔代数、开关电路和继电器联系到了一起,奠定了数字电路的理论基础。

有了继电器和数字电路的理论,人们开始尝试发明用电驱动的计算机,例如1944年建成的"马克1号"以及1947年建成的"马克2号"。由于大量地使用了继电器作为其核心部件,它们被称为电动机械计算机或机电式计算机,以区别于后来的电子计算机。

上手操作后,人们发现继电器有着很大的缺陷。因为它是机械式的,工作时需弯曲一个金属簧片,不仅响应时间长,而且工作久了容易折断。此外,如果有一小片污垢或纸片粘在触点之间,继电器也会失效。一个著名的事件发生在1947年,正在运行中的"马克2号"计算机出了故障,原因是一只蛾子飞到了一个继电器里面。操作人员用胶条把这只蛾子贴到了工作日志中,并记录到"这是发现的第一只虫子"(This is the first actual bug found)。从此,用bug来表示"一个程序里的错误"成为信息技术领域的一个习惯说法。

如图3.2所示,电子管由外部的玻璃壳体、内部的电极以及连接电极的管脚构成。为了有利于游离电子的流动,玻璃壳体内部被抽为真空,因此电子管也被称为真空管。它改变状态(开关闭合或断开)的速度比继电器快1000倍——每百万分之一秒(即$1\mu s$)就可以跳变一次。

图3.2　电子管示例

于是,人们开始使用电子管来替换继电器,从而将计算机"电子化"。其中,最为出名就是1946年建成的ENIAC,使用了近18000个电子管,每秒可以执行5000次加法或 400 次乘法,是继电器计算机的 1000 倍、手工计算的 20 万倍。

虽然电子管的使用极大地提升了计算效率,让计算机真正进入了电子时代,但它同样存在不小的缺陷。且不说价格昂贵、耗电量大、预热时间长、产生热量多,更麻烦的是电子管极易被烧毁、寿命太短。那个年代,有收音机的人都习惯于定期更换电子管,电话系统也设计成有许多冗余的电子管(这样烧掉一些也还能运转)。然而,计算机这类复杂设备拥有的电子管数量过于庞大。不难想象,每隔几分钟就要烧坏一个电子管,维护起来需要耗费多少人力、物力和时间。

1947 年,贝尔实验室的一项发明——晶体管——横空出世,被人们称为 20 世纪最重要的发明之一。它的三个发明者——威廉·肖克利、约翰·巴丁和沃尔特·布拉顿——共同获得了 1956 年的诺贝尔物理学奖。

晶体管是用半导体材料(硅元素、锗元素和一些化合物)制成的。之所以称为“半导体”,是因为可以通过加入杂质来调节其导电性。例如,含有磷的称为 N(negative)型半导体,含有硼的称作 P(positive)型半导体。

如图 3.3 所示,把一个 P 型半导体夹在两个 N 型半导体之间,可以使之成为一个放大器,这就是著名的 NPN 晶体管。当栅极没有电压时,源极和漏极之间的沟道电子很少,电阻比较大,源极和漏极无法导通;但只要对栅极加上微小的电压,由于电场的吸引,电子就会聚集在源极和漏极之间的沟道内,使得电阻减小,源极和漏极导通。

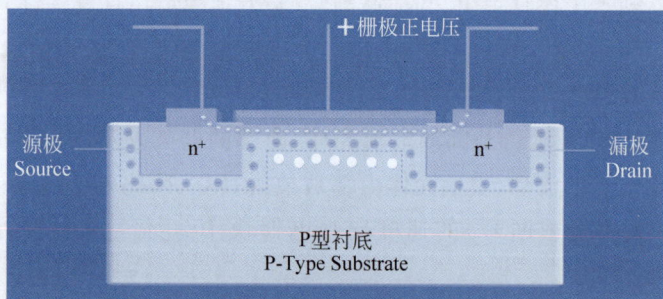

图 3.3　晶体管的原理

如图 3.4 所示,晶体管通常封装在直径为四分之一英寸的小金属罐中,并伸出三根金属线。可以说,晶体管开创了固态电子器件的时代,即不再需要真空而是使用固体制造,尤其是使用常见的硅元素[1]来制造。除了体积比电子管更小、无须预热之外,晶体管耗电极少,产生的热量也少,非常可靠耐用。

---

① 硅是极为常见的一种元素,以硅酸盐或二氧化硅的形式广泛存在于岩石、砂砾、尘土之中。硅在宇宙中的储量排在第八位。在地壳中,它是第二丰富的元素,构成地壳总质量的 26.4%,仅次于第一位的氧(49.4%)。

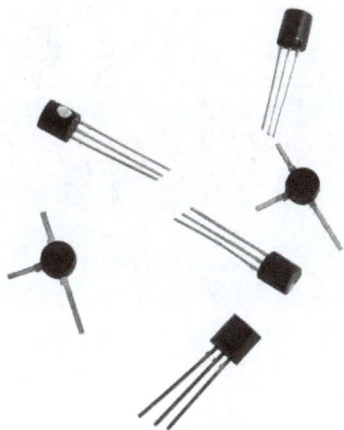

图 3.4 单个晶体管的外观

3.1.2 集成出来的奇迹

为了把更多的晶体管、导线及其他器件高效地连接起来,德州仪器公司的杰克·基尔比和仙童半导体公司的罗伯特·诺伊斯分别独立设计出了集成电路。在集成电路中,所有元件在结构上已经组成一个整体,使电子元件向着微小型化、低功耗、智能化和高可靠性方面迈进了一大步。

为了对集成电路有更加形象的认识,我们可以做个类比:过去的晶体管、导线及其他器件可以看成过去乡村里独立的一间间瓦房、一条条道路和其他配套设施。现在的集成电路相当于把村庄替换为一座楼房,把成百上千的居住单元、消防通道、排污设施等集成到了一起。也许整体占地只有数百平方米,却具有了原来占地上万平方米的居住区的功能。

人们为什么把"半导体+集成电路"称为"芯片"呢?如图 3.5 所示,"片"是描述它的形状,而"芯"指这个东西是电子设备的心脏、大脑、中枢。一个纽扣大小的芯片,内部集成了成千上万个晶体管。由于其本身比较轻薄易碎,需要被封装进外壳里加以保护。芯片的背面有密密麻麻的金属引线,少则十几根、几十根,多则几百根,作用就是把芯片电路和外界电路连接起来。

集成电路的发展大体经过了如下 6 个阶段(根据集成度高低的不同):

(1) 小规模集成电路(Small Scale Integrated Circuits,SSIC);

(2) 中规模集成电路(Medium Scale Integrated Circuits,MSIC);

(3) 大规模集成电路(Large Scale Integrated Circuits,LSIC);

(4) 超大规模集成电路(Very Large Scale Integrated Circuits,VLSIC);

图 3.5　已安装在电路板上的芯片

（5）特大规模集成电路（Ultra Large Scale Integrated Circuits，ULSIC）；

（6）极大规模集成电路（Giga Scale Integrated Circuits，GSIC）。

从一开始几个晶体管单元的集成，到后来千万个晶体管汇集到一个小小的芯片上，这种发展速度远远超出了一般人的想象。

生活中，总是有人能够在事情发生之前就给出比较准确的预言，能够在其他人无所适从的时候果断指出正确的方向。显然，英特尔公司的创始人之一戈登·摩尔就是这种先知先觉的人。早在 1965 年，他就发现从 1959 年以后的集成电路发展有这样一种趋势：同一面积芯片上可容纳的晶体管数量，一到两年将增加一倍①。后来，人们又把这个周期调整为 18 个月，也意味着每 18 个月，IT 产品的性能会翻一番；或者说相同性能的 IT 产品，每 18 个月价钱会降一半。

如图 3.6 所示，纵坐标为计算机中央处理器上的晶体管数量，横坐标为年份。可以看出，从 20 世纪 70 年代到 21 世纪前 10 年，相同面积的集成电路上的晶体管数量大约每两年就增加一倍。需要注意的是，纵坐标从 2000 多到 10000 再到 100000，其实并不成比例，如果严格按比例作图，这将是一条非常陡峭的曲线，页面无法容纳。

当然，摩尔定律只是一个根据趋势归纳出来的描述性规律，并不是一个理论定律。既然是归纳的，那人们不免总是担心"黑天鹅"的出现。其实在历史上，摩尔定律至少遭遇过 4 次大的危机。例如在 1997 年，摩尔本人就认为由于材料、漏电和光刻技术三方面的限制，50ns 将会是摩尔定律的终点。结果这三个技术困难被一一解决了，不但50ns 不是终点，历经 28ns，14ns，10ns，一直延续到今天的 7ns、5ns、3ns。

虽然近年来，通过缩小晶体管的尺寸来提升性能越来越困难，甚至很快就会达到理

---

①　1965 年 4 月 19 日，《电子学》杂志（*Electronics Magazine*）第 114 页发表了摩尔的文章"让集成电路填满更多的组件"，文中预言半导体芯片上集成的晶体管和电阻数量将每年增加一倍。1975 年，摩尔在 IEEE 国际电子组件大会上提交了一篇论文，根据当时的实际情况对摩尔定律进行了修正，把"每年增加一倍"改为"每两年增加一倍"。普遍流行的说法是"每 18 个月增加一倍"，但摩尔否认了他曾经这么说过。

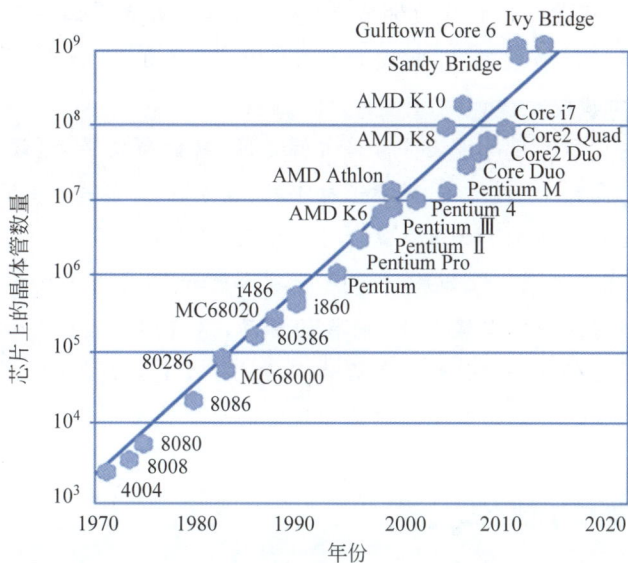

图 3.6 计算机中央处理器上的晶体管数量（1971—2012 年）

论极限。但摩尔定律关心的核心问题是芯片整体性能，还是有很多办法可以进一步提高芯片性能，延续摩尔定律的。

例如，过去的晶体管都是在一个平面上排列的，那现在可以把它做成立体的。这就像过去都是平房，而最新的三维芯片可以盖楼房，在芯片上做出很多层器件来，集成度可以进一步提高。存储芯片已经做到 128 层，那都是高楼大厦了。

再如，原来计算机里面 CPU、GPU、存储器、图形处理器、音频视频模块都是各自单独的芯片，那现在把它们集成到同一颗芯片上，模块之间的距离更近，信号传输更快，性能自然就提高了。

还有，通过优化算法也能更好地提升芯片的性能。在 2020 年 6 月，《科学》杂志上面发表了一篇论文。针对同一个计算问题，在同一台计算机上，利用不同程序进行计算，计算时间竟然会相差六万两千多倍！最慢的程序只发挥了这台机器算力的百万分之六而已。

从这个角度来看，通过硬件、软件的协同发展，还是能够让芯片性能继续每两年提高一倍。在可见的未来，摩尔定律预测的发展趋势依然正确。

主导 IT 行业发展的摩尔定律

摩尔定律已经成为描述一切呈指数级增长事物的代名词，它给人类社会带来的影响非常深远。在 IT 产业中，无论是晶体管数量、计算速度、网络速度、存储容量,还是它们相应的价格,都遵循着摩尔定律。世界经济的前五大行业,即金融、IT、医疗制药、能源和日用消费品,只有 IT 一个行业能够以持续翻番的速度进步。

一方面,摩尔定律使得硬件价格大幅下降,功能越发强大,设备体积越来越小。原来"高大上"的产品,如激光打印机、服务器、智能手机,已经逐渐从科研机构、大型企业进入了普通家庭。另一方面,摩尔定律也为信息产业的发展节奏设定了基本步调——如果一个 IT 企业今天和 18 个月前卖掉同样多的相同产品,它的营业额就要降一半(同样的劳动,只得到以前一半的收入)。所以,各个公司的研发必须针对多年后的市场进行技术创新,还必须在较短时间内开发出下一代产品,追赶上摩尔定律规定的更新速度。

3.2 精妙的制作工艺

有了集成电路之后,人们就可以把电子设备做得非常小,还能通过技术升级不断做得更小。如今,电路开关的尺寸已经是纳米级别了,也就是说,在一块 1cm 见方的芯片里集成了 100 多亿个晶体管,其复杂程度远远超出我们的想象。

由于芯片的主要原料硅是来自于沙子,所以制作芯片也被称为"点石成金"的奇迹。为了便于理解和记忆,我们将其异常复杂的工艺流程概括为设计、加工和封测三个阶段。

3.2.1 设计

想盖一座大楼,首先得有设计图纸。不但要规划好整体布局、外部造型、内部布置和结构荷载等,还得考虑每个细微处的建筑细节。反复论证,没有问题了,才能交由工程队进行施工建设。

同样,生产一款芯片也要先进行设计,明确芯片的用途、规格和性能表现,经过规格定义、系统级设计、前端设计和后端设计 4 步才能输出版图(见图 3.7),再交给制造工厂按照图纸批量生产。

在 20 世纪 70 年代初,芯片也就集成了 2000 多个晶体管,版图都是工程师用彩色铅笔一根根线画出来的,没有使用计算机进行辅助设计。可今天的芯片动不动就有几十亿的晶体管,加上错综复杂的连接线路,根本不是手工能够完成的。每个步骤都要用专门的软件进行处理,这个软件就是电子设计自动化(Electronic Design Automation,EDA)。

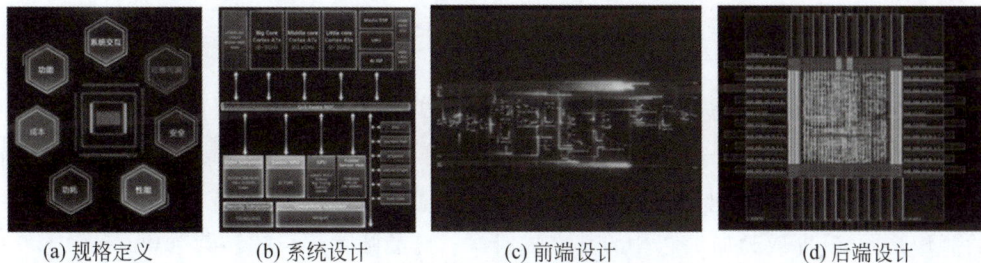

| (a) 规格定义 | (b) 系统设计 | (c) 前端设计 | (d) 后端设计 |

图 3.7　芯片设计的基本流程

EDA 不仅可以简化绘图流程、自动布局布线和综合优化,还能通过仿真计算来检验设计的正确性。此外,EDA 软件会提供一些研发门槛较高的功能模块,进一步提升工作效率。正因如此,有人将 EDA 称为"半导体产业皇冠上的明珠""芯片之母"。

使用 EDA 设计完版图后,就可以对照版图制作光罩(也称光掩模版、掩膜版)。在图 3.7(d)版图中有蓝、红、绿、黄等不同颜色,每种颜色就对应着一张光罩。光罩制作成功则表明设计阶段结束,可以进行芯片加工了。

你不知道的 ARM

总部位于英国剑桥的 ARM(Advanced RISC Machines)公司是全球领先的半导体知识产权(IP)提供商,它设计了大量高性价比、耗能低的 RISC 处理器,提供相关技术及软件。从移动智能终端起步到现在,ARM 公司一直处于这个芯片市场的领导地位。据统计,包括高通、三星、联发科等在内的全球1300 多家移动芯片制造商都采用了 ARM 公司的架构,搭载 ARM 芯片架构的设备数量约是 Intel 公司的 25 倍。全世界 90% 以上的智能手机和平板电脑都采用 ARM 架构的处理器,超过 70% 的智能电视也在使用 ARM 架构的处理器。

与这种广泛触角极不相称的是,ARM 公司的营收可以用少得可怜来形容。平均每卖出一款采用 ARM 架构处理器的智能手机,该公司只能得到 1美分,而 Intel 公司的芯片单位收益却高达数十至数百美元不等。究其原因,主要是由于二者的商业模式完全不同,Intel 公司是自己研发、制造芯片并销售,而 ARM 公司则是把技术授权给其他半导体制造商,从中收取少量的授权费。在这种商业模式下,基本上全球所有的半导体公司都与 ARM 公司达成协议,采用 ARM 的芯片架构与技术,把重心放在生产与销售上。而 ARM 公司则把收取的授权费再继续投入到研发中,如此反复,不遗余力地打造一个庞大而多样的生态系统。

3.2.2 加工

图 3.8 展示的是用沙子制备晶圆裸片的主要环节。看似不起眼的沙子富含二氧化硅,二氧化硅通过高温加热、纯化、过滤等工艺,可从中提取出单晶硅。然后,经特殊工艺铸造为纯度极高(99.9999%)的单晶硅锭,再根据用途将其切割成 0.5~1.5mm 厚度的薄片并抛光,即成为加工芯片的基本材料——硅晶圆片,简称"晶圆"(Wafer)。

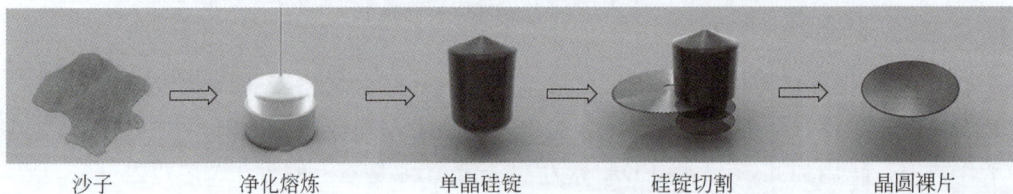

| 沙子 | 净化熔炼 | 单晶硅锭 | 硅锭切割 | 晶圆裸片 |

图 3.8 从沙子到晶圆裸片

目前,主流的晶圆直径为 12in(约 300mm)。尺寸越大,制造难度越高,上面最终能够加工出来的芯片也就越多。由于此时的晶圆上还没有集成电路,为了与后面的成品进行区分,一般称作"晶圆裸片"或"硅片"。

接下来要对晶圆裸片进行光刻,也就是把光罩上的版图信息"刻"到晶圆裸片上,形成电路。如图 3.9 所示,光刻的基本原理类似于给货车车身喷涂号码,或在路面喷涂交通标志图案。人们使用一个镂空的号码牌作为模板,对着这个模板喷涂料。透过挖空的字母或数字部分,涂料会喷到车身上;而模板上没挖空的部分,自然就挡住了涂料。最终的效果就是,车牌号码被清晰地印到货车身上了。

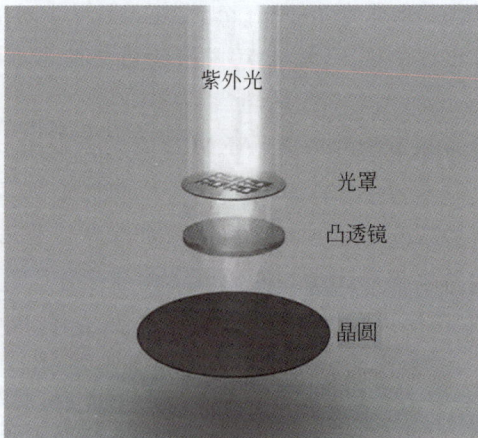

图 3.9 对晶圆裸片进行光刻

这个挖空的号码牌就对应着设计阶段的成果——光罩,喷涂料的过程对应了刻蚀、掺杂、金属沉积等复杂的加工步骤。这些步骤交替进行,重复若干次,要在晶圆裸片上构建出几十层结构,如同在夯实的地基上盖一座摩天大楼一样。目前最先进的加工工艺,一共要用到 80 多张光罩,将近 4000 个步骤,每一步都要求非常高的准确度和稳定性,才能保证芯片的最终质量和产量。

介绍光刻工艺就不得不提到其核心设备——光刻机。由于制造和维护都需要非常高的技术储备,光刻机被称为世界上最精密的仪器。目前掌握光刻机制造技术的厂商只有寥寥几家,其中的王者就是荷兰的 ASML,中文名为阿斯麦,其最高端的 EUV (Extreme Ultra-violet,极紫外)光刻机每年产量只有几十台,售价高达几亿美元。

台积电的模式创新

早期从事芯片生产的企业都要自己把控所有环节,无论是设计、加工、封测还是销售。这种模式称为集成器件制造商模式(Integrated Device Manufacture,IDM),典型的代表就是英特尔、摩托罗拉、德州仪器和后来的三星等巨头。IDM 对资金、人才和技术都有很高的要求,即便是英特尔这种大公司也无法在所有环节上做到领先和高效,对于小公司来说更是困难重重,极不利于整个行业的发展。

1987 年,从德州仪器公司离职两年的张忠谋创建了中国台湾积体电路制造股份有限公司(简称台积电),开创了"代工生产"这么一个全新的芯片生产组织形式。什么是代工生产呢? 就是我来专门负责开发出最好的、最可靠的加工技术,符合一定的技术标准。你可以轻装上阵,不要自己来建生产线、维护生产设备、开发新工艺了,只需按照我的标准设计好版图交过来,我就能够帮你加工生产可靠的芯片。

从此,大多数芯片企业都从 IDM 模式中解脱出来,分化为两种类型:一是 Fabless 模式(无工厂模式),轻资产,只做芯片设计和销售,例如高通、华为、联发科等公司;二是 Foundry 模式(代工厂模式),不负责芯片设计只进行芯片加工生产,例如台积电、格罗方德、联华电子、中芯国际等公司。这种垂直分工的全新商业模式刺激了整个产业的大发展,加速推动了半导体产业的繁荣。

3.2.3 封测

经过上述加工环节之后,一片晶圆上已经有几百颗芯片了,如图 3.10 所示。由于工艺步骤太多,精细程度要求太高,不可避免地存在一些瑕疵,这就需要进行晶圆测试。

图 3.11 最左边展示的就是检测设备通过探针接触晶圆上的管脚,输入信号检测电路性能,进而将不合格的晶粒(芯片)标识出来。

图 3.10   密布几百颗芯片的晶圆

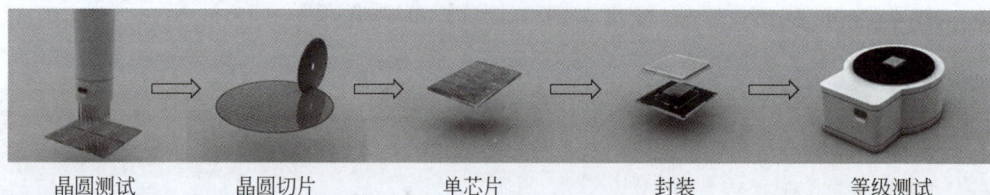

| 晶圆测试 | 晶圆切片 | 单芯片 | 封装 | 等级测试 |

图 3.11   芯片的封装测试过程

接下来就是晶圆切片,即把整个晶圆切割成一块块的单个芯片。当然,在此过程中会丢弃那些标识有瑕疵的以及外观破损的个体。挑选出来的单个芯片会被固定到相应的封装基板上,用超细金属丝连接单芯片上的接合焊盘和基板上的引脚,再注入塑封材料进行保护,就完成了芯片的封装。

封装完毕,还要再进行一系列全面且复杂的测试,鉴别出每块芯片的关键特性,如稳定工作频率、功耗、发热情况等,进而划分出不同的等级类型。完整的芯片封装测试过程如图 3.11 所示。之后,芯片成品就可以装箱发售,走进千家万户了。

最后,我们以苹果手机的处理器为例,了解芯片的整个产业链:首先,在美国的加州完成设计;接着,在中国台湾的台积电进行加工;然后,运往马来西亚封装测试;芯片成品又被送到中国的富士康工厂,和其他部件(显示屏、摄像头、电池等)组装到一起;最后,由中国深圳的物流公司发往世界各地。

还要考虑到:芯片设计的底层架构是日本 ARM 公司的知识产权;台积电最为关键的生产设备——光刻机,要从荷兰的 ASML 采购;刻蚀机来自中国的中微半导体和美国的泛林;光刻胶和大量的化学试剂主要由日本和韩国的公司生产。

这样看来,制作一颗芯片真的是太难了,尤其是要生产最先进、最高端的芯片,世界上没有哪个国家能够独立完成。因此有一个说法,芯片产业是全球化最彻底的产业。

我国芯片产业的现状

图 3.12 揭示了芯片的全产业链。我国芯片产业最薄弱的环节是在上游支撑行业,例如两类核心设备:设计芯片用到的 EDA 软件和加工芯片用到的光刻机。EDA 软件已经形成了新思(Synopsys)、铿腾(Cadence)和明导(Mentor)三足鼎立的局面。前两家是美国企业,后一家是德国公司,它们共同把持了全球 90% 的市场份额。苹果、高通、英特尔、海思等芯片设计厂商都要向这三家企业采购软件和服务。加工设备的市场集中度也非常高,前五大厂商(应用材料、阿斯麦、东京电子、泛林科技、科天半导体)的市场占有率超过 60%,其中三家来自美国,其他两家分别来自荷兰与日本。至于生产芯片用到的材料,如晶圆裸片、光刻胶、各种靶材、封装基板、引线框架等,大都被美国、日本和中国台湾所垄断。

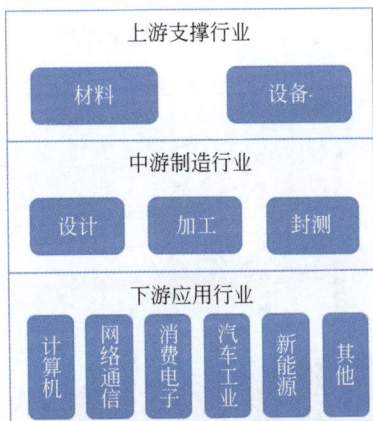

图 3.12 芯片的全产业链

芯片行业中有"一代设备、一代工艺、一代产品"的说法。可以说,越往上游走,技术难度越大,行业集中度越高。由于发展阶段的局限以及资金人才匮乏等原因,我们过去并没有给上游支撑产业应有的重视。即使现在一些芯片加工工厂的制造工艺已经接近了世界先进水平,但设备和材料还是得依赖国外供应商。这不仅让欧美和日韩企业赚取了大量超额利润,也使得我们在关键环节受制于人,被卡了脖子。

3.3 未来的发展趋势

当今时代,芯片对信息处理的意义,就像空气对人类的呼吸一样。而且在未来很长的时间里,人们信息处理最主要的工具还是芯片,其他技术的发展也需要依托于芯片,与芯片相结合。

那么,芯片技术目前正在进行着哪些突破?将会取得哪些革命性的进步?我们以点带面,从"集成化""智能化""可重构"三个角度介绍其前沿技术和发展趋势。其实,芯片技术还有很多热点研究方向,例如"类脑芯片"和"量子芯片"等。这些全新的架构理解起来需要更多更深的专业知识,限于篇幅,本书不做介绍。

3.3.1 片上系统

如图 3.13 所示,自 20 世纪 50 年代末被发明出来,芯片就一直通过微型化来不断提升性能。我们在新闻里经常听到的 14ns、7ns、5ns,主要指的就是芯片中晶体管的尺寸。晶体管尺寸越小,电子通过晶体管的时间就越短,信息处理速度就越快。而且,在同样大小的芯片中,晶体管的数量也会越多,整体性能就会越好。

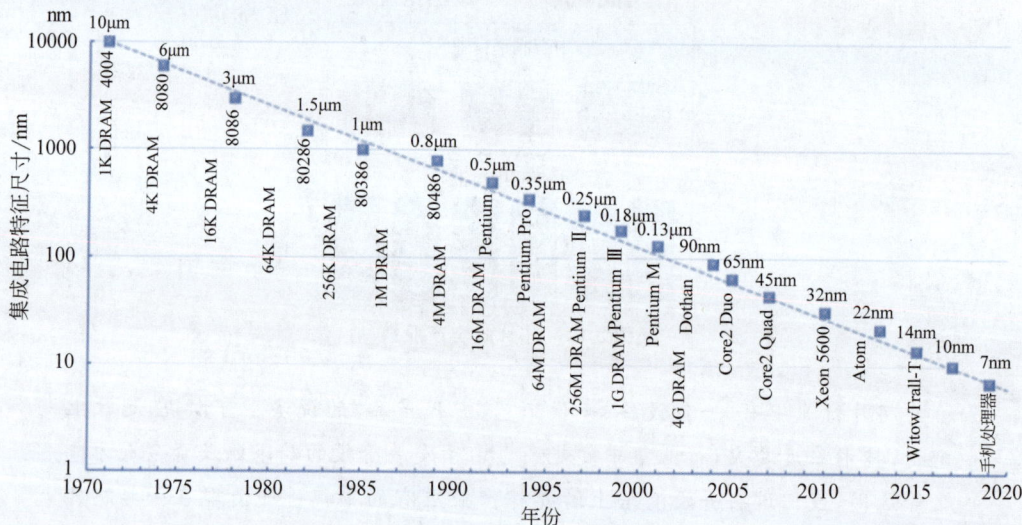

图 3.13　晶体管尺寸的缩小以及代表芯片

不过,通过缩小晶体管的尺寸来提升性能越来越难了,甚至很快就会达到理论极限。未来提升空间更大的反而是从整个系统架构、电路结构上来做文章,这就是片上系统——SoC(System-on-Chip),意思是在单独一颗芯片上集成一个有完整功能的电路系统。

SoC 的思想原理还是"集成化",毕竟芯片的本质就是在半导体上做的集成电路。当人们把越来越多的功能集成到同一颗芯片上,让各个器件、各个功能模块挨得越来越近,信号传输的路径就越来越短,信号传递也会越来越快,功耗也能越来越低。现在,智能手机、平板电脑这些移动终端里面最重要的一颗芯片就是 SoC 芯片,它上面集成了CPU、GPU、存储器、图形处理器、音频视频模块等各种功能。

这种 SoC 芯片有多厉害呢? 下面用全球第一颗 5nm 制程工艺手机处理器芯片——华为海思的麒麟9000 来举例。如图 3.14 所示,它里面集成了 8 核 CPU、24 核GPU,还有 3 核 NPU,也就是神经网络人工智能模块,还有高速闪存控制模块、图像处理模块、音频和视频处理模块等,甚至它还把 5G 模块集成到了同一颗芯片上。这颗指甲大小的芯片上包含了 150 多亿个晶体管,华为手机的所有功能都是在这颗芯片的控制下完成的。

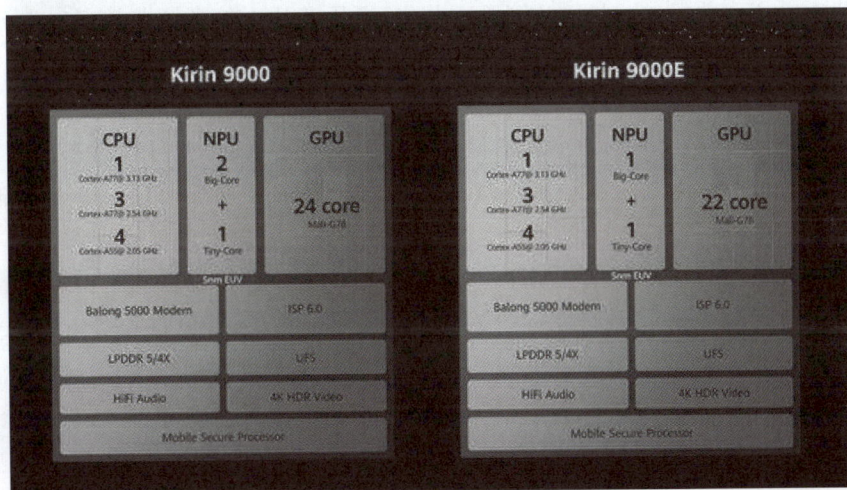

图 3.14 华为海思的麒麟 9000 芯片(部分)

根据一些文献的数据,如果麒麟9000 这类芯片中没有集成 5G 模块,也就是说 5G是额外挂载的一块芯片,那么两者的面积之和就会增加 50%(这还没算芯片之间的连线面积)。要知道,手机里的空间是寸土寸金,SoC 带来的优势是无法抗拒的。

当然这种级别的 SoC 设计和加工都是非常困难的。要把不同功能的模块集成到同一颗芯片上,就得按照要求最高的那个模块来决定工艺节点,高端 SoC 芯片的 CPU、GPU、NPU 这些模块一定都得使用最先进的工艺技术。工艺复杂、加工周期很长、成品率不够高等因素,造成了整颗芯片的造价非常昂贵。可以说,SoC 是现在工艺最复杂、生产最高端芯片的技术方案。

　　既然 SoC 这么困难,而不同功能模块的设计和加工都有差别,那我们为什么非得都集成到一颗芯片上呢? 我们完全可以按照各个模块的功能和工艺要求来分类,把 CPU、GPU 这些必须使用最先进工艺节点的模块集成到一颗或者几颗子芯片上,把存储模块、接口模块、电源管理模块等,这些不需要最先进工艺的集成到另外几颗子芯片。然后,再把这些子芯片的裸片集成到同一个封装里面。这个折中的办法就是系统级封装——SiP(System-in-Package),一种弱化版本的系统集成。

　　SiP 的性能和功耗相比 SoC 虽然是有些差距的,但其好处是加工难度小了不少。尤其是可以把不同的子芯片用不同的工艺节点来制作,既保证了最先进工艺的高性能,又有成熟工艺的稳定性。例如,苹果手表里面就是一块 SiP 芯片。

3.3.2　AI 芯片

　　学过计算机基础的人都知道,计算机里的 CPU 是一种通用芯片,不仅要计算,还要分析指令、调取数据、控制操作,等等。总之,通用芯片干的事情非常多。生活中,我们经常听到一种评价,说一个人“样样精通,样样稀松”。对于芯片来说,也会存在类似的问题——什么活儿都干,往往不如专攻一门更为高效。

　　当我们对计算机的图形渲染和图像处理有着更高需求时,就分化出来一颗专用芯片——GPU(Graphics Processing Unit)。在 GPU 里面,控制模块只占很小的部分,大部分的面积都放满了运算单元。GPU 工作时就是一门心思不停地处理图形图像数据就可以了,效率比 CPU 高多了。所以,GPU 和 CPU 的区别,就是专才和通才的区别。这也顺应现代社会分工的趋势——待解决的问题足够重要,就值得花费宝贵的资源去专门解决。

　　最近十几年,随着物联网、大数据和云计算的不断发展,人工智能也走进了人们的生产生活,并发挥了越来越重要的作用。例如手机的人脸解锁、音箱的语音控制、无人车的自动驾驶等。

　　由于人工智能需要“投喂”大量的数据进行训练,所以一般的通用芯片根本就处理不了。早在 2014 年,Facebook 为了让人工智能的识别准确率接近人类水平(97.35%),采用了深度学习算法,搜集了 400 万张图片进行模型训练。之后,不仅训练数据的规模每年都在增长,算法的模型也更加复杂。无人驾驶技术也是如此,自动躲避障碍物并规划路线,是一个计算量非常庞大的任务。如果一辆无人车的前方 20m 出现一个障碍物,用 CPU 来计算要不要躲避,恐怕保险公司的定损人员都来到现场了,结果还没出来呢。

　　为了保障算力,加速 AI 算法,人们研发了一种专用芯片——AI 芯片,全称“人工智能加速芯片”。最早的 AI 芯片大都是 GPU,如上面提到的 Facebook 公司所做的人脸识别中就使用了大量 GPU。因为深度学习中常用的卷积神经网络,主要的运算就是针对很大的矩阵进行大量的乘法操作。如果能针对这个特点来处理,自然就能提高计算速度。正巧,GPU 在这点上比 CPU 要强很多。

虽然 GPU 比 CPU 更能加速 AI 算法,但现在也算是比较通用的芯片了。它的显著缺点是,并没有针对每一个人工智能问题做最佳优化,功耗和价格也比较高。所以,我们就想要更专用的芯片来提高效率,就出现了半定制化 AI 芯片和全定制化 AI 芯片。

半定制化 AI 芯片可以看成一颗"万能芯片",设计加工完成之后,还能根据实际需要修改芯片里的器件连接形式,从而构成各种不同功能的芯片。

全定制化 AI 芯片则是根据要解决的问题专门设计一颗芯片,如果想解决另外一类问题,就得另外再做一颗芯片才行。谷歌公司的 TPU(张量处理器)就是著名的全定制化 AI 芯片。根据公开的数据,TPU 比起最好的 GPU 来说,能有几十倍将近上百倍的性能提升,能耗也有很大的降低。

芯片在处理 AI 问题时,灵活和高效往往不可兼得,如图 3.15 所示。

图 3.15 芯片在处理 AI 问题时灵活和高效往往不可兼得

3.3.3 可重构芯片

通过介绍 AI 芯片,可以看出解决某类问题的专用芯片是很有实际需求的,就像擅长某项工作的专家一样。在未来,为了满足万物互联的需求,人们还会需要更多不同类型且小批量的专用芯片。正是由于批量小,专用芯片最突出的困境就是成本高,只有谷歌、阿里这些大公司才能生产。

CPU、GPU 这类通用芯片适用于各种场景,戴尔的工作站可以用,苹果的便携式计算机也可以用,既可以运行 Windows,也可以运行 Linux 和 macOS。这样,每款芯片高达几亿美元的研发成本才可能合理地分摊到产品个体上面,这也是英特尔、英伟达等公司得以崛起的原因。但专用芯片的巨额成本却没有这么大的销售量来支撑,这里面天然存在性能和经济性的矛盾。

半定制化芯片、全定制化芯片能不能解决这个问题呢?目前来看,不行。半定制化芯片虽然能做到硬件可编程,但是一种静态的可编程,没法根据软件实时调整。全定制化芯片更是针对具体问题提前设计好了,一旦做出来硬件就彻底定型了,牺牲了灵活性才换来高性能。

那么,有没有性能高又兼具经济性的芯片呢?例如,一款芯片能针对各种不同类型的问题、各种应用软件都能自适应地形成一个最优的架构,即这颗芯片对于任何问题都相当于定制芯片,都能够高效地解决问题。

可重构芯片技术就是要实现这个目标,如图 3.16 所示。对于新的问题,软件改变了,硬件能够在几十纳秒的时间里针对软件需求进行改变,即所谓的"软件定义芯片"。因为一款芯片就可以应对大量不同的场景,就有足够的销量来摊平开发成本了。可重构芯片技术是当今最前沿的领域之一,未来十年一定会有很大的突破。

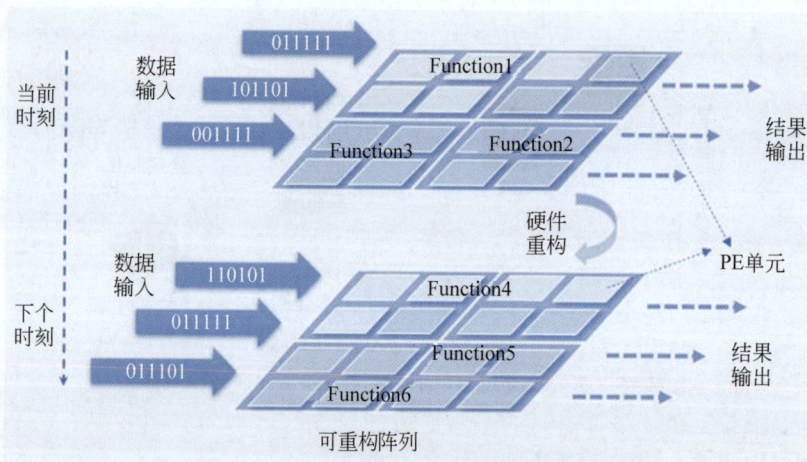

图 3.16 可重构芯片的基本原理

在高科技产业的发展和竞争中,往往是战略性和市场性并存。一些专业技术问题,可以交给市场竞争,以需求激发创新;而进入壁垒问题,则需要战略眼光,得从制度设计上想办法。

当年我们通过购买芯片,着重于系统设计和应用领域,快速进入信息时代。正是因为行动果敢,我国不仅赶上了互联网时代的尾巴,而且全程参与甚至是领跑了移动互联网时代,其实这也是让我们成为该产业最大供应链和最大市场的一个关键举措。于是,

"造不如买""以市场换技术""发挥比较优势"的呼声一度高涨。

但大国竞争的现实就是如此残酷,为了捍卫自己的霸权地位,美国这几年对中国进行了全面打压,将技术和非技术手段用到极致。今天这个环境下,我们就要明确芯片产业的战略性相比市场性应该处于更重要的地位。

早在几年前,中国已经成立了国家集成电路产业投资基金,现在已经到了第2期。还有各地相应的产业基金,虽然也考虑一定的投资收益,但更多的还是着眼于培植这个产业,帮助国内企业提升核心竞争力、引进先进技术和高层次人才。

自2020年8月开始,国务院出台了对集成电路产业的免税政策,在关键时刻进一步推动产业的发展。在如此高强度的战略性政策支持下,相信我们的芯片技术一定能突破封锁、力争赶超。

第4章

软　件

什么是软件？这个问题看似简单又不太好回答。人们每天都在使用各种各样的软件，如 Windows、iOS、Office、网页浏览器、媒体播放器等，它们都是我们再熟悉不过的产品了。但相对于看得见摸得着的硬件，没有物理形态的软件似乎又让大多数人感到神秘与陌生。

现在普遍被人们认可的软件的定义为：

（1）运行时，能够提供所要求功能和性能的指令或计算机程序集合。

（2）程序能够满意地处理信息的数据结构。

（3）描述程序功能需求以及程序如何操作和使用所要求的文档。

概括地说，"程序""数据""文档"是软件的最基本的三个组成部分。随着软件的不断发展，人们逐渐发现还有一项内容必不可少，那就是"服务"，例如软件实施培训服务、系统管理咨询服务、后期性能提升服务等。于是，可以用一个简单的公式给出软件的定义：

$$软件＝程序＋数据＋文档＋服务$$

4.1　软件的种类划分

如图 4.1 所示，软件可以分为两大类别：应用软件和系统软件。

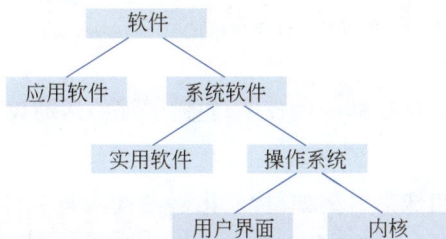

图 4.1　一种软件的分类方法

应用软件是由一些完成计算机特定任务的程序组成的，目的是满足用户不同领域、不同问题的应用需求。一台用来维护与管理某个制造公司库存的计算机所包含的应用软件与动画制作人员使用的计算机专业软件显然是不同的。根据用途不同，应用软件可以分为办公软件（如 Microsoft Office、WPS）、互联网软件（如微信、QQ）、多媒体软件（如 Adobe Photoshop、Windows Media Player）、游戏软件（如 World of Warcraft、DIABLO）等。

虽然各种应用软件完成的工作各不相同，但它们都需要进行一些共同的基础操作。例如，都要从输入设备取得数据，向输出设备送出数据，向外存写数据，从外存读数据，对数据进行常规管理,等等。这些基础工作也要由一系列指令来完成,人们把这些指令集中组织在一起,形成专门的软件,用来支持应用软件的运行,这种软件称为系统软件。也就是说,系统软件提供了应用软件所需要的基础架构,类似于国家基础设施(如政府、道路、公共设施、金融机构)提供公民维系各自生活需求的基础服务。

系统软件又可以分为两类:一类是操作系统(Operating System,OS),另一类是统称为实用软件的软件单元。操作系统是控制计算机整体运行的软件,计算机上发生的所有事情都需要它的知晓和许可,如果没有它,用户无法控制计算机的硬件设备,也无法使用其他软件,如图 4.2 所示。操作系统最著名的例子就是视窗(Windows,微软公司已经发布了很多版本,广泛用于个人计算机(PC)领域)和安卓(Android,主要使用于移动设备,如智能手机和便携式计算机,由谷歌公司和开放手机联盟领导及开发)。

```
┌─────────────┐
│    用户      │
└─────────────┘
   ▲▲      ▼▼
┌─────────────┐
│   应用软件    │
└─────────────┘
   ▲▲      ▼▼
┌─────────────┐
│   操作系统    │
└─────────────┘
   ▲▲      ▼▼
┌─────────────┐
│    硬件      │
└─────────────┘
```

图 4.2 操作系统的作用和地位

大多数实用软件则包括这样一些程序,它们实现的活动仅仅是计算机的安装基础,而没有包含在操作系统中。从某种意义上说,实用软件是由一些能够扩充或定制的操作系统功能的软件单元组成的。例如,格式化磁盘或者将文件从磁盘复制到光盘中的功能就可以借助于实用软件,而不是在操作系统内部实现的。把某些工作作为实用软件来实现,允许定制系统软件,这比把它们交给操作系统来执行要更容易满足特定安装的需求。事实上,一些公司和个人对原先和操作系统一起提供的实用软件进行修改和扩充,已经是很普通的事情了。

目前,应用软件和实用软件之间的差别已经很模糊了。一般认为,它们的差别在于其是否是计算机软件架构的一部分。因此,当新的应用变成了一种基础的工具,这个应用就很可能成为一种实用软件。用于互联网的通信软件还处在研究阶段时,它就被认为是一种应用软件,后来这类工具软件的功能变得非常基础(大部分 PC 都要用到),也就被定义为了实用软件。同样,实用软件和操作系统的差别也是模糊的。特别是在2000 年前后,美国和欧洲的反垄断诉讼案争论的都是这样一个问题:浏览器和媒体播放器这两个组件是微软公司操作系统的一部分,还是微软公司用来压制竞争对手的实用软件?

操作系统可以分为两部分:内核和用户界面。内核是操作系统的核心,提供操作系统的最基本的功能,它负责管理系统的进程、内存、设备驱动程序、文件和网络系统,决定着系统的性能和稳定性。而为了完成用户请求的动作,操作系统必须能够与这些用户进行通信,这就需要用户界面,也称为 shell(俗称"壳",用来与"核"区别)。

如图 4.3 所示,老式的用户界面称为命令行界面(Command Line Interface,CLI),是通过键盘和显示屏用文本信息与用户通信,这种界面的操作需要记住英文的操作命令,不利于广大的非专业用户操作。但 CLI 执行起来更快,功能也更强,其脚本语言和宏语言能够提供丰富的控制与自动化的系统管理能力。界面更友好的操作系统一般利用图形用户界面(Graphical User Interface,GUI)实现与用户的交互,人们不再需要死记硬背大量的命令,取而代之的是可以通过窗口、菜单、按键等方式方便地进行操作。然而,这种界面通过在显示屏的特定位置,以"各种美观而不单调的视觉消息"提示用户"状态的改变",显然比简单的文本信息呈现要消耗更多的硬件资源。

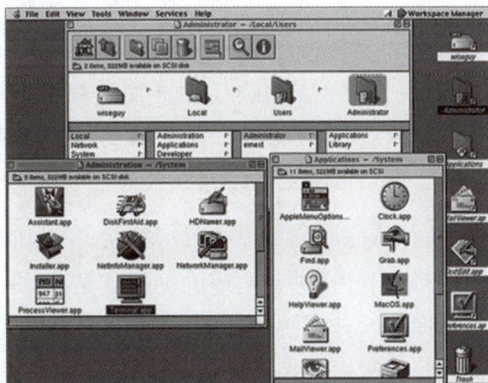

(a) 微软公司的DOS系统 (b) 苹果公司的Macintosh系统

图 4.3 两种操作系统的用户界面

4.2 强大的操作系统

操作系统是管理和控制硬件与软件资源的计算机程序,是直接运行在"裸机"上的最基本的系统软件,任何其他软件都必须在操作系统的支持下才能运行。从这个角度上讲,操作系统的功能更加强大,结构更加复杂,编写起来更加困难。

提到操作系统的原理,有一个术语一定要掌握,那就是"进程"。什么是进程呢?顾

名思义,进程就是进展中的程序,或者说,进程是执行中的程序。可以认为,一个程序加载到内存后就变为进程,即

$$进程＝程序＋执行$$

　　如果一款软件的程序只是编写好了,存放在光盘、U 盘等外存中,那就只能称作程序,只有操作系统把它加载到内存中执行,才可以称作进程。当然在 MULTICS 操作系统(现代操作系统的基础)出现之前,进程还有一个名字——"作业"。

操作系统的黎明

　　在 20 世纪 50 年代,世界上最先进的计算机是 IBM 公司的 7094。IBM 公司向密歇根大学和麻省理工学院分别捐赠了一台 IBM 7094,同时附加了一些条件。其中一个条件就是:平时机器归学校科研和教学使用,一旦进行帆船比赛[①]就得停下一切计算任务为 IBM 服务。但半路停下来,就意味着前半段功夫白费了——比赛结束后,一切得从头开始。

　　为了应对这个问题,密歇根大学开发了 UMES 系统,这个系统可以保存中间结果,等有时间了再从中间结果接着运算。这显然治标不治本,于是麻省理工学院就想和贝尔实验室合作开发一个可支持多个用户的分时操作系统——MULTICS。在开发过程中由于意见分歧,贝尔实验室的几个人独立门户,搞出了另外一个著名的操作系统 UNIX。由于历史恩怨,参与研发这些系统(UMES、MULTICS 和 UNIX)的人员都不愿意承用 IBM 发明的术语"作业",而是改用了"进程"。

可以看出,进程出现的动机就是要"分时"或者"多任务"。分时指的是多个用户共享对同一台计算机的访问,而多任务指的是一个用户同时执行多个任务,实现二者的是同一种技术——多道程序设计。

　　早期的计算机运行起来是机器等人。也就是说,CPU 的速度非常快,而人的思考和输入要慢得多。如果以单一操作员采用单一终端(唯一的屏幕和键盘)方式进行操作,那么 CPU 瞬间即可处理完操作员的命令,之后的大部分时间都是在等待中,利用率太低。后来计算机发展为让多个用户同时连接一台主机,采用多个终端(每个终端是一套显示器和键盘)共享使用的方式进行操作。操作系统把 CPU 的时间分为多个时间片,假设在某个时间片里 CPU 处理 A 用户的进程,这个时间片结束时,A 用户的这个进程被暂停,快速切换去处理 B 用户的进程,在下一个时间片里去处理 C 用户的进程……很短的时间内就可在十几个用户的进程中轮换一遍,这样就造成一种假象——

---

① 　IBM 的高管喜欢搞帆船比赛,每次比赛都需要使用计算机来做安排赛程、计算成绩和打印名次等工作。

每个用户都认为计算机一直只响应自己,感觉和独占机器没有什么不同。

现在 PC 上的 Windows 和 Linux,还有手机上的 iOS 和安卓,虽然不是多用户的分时操作系统,但也都是单用户的多任务操作系统。用户可以同时进行观赏电影、浏览网页、聊着 QQ、整理文档多个任务,每个任务都和一个或多个进程相关联,操作系统同样是让 CPU 在多个进程之间进行交接或切换,让用户感觉到这些任务都在并行之中。如图 4.4 所示,我们都看过抛球表演——杂技演员可以同时抛接多个球而不落地。如果把手看作是 CPU,每个球看作一个进程,这就类似一个多任务的操作系统——杂技演员的手快速地和每个球进行接触(接触一次用一个时间片),做出超过普通人反应速度的抛接动作(进程处理)。

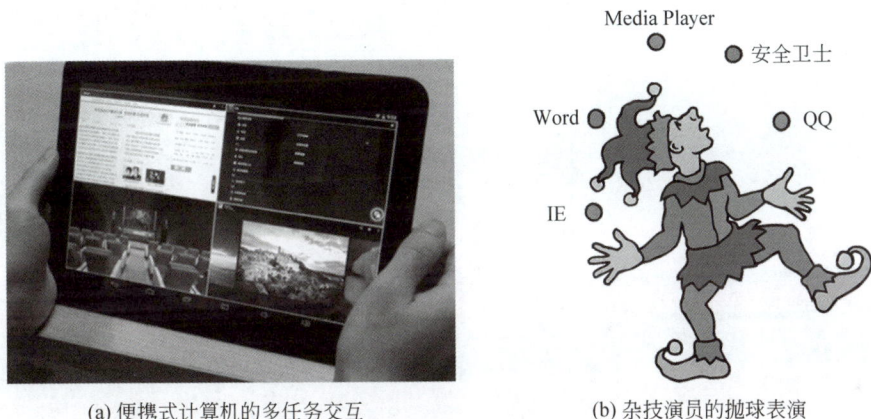

(a) 便携式计算机的多任务交互　　　　　　(b) 杂技演员的抛球表演

图 4.4　多道程序设计的示例和原理

从上面的描述中可以发现,进程是为了在 CPU 上实现多道程序设计而发明的一个概念。虽然 CPU 能在多个进程之间进行快速切换,造成很多任务并行的假象,但是每个进程自身在一个单位时间内还是只能干一件事情。如果想进一步提高计算机的处理效率,还应该想办法让一个进程同时能做多件事情,也就是在进程里面并行起来。

这就让我们想到了传说中的分身术(就像孙悟空那样同时变出多个真身),虽然人在现实生活中做不到,但在操作系统里面却可以办到,办法就是用"线程"——为了让一个进程能够同时干多件事情而发明的"分身术"。

在引入线程的操作系统中,一个进程至少有一个线程,也可以有多个线程,它们可以利用进程所拥有的资源。由于线程比进程更小,基本上不拥有系统资源[①],故对线程的调度所付出的开销就会小得多,能更高效地提高系统内多个程序间并发执行的程度,

---

① 操作系统通常都是把进程作为分配资源的基本单位,而把线程作为独立运行和独立调度的基本单位。

从而显著提高系统资源的利用率和吞吐量。近年来,通用操作系统大都引入了线程,以便进一步提高系统的并发性,并把它视为现代操作系统的一个重要指标。

当我们使用一款文字处理软件时,它的进程就分为了多个线程。这些线程一个负责显示、一个接收输入、一个定时进行存盘。这些线程一起运转,让我们感觉到输入和显示同时发生,而不用输入一些字符,等待一会儿才显示到屏幕上。在我们不经意间,文字处理软件还能自动定时存盘。当然,此项操作取决于系统当时的状况,有时我们会感觉到存盘时,计算机接收输入的速度慢了下来。但在绝大多数情况下,一切都还是令人满意的,如图 4.5 所示。

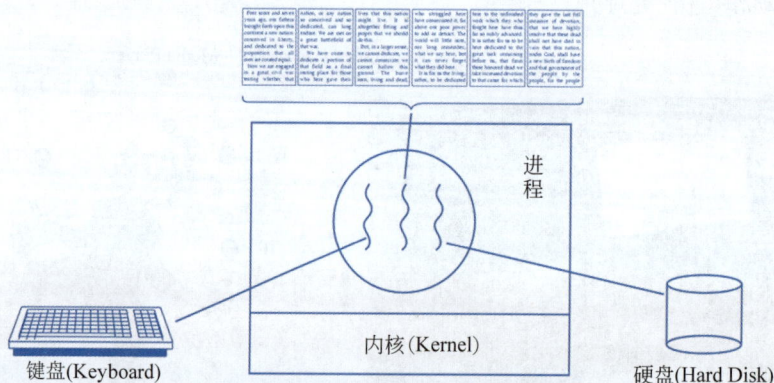

图 4.5　文本处理进程的三个线程

单看一个进程似乎还不能完全展示出多线程的好处,下面给出一个更真实的例子。假设我们打开计算机,用 Photoshop 修改图片,用 Excel 统计报表,同时打开一个窗口玩游戏,这三个任务分别对应着进程 1、进程 2 和进程 3,那么总共需要的时间如图 4.6(a)所示。把每个进程简单分解为三个线程,分别负责输入、计算和存储,如图 4.6(b)所示。显然,这三个线程匹配的硬件资源是不一样的,输入是和键盘相关,计算需要使用 CPU 中的运算器,而存储是写入硬盘。

仔细观察图 4.6(b)可以发现,完成进程 1 的输入之后,键盘一直在等待,直到进程 1 全部结束,才开始接收进程 2 的输入,然后再等待,直至进程 2 全部结束之后,再处理进程 3 的输入。CPU 和硬盘也一样,它们大部分时间都是空闲的,没有被充分利用,这样效率显然不高。我们希望它们充分忙碌起来,就像工厂车间的流水线一样,不要有大段的等待时间,如图 4.6(c)所示,键盘完成进程 1 的输入,接着就是进程 2 的输入,再下来就是进程 3 的输入,CPU 和硬盘也一样。这就在线程这一层次上并行起来了,尤其在中间那个时间段里面,键盘在响应线程"输入 3"(进程 3 的一个线程),同时 CPU 在处理线程"计算 2"(进程 2 的一个线程),而硬盘在进行线程"存储 1"(进程 1 的一个线程),各司其职,并行不悖……最终的结果就是缩短了整体的任务完成时间,如图 4.6(d)所示。

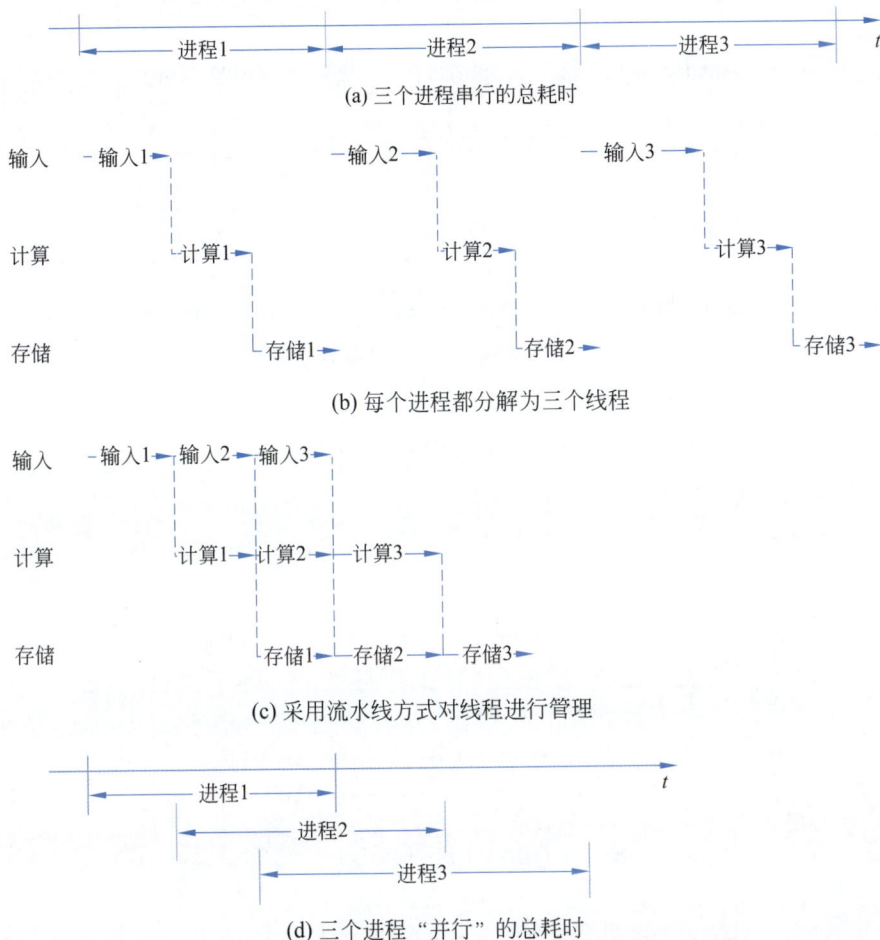

(a) 三个进程串行的总耗时

(b) 每个进程都分解为三个线程

(c) 采用流水线方式对线程进行管理

(d) 三个进程"并行"的总耗时

图 4.6 单线程进程与多线程进程效率对比

此外,每种硬件资源的速度也是千差万别的,如图 4.7 所示,CPU 的速度是纳秒(ns)级的,而硬盘的速度是毫秒(ms)级的,相差百万(10^6)倍,而键盘输入的速度是秒(s)级的,和硬盘相比又相差了上千(10^3)倍。

如图 4.8(a)所示,按照真实的速度来衡量,键盘输入就算没有一点儿间歇,硬盘应付相应的存储也绰绰有余,还有大量的富裕时间,而 CPU 更是用百万分之一的时间来控制或计算。可见,只是对三个进程进行线程层次上的并行,还是产生了巨大的资源浪费。于是,操作系统就让硬盘在空闲时间里服务其他线程(属于其他进程),如存储 b、存储 f、存储 h 等,也让 CPU 在空闲时间里响应其他线程(属于其他进程),如计算 a、计算 c、计算 d 等,如图 4.8(b)所示。

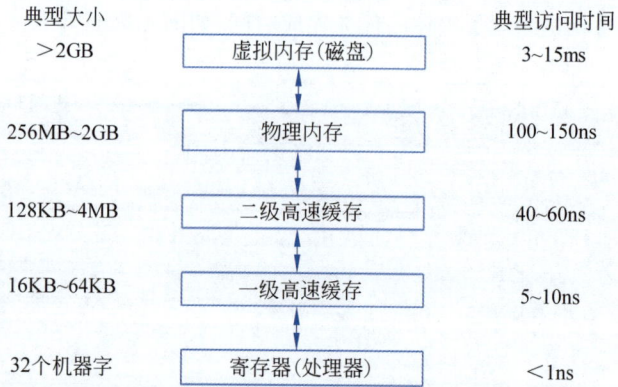

典型大小

\>2GB

256MB~2GB

128KB~4MB

16KB~64KB

32个机器字

典型访问时间

3~15ms

100~150ns

40~60ns

5~10ns

\<1ns

图 4.7　各种存储设备的响应时间

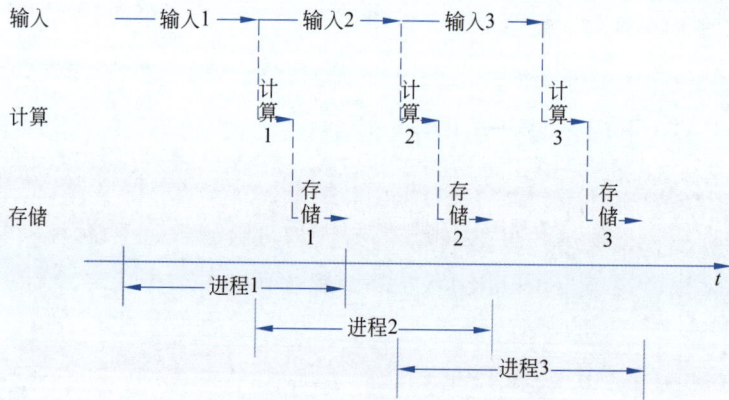

(a) 对三个进程进行线程层次上的"并行"

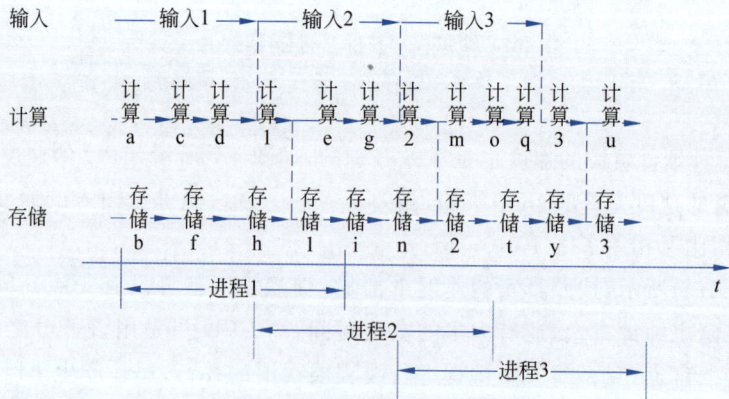

(b) 利用硬件资源的空闲时间处理其他线程

图 4.8　线程模型的并发操作

由此可以看出,线程是很有用的,因为它实现了进程内部的并发。线程的出现,赋予了进程"分身术"的能力,它在进程级别上实现了多道编程,使得计算机可以在完成一个进程的同时处理更多的任务,提高了程序运行的效率和硬件资源的使用率。但凡事有利就有弊,线程与流水线的管理十分复杂,增加了整个操作系统的不可靠性。这就好比我们每次专注于做好一道菜,按部就班地洗、切、炒。这样虽然效率不高,但不容易出错。如果我们在爆炒这道菜的同时,加工另一道菜的原材料,还兼顾着处理其他菜品的后续工作,效率提高了但也容易发生糊锅、溢水等事件,这显然需要更加复杂的管理手段和资源调度能力。

本章提到的内容仅仅是"进程管理"的一部分,而进程管理只是操作系统的三大核心功能之一(另外两个核心功能是内存管理和文件管理),可见现代操作系统是多么复杂。这一是由于计算机的硬件资源越来越好、越来越多;二是计算机上发生的所有事情都需要操作系统的掌控;三是人类永不知足、越来越苛刻的要求。总之,"能力越大,责任越大",这就是软件尤其是操作系统的真实写照。

Linux

对于计算机爱好者而言,如果想通过亲手实验来了解一个操作系统,那么就应该选择 Linux。最初的 Linux 操作系统是由林纳斯·托瓦兹(Linus Torvalds)在赫尔辛基大学学习期间设计的类 UNIX 操作系统[①]。Linux 操作系统是一个非专利产品,我们可以免费获得它的源代码和相关文档。因为可以免费获得源代码,所以该系统在计算机爱好者、学习操作系统的学生和程序员中非常流行。而且,Linux 操作系统被认为是当今可用的可靠的操作系统之一。正因如此,一些公司开始以更实用的形式包装和销售 Linux 操作系统产品,现在这些产品开始向市场上长期被认可的商用操作系统产品发出了挑战。我们可以在 Linux 官网 http://www.linux.org 了解更多有关 Linux 的知识。

4.3 PC 时代的主角

如果回到 20 世纪 80 年代初,问谁将是个人计算机时代的领导者,十有八九的人会说是 IBM 公司,剩下的可能会说是苹果公司。但历史和他们开了个不小的玩笑,在 PC

---

① Linux 的思想源于 UNIX,具有 UNIX 的全部功能,任何使用 UNIX 操作系统或者想要学习 UNIX 操作系统的人都可以从 Linux 中获益。

时代的这场大戏中，IBM 公司连头号配角都算不上，而发明了 PC 的苹果公司在经历了初期风光之后也只是充当了头号配角而已。真正的主角是一开始藏在 IBM-PC 背后的微软公司和英特尔公司。

4.3.1　抢占生态位

20 世纪 60—70 年代的商用计算机价格不菲。且不说 IBM 公司的商用高端机，就算是 DEC 公司和惠普公司制造的低端机，售价动不动就以十万美元计，这显然不是普通家庭能够承担得起的。不过，就像摩尔定律预言的那样，随着各种半导体设备的性能不断翻番，或者说相同性能的信息产品价钱不断折半，一定会出现一个拐点——计算机便宜到个人能够消费得起。这时计算机的影响力就不再局限于某些行业了，而是扩大到社会生活的方方面面，开始改变整个世界。这个拐点就出现在 1976 年。

这一年，史蒂夫·乔布斯与史蒂芬·沃兹尼亚克在一间车库里创建了苹果公司，并研制了世界上第一台可以商业化的个人计算机（PC）——Apple Ⅰ。这款售价只有 666.66 美元的计算机，价格要比当时任何商用计算机都便宜 1～2 个数量级。如图 4.9 所示，为了节省成本，它用的是其他公司开发的 CPU，没有显示器（用家里的电视机即可），键盘要另外购买，内存很小且没有外存储器（有一个音频接口，可以利用盒式录音机将数据保存在录音带中），更没有什么现成的软件可以使用。因此 Apple Ⅰ 的使用者大都是计算机爱好者，它的象征意义远远大于实际意义。

图 4.9　苹果公司的第一台原型计算机 Apple Ⅰ

苹果公司早期的几款产品证明了计算机是可以进入家庭的，而且这个市场可能比原有的企业级市场还要大。虽然苹果公司先拔头筹，但真正让个人计算机实用起来并普及到千家万户的，还是要靠财大气粗的 IBM 公司。

1980 年，IBM 公司把研发 PC 的任务交给了在佛罗里达的一个只有十几个人的小组。为了节省成本并尽快完成任务，这个小组不得不打破以前 IBM 公司自行设计所有软硬件的做法，采用了第三方处理器——英特尔公司的 8088 芯片，委托微软公司配置软件(如 MS-DOS 操作系统)。这样仅用一年时间,也就是 1981 年,IBM-PC 就问世了。如图 4.10 所示,IBM-PC 不仅支持文字处理、编程等办公应用,从设计上也比当时苹果公司的 Apple 系列好很多。因此,IBM-PC 一问世就大受欢迎,当年就卖掉了 10 万台,占领了四分之三的 PC 市场,《时代周刊》当年就评选其为 20 世纪最伟大的产品。直到今天,IBM-PC 还是个人计算机的代名词。

图 4.10　早期的 IBM-PC

　　由于 IBM-PC 的主要构成——操作系统和处理器芯片——都是第三方公司(微软和英特尔公司)提供的,磁盘驱动器、显示器和键盘等部件技术门槛又很低。在短短几年间,各种类似的 PC 如雨后春笋般冒了出来。这些计算机虽然品牌、配置、性能各不相同,但为了与 IBM-PC 兼容,处理器都是英特尔公司的,操作系统也大都是微软公司的(先是 MS-DOS,后是 Windows)。

　　由于兼容机的大量出现,IBM 公司沦为了众多 PC 制造商之一,在激烈的竞争中不情愿地成为了落伍者,眼看着康柏(Compaq)、戴尔(Dell)等公司不断做大。正所谓“长江后浪推前浪,前浪拍死在沙滩上”。吴军博士在《浪潮之巅》中给出了个人计算机工业的生态链,如图 4.11 所示,应用软件开发商、PC 制造商和其他部件制造商都非常多,他们都不在这个产业的关键路径上。只有微软公司和英特尔公司牢牢扼住了整个生态链的咽喉,处于不可替代的地位,从而主导了 PC 时代。于是有人发明了一个词来描述这一稳固的商业联盟——WinTel,即视窗(Windows 系统)＋英特尔(Intel CPU)。

　　这样,我们就很容易看清楚为什么苹果公司在 PC 时代是一个配角了。苹果在某种程度上是置身于这个产业链之外的——从处理器芯片的设计到应用软件的开发全靠自己来做,它的计算机自成一体,和其他的 PC 完全不能兼容。这种封闭的做法导致了其产品价格贵、软件少和不兼容。因此,即使苹果 PC 的界面做得再漂亮,很多人也不去买,按照当时通用汽车公司 CEO 的说法,这是一辆只能在 5％公路上行驶的汽车。更何况一个公司也很难在方方面面都做得很好,以一个公司之力抗衡行业中其他公司

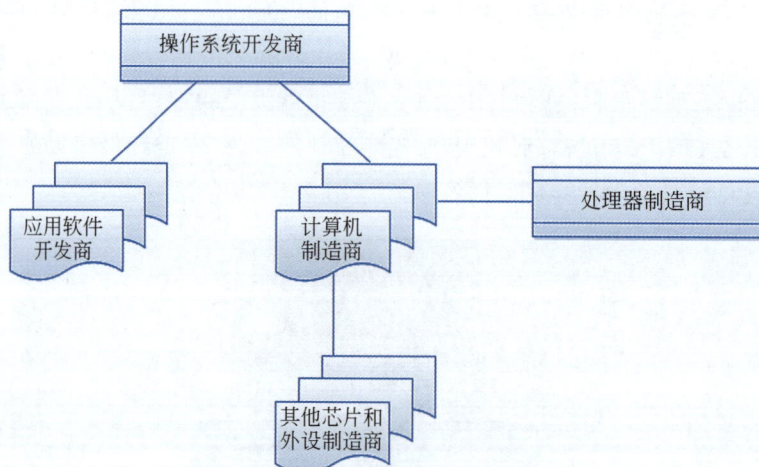

图 4.11 个人计算机（PC）工业的生态链

的联合，时间一长就必然落入下风。苹果 PC 的市场占有率从 IBM-PC 诞生之后就一直下降，后来一段时间它也不得不采用英特尔公司的处理器，并且在 Mac 机上运行微软公司的 Office 办公软件，甚至可以装上微软公司的 Windows 操作系统，市场占有率才回升到 10%～15%。

WinTel 和苹果公司之争从表面上看是产品之争、技术路线之争，而从更深层看是两种商业模式和文化之争。WinTel 代表着开放与分工合作，这是现代工业社会的基本特征，而苹果公司则代表着封闭和对技术的垄断，因此，苹果公司在 PC 市场上的落败是必然。现如今的智能终端市场也是如此，虽然苹果公司率先推出了最好的智能手机 iPhone 及操作系统 iOS，但在市场占有率上逐渐输给了谷歌公司采用开放路线的安卓系统，这还是苹果公司的基因使然。

现在的苹果公司依然和 PC 时代一样，试图通过硬件实现软件的价值，把一条产业链从头吃到尾，但无论产品多么出色，最终往往就是竖着吃掉每个环节的一小部分，它的产品也就慢慢变成了消费电子产品中的时尚品牌，如同香奈儿在化妆品，LV 在手袋中的位置。当然，作为时尚的代名词，如果能够不断创新和坚持追求极致，就像乔布斯还在世时那样，苹果公司依然还是可以不断引领 IT 产业的浪潮。

谷歌公司学的就是当年微软公司的做法，目标是横着吃掉智能手机操作系统的大部分市场。它只需要关心最重要的操作系统部分，把上下游全部交出去。比微软公司更绝的是，安卓系统是免费的，这也是互联网公司区别与传统 PC 公司的地方。所以，在 2007 年年底，当谷歌公司联合全球几十家移动运营商、手机制造商和芯片制造商组成了安卓联盟时，iOS 的最终命运就已经注定了。

4.3.2　安迪-比尔定律

摩尔定律告诉人们：每 18 个月，IT 产品的性能会翻一番；或者说相同性能的 IT 产品，每 18 个月价钱会降一半。这就给消费者带来一个希望——如果今天 IT 产品太贵买不起，那么等 18 个月就可以用一半的价钱再来买。要真是这样简单，IT 产品的销售量就上不去了，消费者大都会多等几个月再说，而且购买了之后就再也没有动力去更新换代了。

事实上，在 2012 年以前，世界上的个人计算机销量在持续增长，而且远远高于经济的增长。那么，是什么动力促使人们不断地更新自己的硬件呢？IT 界把它总结成安迪-比尔定律（Andy-Bill's Law）[①]，即"比尔要拿走安迪所给的"。

在过去的三十多年里，英特尔处理器的速度每 18 个月翻一番，计算机内存和硬盘的容量以更快的速度在增长。但是，微软的操作系统和运行在上面的应用软件越来越大，也越来越耗资源。所以，现在的计算机虽然比 10 年前快了 100 倍，但运行现在的软件感觉上还是和以前差不多。而且，早期整个 Windows 操作系统不过十几兆（MB）大小，现在要十几个吉（GB），应用软件甚至比操作系统还大。虽然新的软件功能比以前的版本强了一些，但是增加的功能绝对不是和它的大小成比例的。因此，一台 10 年前的计算机能装多少应用程序，现在的也不过装这么多，虽然硬盘的容量增加了 1000 倍。更糟糕的是，用户发现，如果不更新计算机，现在很多新的软件就用不了，联网也是个问题。但 10 年前买的汽车却照样可以跑。

实际上，微软公司和其他厂商也不想把操作系统和应用程序搞得这么大。一方面是人们对软件的功能需求越来越多，质量要求也越来越苛刻，这将在 4.4 节的"软件工程"中详细论述；另一方面，现在软件开发人员不再像早年间那样精打细算了，有了足够的硬件资源，他们开始讲究自己的工作效率、程序的规范化和可读性等。想一想我们自己，现在的生活也不像三四十年前那样节省了，毕竟物质丰富之后，人工成本也在提高，把精力花费到不擅长的"节流"上往往不如"开源"更划算。

虽然用户对新的软件把硬件提升所带来的好处几乎全部用光很是烦恼，但是在 IT 领域，各硬件厂商恰恰是靠软件开发商用光自己提供的硬件资源得以生存。例如，因为微软公司新的操作系统迟迟不能面市，用户没有更新计算机的需求，2005 年上半年，从英特尔公司到惠普公司、戴尔公司等整机厂商，再到美满（Marvell）公司和希捷（Seagate）公司等外设厂商，销售都受到很大的影响，股票不同程度地下跌了 20%～

---

① 原文是"What Andy gives, Bill takes away"。其中，安迪是原英特尔公司 CEO 安迪·格鲁夫（Andy Grove），比尔就是微软公司的创始人比尔·盖茨。

40％。2005 年年底,Vista 终于上市,萧条了一年多的英特尔公司在 2006 年年初就扭转了颓势,惠普公司和戴尔公司也同时得到增长,接下来硬盘、内存和其他计算机芯片的厂商开始复苏。相比前一个版本 XP,Vista 大约多提供了 20％的功能,但是内存使用几乎要翻两番,CPU 使用要翻一番,这样除非是新机器,否则无法运行 Vista。当然,用户可以选择使用原来的操作系统 Windows XP,但是很快微软公司和其他软件开发商会逐渐减少对 Windows XP 系统的支持,这样就逼着用户更新机器。

可以看出,个人计算机工业整个的生态链是这样的:以微软公司为首的软件开发商吃掉硬件提升带来的全部好处,迫使用户更新机器让惠普和戴尔等公司收益,而这些整机生产厂再向英特尔这样的半导体公司订购新的芯片,同时向希捷等外设厂商购买新的配件。在这中间,各家的利润先后得到相应的提升,股票也随着增长。各个硬件半导体和外设公司再将利润投入研发,按照摩尔定律预测的速度,提升硬件性能,为微软公司下一步更新软件、吃掉硬件性能做准备。

现在,智能手机产业的格局和个人计算机产业也很类似:谷歌公司的安卓渐渐起到了当年微软公司 Windows 的作用,而高通(Qualcomm)、三星(Samsung)、苹果等基于 ARM 架构[①]的处理器芯片公司起到了当年英特尔和 AMD 公司的作用。也许这个格局可以描述成 And-Arm。各种其他芯片厂商,还有主要的手机品牌厂商,如三星、华为、小米、vivo、OPPO 等公司都被这个格局所掌控,成为智能手机生态链的一环。所以,安迪-比尔定律的意义依然存在,一直在把原本属于耐用消费品的计算机、手机等 IT 产品变成了消耗性商品,刺激着整个 IT 领域的发展。

能力与欲望

一般我们谈到硬件和软件的关系时,习惯于把它们比作信息系统的“肉体”和“灵魂”。但是从“安迪-比尔定律”的意义上看,我们更愿意将它们比作人类在信息时代的“能力”和“欲望”。可以认为硬件的发展反映了人类拥有的资源越来越多、能力越来越强,而软件的需求反映了人类的欲望水涨船高、永无止境。虽然它们的发展速度都遵循摩尔定律,但软件需求的增长显然比硬件性能的提升更快,就像人类欲望的增长要比能力提高更快一样。

有句谚语:“人一切的痛苦,本质上都是对自己的无能的愤怒!”所以我们在年轻的时候,一往无前,拼命学习知识,锻炼各方面能力,进而实现目标,满足自己的欲望。的确,合适的目标,适度的欲望,会促使我们提升自己的能力,

---

① 出自英国 ARM 公司,全称 Advanced RISC Machines,该公司设计了大量高性价比、耗能低的 RISC 处理器,相关技术及软件。

不断成长,这是好事。但是目标过高,欲望太大,远远超出了自己的能力范围,也会变成坏事。所以,还有这么一种说法:"幸福取决于两方面,一是提升自己的能力,二是降低自己的欲望。"不过,话说回来,寻找这种平衡,把握这个度,岂是那么容易的事情!

4.4 软件工程的困境

在计算机刚刚投入实际使用的时候,软件设计往往只是为了一个特定的应用而在指定的计算机上设计和编制,采用密切依赖于计算机的机器代码或汇编语言。软件的规模比较小,文档资料通常也不存在,很少使用系统化的开发方法。设计软件往往等同于编制程序,基本上是个人设计、个人使用、个人操作、自给自足的私人化的软件生产方式。

随着信息技术的发展,计算机的成本、体积和能耗不断下降,使用的场合越来越多,对软件的需求也在急剧增长。软件系统的规模越来越大,复杂程度越来越高,软件可靠性问题也越来越突出。例如,UNIX 和 Linux 的代码量已达 200 万行左右,Windows 2000 增至 2900 万行,而 Windows XP 和 Window 7 大约 4000 万行,Mac OS X"Tiger"竟然高达 8000 多万行。原来的个人设计、个人使用的方式显然不能满足要求,迫切需要改变软件生产方式,提高软件生产率。

4.4.1 软件危机

早在 1968 年和 1969 年,北大西洋公约组织(North Atlantic Treaty Organization, NATO)的计算机科学家在原联邦德国连续召开两次国际学术会议,提出了"软件危机"和"软件工程"两个概念。软件危机主要表现在:①软件开发费用和进度失控;②软件的可靠性差;③生产出来的软件难以维护;④软件成本在计算机系统总成本中所占的比例居高不下,且逐年上升;⑤软件生产不能满足日益增长的软件需求;⑥软件系统实现的功能与实际需求不符。

软件生产的这种知识密集和人力密集的特点是造成软件危机的根源所在。例如,开发大型复杂的软件系统,要求许多人工作很长时间,而在这期间,预期的系统需求可能会改变,参与该项目的人员也可能会变动,这些诸如人员管理和项目管理之类的问题更多是与业务管理相关的,而不是与传统的计算机科学相关的。软件工程正是从技术和管理两方面进行研究,致力于寻找指导大型复杂的软件系统的开发原则。

大型工程要考虑多少问题？

为了帮助理解软件工程中涉及的问题，这里可以想象构造一个大型的复杂设施(一辆豪华汽车、一座大型立交桥或者一幢多层的办公大楼)，对此进行设计，然后监管其构造过程。如何估算完成该项目所需的时间、费用以及其他资源？如何把项目分割成几个便于管理的模块？如何保证构建的模块相互协调一致？如何使工作在不同模块的人员相互便捷沟通？如何衡量进度？如何妥善处理更广泛的细节问题(如门把手的选择、壁饰的设计、各种玻璃的需求量、承重墙或柱子的强度，供暖系统的管道铺设等)？与之相比，在一个大型软件系统的开发过程中，需要面对的问题只多不少，而且更加复杂。

有人也许会这样认为，工程是一个很成熟的领域，因此一定会有大量现成的工程技术可以用来解决软件工程中的这些问题。这种推断有一定的道理，但是忽略了一点——软件工程与其他工程领域之间存在着本质上的不同。这些不同之处引爆了软件危机，让广大软件行业的管理和技术人员在很长一段时间内一筹莫展。所以，在发展软件工程学科上，首先要做的工作就是弄清这些差别。

差别之一涉及通过常用的预先定制的构件来构造系统的能力。一些传统的工程领域已经长期受益于这种能力，即在构造复杂的设备时，采用各种现成的构件。如图4.12所示，设计一辆新车时，没有必要重新设计引擎和传感器，利用这些构件以前的设计方案即可。设计一台PC的时候，也没有必要重新设计CPU、存储器和电源，直接采用现成的方案甚至采购已有的产品就行。然而，软件工程在这点上却是落后的，以前的软件构件都是为专门的应用设计的，无法直接拿来使用。因此，复杂的软件系统往往都是从头做起的。

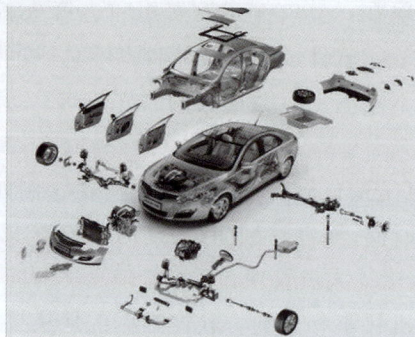

(a) 使用构件组装汽车　　　　　　　　(b) 使用构件组装计算机

图4.12　利用已有构件构造系统

　　另一个差别在于缺少度量技术——"度量学"来衡量软件的属性。例如,为了计算开发一个软件系统的费用,人们希望能够估算出预期产品的复杂度,但是软件的复杂度估算方法还不太成熟。同样,评价软件质量的方法现在也不太成熟。对于传统机械,质量的重要度量是平均无故障时间,这是对设备耐损耗性的一个基本衡量指标,但软件没有这种损耗,所以这个指标在软件工程中并不适用。

　　再一个差别是软件的维护。软件工程最基础的概念是软件生命周期,如图 4.13 所示。软件一旦开发完成,它就进入了一个既被使用又被维护的循环,这个循环将永不停止,直至软件生命周期结束。这种模式在许多工业产品中很常见。不同之处在于,对于其他产品,维护阶段往往是一个修复过程,而对于软件,维护阶段往往包括改错和更新。但软件的任何改动都可能带来连锁反应,从而引发更多的问题,所以在这个阶段,从头开发软件的某个部分要比成功修改现有的软件包更容易。

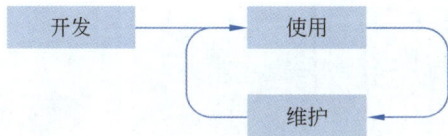

图 4.13 软件的生命周期

　　还有一个显著的差别在软件开发[1]的第一个阶段——需求分析。和其他领域一样,需求指引着整个项目的方向,所以必须保证需求的充分、正确和稳定。但是,软件工程的需求更难做到这些,一般而言,客户能够描述出自己需要什么样的住宅、什么样的交通工具、什么样的餐饮服务,但很难弄清楚自己需要什么样的软件,甚至通过软件公司的专业团队来沟通和梳理也不容易搞定。另外,客户对软件的需求往往不断变更,以期获得更好的服务,这在其他工程中是不可想象的。例如,已经打好了 38 层的高楼地基,客户突然改动需求要盖成 70 层,巨人大厦[2]当年的教训足以警诫后人不敢再犯,但在软件工程领域类似的事情还是不断发生(见图 4.14),这令人很是无奈。

4.4.2 质量保证

　　前面提到了软件工程和其他工程领域的一大差别在于缺少度量技术来衡量软件的质量。关于质量的定义比较抽象,不容易说清楚,那就用健康进行类比。早先人们以为长得结实、饭量大就是健康,这显然是不科学的。现代人通过考察多方面的生理因素来

---

[1] 传统的软件开发阶段分为需求分析、设计(概要设计和详细设计)、实现和测试 4 个阶段。

[2] 1993 年,在"典型"意识的推动下,史玉柱将巨人大厦的规划从 38 层不断"加高"到 70 层,要建全国最高的楼宇。最终导致资金链断裂,大厦工程烂尾。

客户如此描述需求	项目经理如此理解	分析员如此设计	程序员如此编码	商业顾问如此诠释
项目文档如此编写	安装程序如此"简洁"	客户投资如此巨大	技术支持如此肤浅	解密： 实际需求——原来如此

图 4.14　软件项目因需求问题而失败

判断是否健康,如测量身高、体重、心跳、血压、体温等,如果上述指标都合格,那么表明这个人是健康的;如果某个指标异常,就表明此人在某方面需要注意,甚至可能需要医生对症下药,进行治疗。

同理,我们也可以通过考核软件的质量属性来评价软件的质量,并给出提高软件质量的方法。软件的质量属性种类繁多,大体可分为功能性和非功能性两类:功能性质量属性有正确性、健壮性和可靠性;非功能性质量属性有性能、易用性、清晰性、安全性、可扩展性、兼容性和可移植性。下面选取几个容易误解的质量属性进行简单介绍。

1. 健壮性

健壮性是指在异常情况下,软件能够正常运行的能力。正确性与健壮性的区别是:前者描述软件在需求范围之内的行为,而后者描述软件在需求范围之外的行为。用户是不会管正确性与健壮性的区别的,反正软件出了差错都是开发方的错。所以,提高软件的健壮性也是开发者的义务。

健壮性有两层含义:一是容错能力,二是恢复能力。容错能力是指发生异常情况时系统不出错误的能力,对于应用于航空航天、武器、金融等领域的这类高风险系统,容错设计非常重要。容错能力强就意味着非常健壮,如 UNIX 系统,使用起来极少出问题,所以国内外的大型服务器都使用该操作系统。而恢复能力则是指软件发生错误后(不论死活)重新运行时,能否恢复到没有发生错误前的状态的能力。从语义上理解,恢复不及容错那么健壮。

还是用健康来类比,某人挨了坏人一顿拳脚,特别健壮的人一点事都没有,表示有容错能力;比较健壮的人,虽然被打倒在地,过了一会还能爬起来,除了皮肉之痛外也不用去医院,表示恢复能力比较强;而虚弱的人可能短期恢复不过来,不得不在病床上躺很久。

恢复能力也是很有价值的。微软公司早期的视窗系统,如 Windows 3.x 和 Windows 9x,动不动就死机,其容错性的确比较差。但它们的恢复能力还不错,机器重新启动后一般都能正常运行,看在这点上,人们也愿意将就着用。

2. 安全性

这里的安全性是指信息安全,是防止系统被非法入侵的能力,既属于技术问题,又属于管理问题。信息安全是一门比较深奥的学问,其发展是建立在正义与邪恶的斗争上的(第8章将详细讨论)。世界上似乎不存在绝对安全的系统,连美国军方的系统都频频遭黑客入侵。如今全球黑客泛滥,可谓"道高一尺,魔高一丈"。

对于大多数软件产品而言,杜绝非法入侵既不可能也没有必要。因为开发商和客户愿意为提高安全性而投入的资金是有限的,他们要考虑值不值得。究竟什么样的安全性是令人满意的呢?一般来说,如果黑客为非法入侵花费的代价(考虑时间、费用、风险等多种因素)高于得到的好处,那么这样的系统就可以认为是安全的。

3. 兼容性

兼容性是指两个或两个以上的软件相互交换信息的能力。由于软件不是在"真空"里应用的,它需要具备与其他软件交互的能力。例如,两个字处理软件的文件格式兼容,那么它们都可以操作对方的文件,这种能力对用户很有好处。金山公司开发的字处理软件 WPS 就可以操作 Word 文件。

兼容性的商业规则是:弱者设法与强者兼容,否则无容身之地;强者应当避免被兼容,否则市场将被瓜分。所以 WPS 一定要与 Word 兼容,否则活不下去。但是 Word 绝对不会主动与 WPS 兼容,除非 WPS 在中国市场登上霸主地位。

4. 可移植性

软件的可移植性指的是软件不经修改或稍加修改就可以运行于不同软硬件环境(CPU、操作系统和编译器)的能力,主要体现为代码的可移植性。编程语言越低级,用它编写的程序越难移植,反之则越容易。这是因为,不同的硬件体系结构(如 Intel CPU 和 SPARC CPU)使用不同的指令集和字长,而操作系统和编译器可以屏蔽这种差异,所以高级语言的可移植性更好。

Java 是一种高级语言,Java 程序号称"一次编译,到处运行",具有 100% 的可移植性。为了提高 Java 程序的性能,最新的 Java 标准允许人们使用一些与平台相关的优化技术,这样优化后的 Java 程序虽然不能"一次编译,到处运行",仍然能够"一次编程,到处编译"。一般地,软件设计时应该将"设备相关程序"与"设备无关程序"分开,将"功能模块"与"用户界面"分开,这样可以提高可移植性。

上医治未病

　　魏文王问名医扁鹊:"你家兄弟三人,都精于医术,到底哪一位最好呢?"

　　扁鹊答:"长兄最佳,中兄次之,我最差。"文王再问:"那为什么你最出名呢?"

　　扁鹊答:"长兄治病,于病情发作之前,一般人不知道他事先能铲除病因,所以他的名气无法传出去;中兄治病,于病情初起时,一般人以为他只能治轻微的小病,所以他的名气只及乡里;而我是治病于病情严重之时,大家都看到我下针放血、敷以猛药,就以为我医术高明,因此名气响遍全国。"

　　这个故事告诉我们要开发高质量的软件,就和名医看病一样,"预防胜于治疗"。最高层次就是尽善尽美的需求分析和设计,然后一次性编写出高质量的代码。低一个层次就是在整个软件周期里面,工作成果刚刚产生就进行严格检查,及时消除一切隐藏的问题。最低一个层次就是把软件交付用户后,出了问题再赶过去补救,这个代价是相当高的,但往往让用户觉得技术水平了得,这不得不让人感叹……

质量的死对头就是缺陷,缺陷是混在产品中的人们不喜欢、不想要的东西。缺陷越多质量越低,缺陷越少质量越高。软件测试的目的就是发现软件缺陷,且尽可能早些发现它,并确保其得以修复,所以说软件测试就是保证软件质量的重要手段。而随着软件工程的发展,人们逐渐认识到:软件测试并不等于程序测试,也不只是软件工程最后一个亡羊补牢的环节,它贯穿于软件定义与开发的整个期间。于是,软件测试的对象也扩展为需求规格说明、概要设计规格说明、详细设计规格说明和源程序,如图 4.15 所示。

软件测试可以分为"黑盒测试"和"白盒测试"两类。黑盒测试是从用户的角度来完成的,在测试过程中并不关心软件本身是如何工作的,只注重软件是否能够达成用户的需求目标,表现如何。如图 4.16 所示,将被测软件看作一个打不开的黑盒,黑盒里面的内容是完全不知道的,只在盒面上知道软件要做什么(软件的规格说明),我们输入数据看看输出和预想的是否一致、有无功能遗漏等。很多软件产品在发布之前,都会把 beta

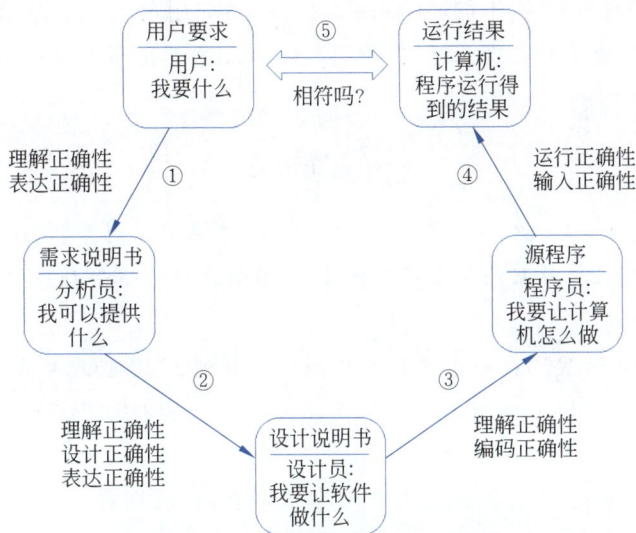

图 4.15 测试贯穿整个开发过程

版发给特定用户试用,以了解软件在现实环境中的运行情况,这就是黑盒测试的一种——β测试。β测试的优点远远不止于排查缺陷,公司参考可以参考反馈意见(无论正面还是负面)来调整市场策略,而且有助于其他软件发行商设计出与之兼容的产品。

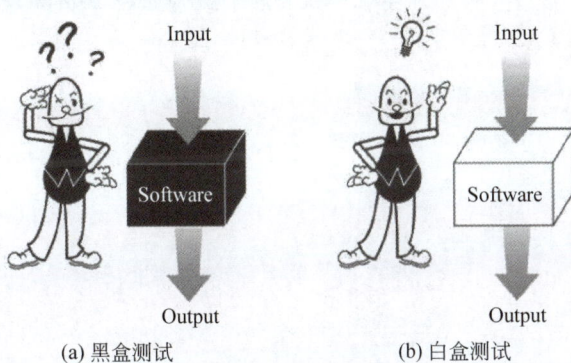

(a) 黑盒测试　　　　　　　　　(b) 白盒测试

图 4.16 黑盒测试与白盒测试

　　白盒测试则是依赖于对被测试软件的内部构成的理解,全面了解程序内部逻辑结构,从而对所有逻辑路径进行测试。当然,即使是一个简单的程序,也可能有无数条可以遍历的路径,于是软件工程师就开发出一些方法,在有限次的测试中尽可能多地发现缺陷。其中一种是基于这样的观察——软件中的缺陷趋于集中。也就是说,经验表明,一个大型的软件系统中会有一小部分模块比其他模块更容易出问题。所以,与其把所有模块都进行相同频度的、不彻底的测试,还不如确定哪些容易有缺陷的模块,对它们进行彻底的测试,这样可以发现系统的更多错误。这就是所谓的帕累托法则(Pareto principle)的一个实例。

帕累托法则

帕累托法则,又名二八定律、80/20 定律、不平衡原则等,该法则引自意大利经济学家、社会学家维弗雷多·帕累托,后被广泛应用于社会学、管理学、商学等众多领域。

1897 年,帕累托在一个偶然的机会中注意到了 19 世纪英国人的财富和收益模式——大部分的财富流向了少数人手里。在其他国家的文献记载中,这种微妙的关系也都一再出现,而且在数学上呈现出一种稳定的关系。于是,帕累托提出,社会上 20%的人占有 80%的社会财富,即财富在人口中的分配是不平衡的。

人们在这个法则的引导下,认识到生活中存在许多类似的不平衡现象。例如,20%的人成功,80%的人不成功;20%的人支配别人,80%的人受人支配;20%的人放眼长远,80%的人只顾眼前;20%的人敢于面对困难,80%的人逃避现实……因此,帕累托法则成了这种不平等关系的简称,不管结果是不是恰好为 80%和 20%(从统计学上来说,精确的 80%和 20%出现的概率很小)。

网　络

第5章

提到我们这个时代的特点,总会有几个词出现——"数字化""网络化""信息化"。可以说,21 世纪是一个以网络为核心的信息时代。截至 2024 年年底,全世界接近 70% 的人常驻网上,270 多亿台机器通过不同的网络连接起来。互联网、物联网、卫星组网……不仅从政治、经济、文化和生活上根本地改变了我们的社会,而且推动了人类文明的飞速进步。

我们在工作生活中最常用到的三种网络分别是电信网络、有线电视网络和计算机网络。它们向用户提供的服务有所不同:电信网络的用户可得到电话、电报及传真等服务;有线电视网络的用户能够观看各种电视节目;计算机网络则可使用户能够迅速传送数据文件,以及从网络上查找并获取各种有用资料,包括图像、视频和音频文件。

虽然这三种网络在信息化过程中都起到了十分重要的作用,但其中发展最快且起核心作用的还是计算机网络。随着技术的不断进步,电信网络和有线电视网络有逐渐融入现代计算机网络的趋势,这就产生了"网络融合"的概念,如图 5.1 所示。如此一来,电话、电视就能和计算机一样,都可以成为互联网上的设备,给人们提供更加丰富多彩的服务内容。

图 5.1　网络融合的趋势

5.1　基础结构与服务

为了共享资源(如打印机、扫描仪)和交换信息(传递文件、联机游戏),人们会把两台或两台以上的计算机相互联接构成一个局域网(Local Area Network,LAN)。如图 5.2(a)所示,可以认为局域网就是一种最简单、最基础的计算机网络。

世界上存在多个不同的局域网,它们常常使用不同的软硬件,而一个局域网中的人经常要与另一个局域网中的人通信。为了做到这一点,那些互不兼容的局域网也需要连接起来,这就构成了如图 5.2(b)所示的互联网(internet)。

需要注意,"互联网"一词具有通用意义,泛指由多个计算机网络相互联接而成的网络,故首字母一般是小写。但由于当代互联网的主体是"因特网"(Internet,首字母大写),所以在很多文献中就用因特网来指代互联网,不做严格区分。

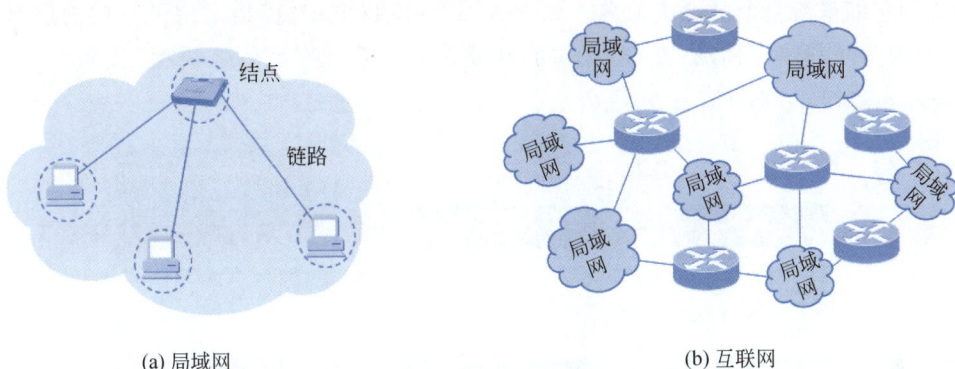

图 5.2 计算机网络的拓扑结构

(a) 局域网 (b) 互联网

5.1.1 网络协议

因特网的雏形是美国高级研究计划署(Advanced Research Projects Agency,ARPA)在 20 世纪 60 年代建立的阿帕网。为了方便科学研究,1981 年,美国自然科学基金会(National Science Foundation,NSF)首先在阿帕网的基础上做了大规模的扩充,形成了后来的 NSFNET。这个网络连接了一些超级计算中心,可以让大学教授和科研院所的研究员远程使用这些超级计算机,不仅有利于共享研究成果,而且节约了大量的差旅费用。

到了 20 世纪 80 年代末,一些公司也希望接入这个网络之中。美国自然科学基金会没有义务为他们买单,因此就出现了商业的互联网服务提供商。此时,由于担心军事机密安全问题,美国军方已经从阿帕网分离出来并创建了自己的军网。几年之后,美国自然科学基金会也从管理机构中退出,这标志着政府将这个产业完全交给了民间组织和私营企业。

其实早在 1973 年,阿帕网就跨越了大西洋,利用卫星技术与英国、挪威实现连接。由于不同的国家,不同的领域,甚至同一个国家的不同地区,先后采用不同的技术建立了各自的局域网,这些网络的信息编码和传输标准各不相同,就如同文化、语言迥异的人们一起开会,相互沟通是非常困难的。

全世界的局域网要想真正高效地互联互通,就需要共同遵守一个规范电子设备如何连入、数据如何传输的标准。经过 10 年的博弈,阿帕网的传输控制协议/因特网互联协议(Transmission Control Protocol/Internet Protocol,TCP/IP)最终胜出,成为人类至今共同遵循的网络传输控制协议。

实际上,TCP/IP包含了100多个协议,因为TCP和IP是其中两个最重要的协议,所以用它们来给整个协议集命名。如图5.3所示,TCP/IP模型采用了4层的层级结构,有时为了和国际标准化组织提出的开放式通信系统互联参考模型(Open System Interconnection,OSI)相一致,也会把它分成5层来描述。

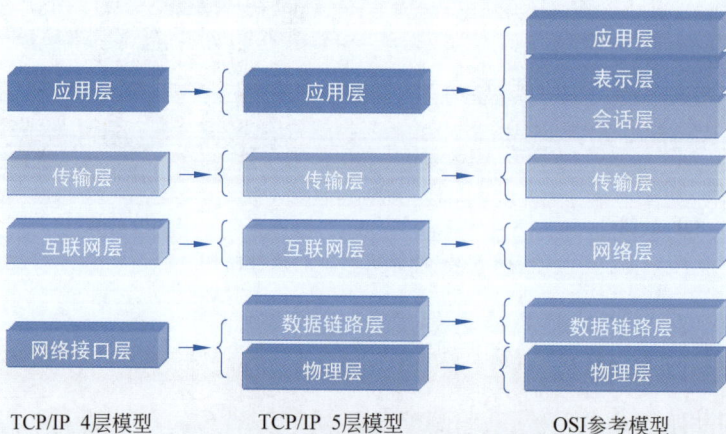

图 5.3　TCP/IP 模型和 OSI 参考模型

TCP/IP首要任务就是提供从一台机器到另一台机器传输报文[①]所需要的基础设施。在因特网上,报文传递活动是通过软件单元的层次结构完成的,这和两个不同国家的企业进行合作谈判过程类似。如图5.4所示,首先,公司1的总裁给出合作方向并制定谈判原则;接着经理要根据总裁的思路斟酌合作的各项业务;秘书把经理的具体方案都整理出来,用严谨的语言、规范的格式进行描述;然后翻译把秘书撰写的文字材料翻译成国际通用的语言;最后通过相应的渠道把合作材料送到公司2。公司2则从底向上进行相应的操作:翻译先把合作材料翻译成本国语言,秘书核实具体的谈判条款,经理对接各项具体业务并进行初步分析,最后由总裁权衡利弊并做出决策。

简而言之,这个合作谈判过程需要4层组织:总裁、经理、秘书、翻译。每层都把下层当作抽象工具来使用——经理不用关心秘书的工作细节,秘书也不需要考虑翻译的专业水平。组织的每层在两个公司都有代理,在公司2的代理完成在公司1相应代理的"逆向"工作。

①　报文(message)是网络中交换与传输的数据单元,即站点一次性要发送的数据块。报文包含了将要发送的完整的数据信息,其长短不一,长度不限且可变。

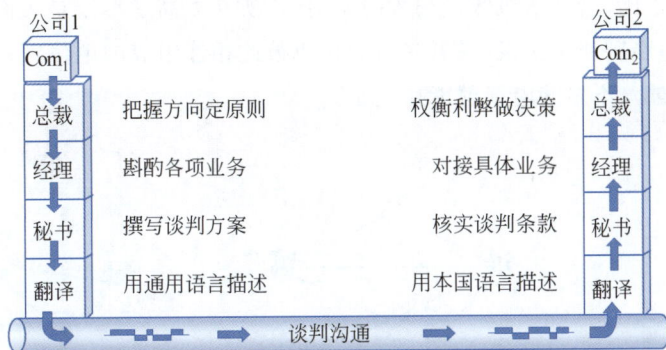

图 5.4 公司合作谈判的例子

在因特网上的两个主机进行消息传递,就可以类比公司谈判进行理解,如图 5.5 所示。在主机 1 端,由应用层产生一个报文,当这个报文准备发送时,从应用层向下传输,经由传输层和互联网层,最后传输到网络接口层,转换为电信号或光信号进行传输。主机 2 的网络接口层接收到了信号之后,沿逆向分层结构向上传输,层层重组信息,直到把报文交给应用层来解读。

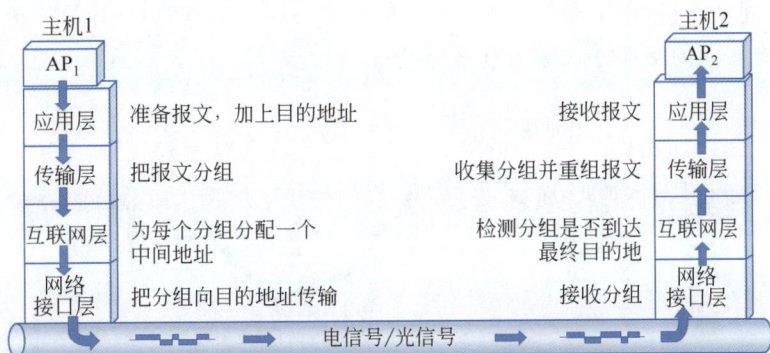

图 5.5 因特网上报文的传输过程

概括地说,因特网上的通信涉及 TCP/IP 的 4 层协议的相互作用。应用层以应用的角度处理报文;传输层把报文转换成适合因特网的分组,并负责将收到的报文分组重构好后交给适当的应用程序;互联网层处理分组在因特网中的发送方向;网络接口层负责实际的传输,并处理主机所在网络特有的通信细节。虽然有这么多的工作,因特网的响应时间却是以毫秒记的,所有繁杂的事务都是瞬间完成的。

在互联网普及之前,人们最先进的信息传递方式就是电话。如图 5.6 所示,两部电话只需要一根电线就能够相互连接起来,但如果是 5 部电话要两两相连则需要 10 根,N 部电话要两两相连,就需要 $N(N-1)\div 2$ 根电线。也就是说,电线数量与电话机的数量的平方成正比,当电话机数量很大时,其代价实在太高了。于是人们发明了电话交换机,把电话都连接到交换机(或者多台交换机彼此相连组成的电信网)上,这样就只需要和电话机数量差不多的电线就能搞定了。

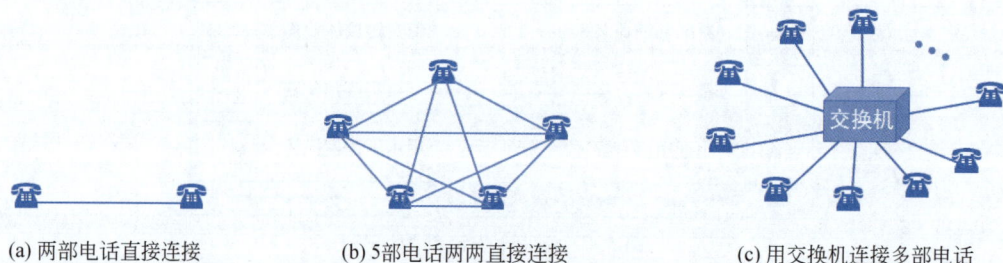

(a) 两部电话直接连接   (b) 5部电话两两直接连接   (c) 用交换机连接多部电话

图 5.6   电话机的不同连接方法

在用电话通信之前,必须先拨号建立连接,如图 5.7 所示,作为主叫端的用户 A 和被叫端 B 之间就建立了一条连接(物理通路)。这条连接占用了双方通话时所需的通信资源,而这些资源在双方通信时不会被其他用户占用,这就保障了通信质量。通话完毕挂机后,这些交换机才会释放刚才使用的这条物理通路,归还占用的通信资源。这种必须经过"建立连接(占用通信资源)→通话(一直占用通信资源)→释放连接(归还通信资源)"三个步骤的交换方式称为电路交换。

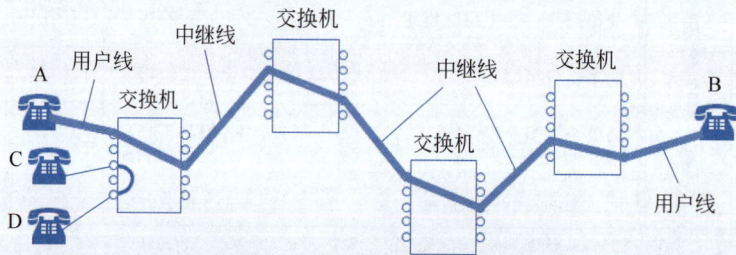

图 5.7   用户始终占用端到端的通信资源

电路交换的一个重要特点就是在通话的全部时间内,通话的两个用户始终占用端到端的通信资源。在 A 和 B 通话的过程中,无论是 C 还是 D 都无法和 A 或 B 建立连接,如果此时 C 或 D 向 A 或 B 拨号呼叫,也只能听到占线的提示音——"您所拨打的用户忙,请稍后再拨"。虽然,目前大部分手机可设置呼叫等待功能,但还是要等待对方通话结束之后,才能和他真正通话。

可以想象,使用电路交换来进行计算机网络的数据传输显然是不合适的——如果 A 和 B 一旦进行消息传递(如 A 用户在 B 网站上看视频或者下载软件)就始终占用端到端的通信资源,其他用户都无法和他们进行游戏互动或者 QQ 聊天,这样的互联网肯定效率不高、用处不大。计算机用户一般都是多任务的,大部分时间都在同时干各种事情,例如编辑文档、观赏视频、试听音乐、浏览网页。而这些应用(文档、视频、音乐、网页)所需的数据都是很快就下载到了我们的 PC 本地内存中,我们进行编辑、观赏、试听和浏览时,已经被我们占用的通信线路在绝大部分时间里都是空闲的。由于我们习惯于始终在线的感觉(这和打电话不一样),所以如果用电路交换方法来运行互联网,宝贵的通信线路资源都会被白白浪费。

我们可以想象一个生活中的例子:现在大学生毕业时都流行毕业旅行,假设我们全年级共有 3000 多人,想一起从北京去一趟珠海。如果按照电路交换的思想,就要从北京到珠海开通一趟专线,例如"北京-石家庄-郑州-长沙-广州-珠海",大家所有人都坐着同一辆专列一起往返。这样的代价太高——整条铁路线上只有我们一辆专列,利用率极低,而且根本不现实。别说专线专列了,3000 多人能买到同一辆火车的票也几乎是不可能的。

实际上,我们只要分批前往,就能很好地解决这个问题。例如,以班级、宿舍甚至个人为一个基本单元购买不同的车次,没必要纠结于在旅途中大家是否都在一起。如果一条线路购票紧张,我们可以分出一部分同学去购买其他线路的车票,途径不同的城市,就算绕点路也没什么大不了的。甚至有人可以早出发两天,有人晚出发两天,最终确定一个合适的时间在珠海集合就行了。我们的起始地点和目的地是固定的,采用分批前往的策略要机动灵活得多,也提高了整个铁路网的运输效率。

如图 5.8 所示,和分批运送的铁路交通一样,互联网中的信息传递一般采用分组交换的思想。通常我们把计算机一次要发送的信息称为一个报文,在发送报文之前,都把它划分为一个个更小的基本单元,例如,规定这个基本单元大小为 1024bit 或者就是16bit。然后,还要在每个基本单元前面加上首部,首部里面存放了一些必要控制信息,例如,这个基本单元是从哪里发送过来、要到哪里去、属于这个报文的第几部分。于是整个报文就变成了一个一个的分组,又称为"包",分组的首部也可称为"包头"。而接收端的计算机陆续获取了这些分组之后,可以按照其首部里面的控制信息,把这些数据段按照原先的次序拼接起来重组报文。

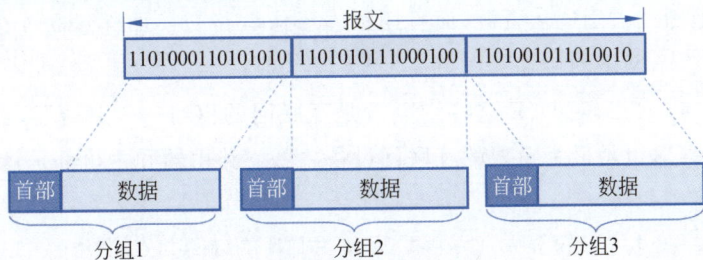

图 5.8 报文分组的概念

　　这些分组在互联网中传递的过程中,很可能经过不同的结点,到达目的地的时间也可能各不相同。如图 5.9 所示,假设主机 H_1 和 H_2 同时向 H_5 发一个报文,H_1 发送的报文被分为 3 个分组——分组 11、分组 12 和分组 13,H_2 发送的报文也被分为 3 个分组——分组 21、分组 22 和分组 23。H_1 先把分组 11 传递到了最近的结点 A,然后 A 把分组 11 转发到结点 B,接下来 B 再把分组 11 转发到 E,E 转发给 H_5 即可(此时 A-B 这段链路[①]已经空闲了,可以为其他主机发送分组使用)。如果结点 A 在打算转发分组 11 给 B 时,发现 B 正在给 H_2 转发分组 21,那么结点 A 可以沿着另外一条路线,即转发分组 11 给结点 C,C 再转发给 E,就行了。以此类推,主机 H_1 和 H_2 把所有分组通过不同的结点分批发送给 H_5,而给用户的感觉就像 H_5 一直只和自己进行消息传递一样,同时 H_1 和 H_2 还可以接收网络中其他主机给它们发送的消息。

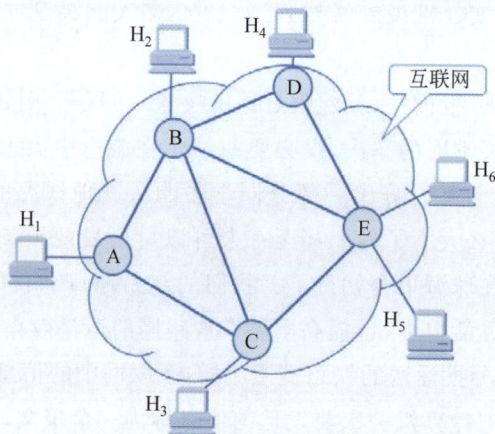

图 5.9　分组交换示意图

　　可以看出,分组交换在传送数据之前不必先占用一条端到端的通信资源。分组只有在某段链路上传送时,才真正占用这段链路的通信资源。分组到达一个结点之后,先暂时存储下来,等查找到合适的链路再转发到下一个结点(如果计划使用的链路已经被其他分组占用,就可以更改计划,换一条链路转发到另外一个结点)。分组在传输时就这样一段段地断续占用通信资源,而且还省去了像电路交换那样建立连接和释放连接的开销,因而整个网络的传输效率更高。

　　图 5.9 中的 A、B、C、D、E 这些结点就是互联网的枢纽——路由器,被称为互联网中的"交通警察",也是最为重要的互联网设备之一。路由器和主机都是计算机,只不过

---

　　① 链路就是从一个结点到相邻结点的一段物理线路,中间没有任何其他的交换结点。在进行数据通信时,两台计算机之间的通路往往是由许多链路串接而成的。

它的作用不一样：专门负责转发分组，即进行分组交换。目前路由器已经广泛应用于各个行业，各种不同档次的产品已成为实现各种骨干网内部连接、骨干网间互联和骨干网与互联网互联互通业务的主力军。

5.1.2 网络服务

TCP/IP 的最顶层是应用层，这一层的协议提供了很多和用户直接相关的标准服务，包括远程终端访问、文件传输、电子邮件传输、万维网访问、域名服务、网络文件系统和网络信息服务。围绕着这些服务，互联网给我们呈现了丰富多彩的内容。其中，电子邮件、万维网和域名服务都是我们工作生活中最常用的基本功能。

大家都能感觉到，像电话这种实时通信有两个严重的缺点：一是主叫方和被叫方都必须同时在线，虽然高级的电话有留言功能，但还是不方便；二是常常会打断我们的工作和休息，如驾驶汽车、参加会议或者睡意正浓时，电话铃声的突然响起会让我们无比恼火。

电子邮件（E-mail）就很好地解决了上面两个问题。你可以把电子邮件发送到收件人的邮箱，收件人可以随时上网到自己的邮箱里查看，抽空回复，并把回复的邮件再发回到你的邮箱。电子邮件不仅简单易用，而且传递迅速，费用低廉（很多基本不用花钱）。据报道，使用电子邮件之后可以提高 30% 以上的劳动生产效率。现在已经很少有人愿意去邮局发电报和寄纸质信件了，因为那样又贵又慢，还不够方便。

和传统的纸质邮件一样，电子邮件也由"信封"和"内容"两部分组成。电子邮件的传输程序根据邮件"信封"上的信息来传送邮件，而"信封"上最重要的就是收件人的地址。TCP/IP 规定电子邮件地址的格式如下：

USER@SERVER.COM

可见，邮件地址由三部分组成：①"USER"是收件人邮箱名，也就是用户邮箱的账号，对于同一台邮件接收服务器来说，这个账号必须是唯一的；②"@"是分隔符，据说选择这个符号主要是因为它比较生僻，不会出现在任何一个人的名字当中，而且这个符号的读音也有着"在"的含义；③"SERVER.COM"是收件人邮箱的邮件接收服务器域名，用以标志其所在的位置。

万维网（World Wide Web，WWW），简称 Web，又称环球信息网。它并非某种特殊的计算机网络，而是无数个网络站点和网页（文件扩展名为.html 或.htm）的集合，它们构成了当今互联网最主要的部分。

万维网的每一个文档都有唯一的标识符——统一资源定位符（Uniform Resource Locator，URL），在浏览器的地址栏中输入某个网页的 URL，也就是我们常说的网址，就可以打开这个网页，浏览它的信息。如图 5.10 所示，网页中有些地方的文字是用特殊方式显示的(如用不同的颜色或添加了下画线),而当我们将鼠标移动到这些地方时,鼠标的箭头就变成了一只手的形状,这就表明这些地方有一个链接(有时也称为超链接),如果我们在这些地方单击鼠标,也能获取到另外一个网页的 URL 并跳转到该网页上进行浏览。万维网用链接的方法能非常方便地从因特网上的一个站点访问另一个站点,从而主动地按照用户需求获取丰富的信息。

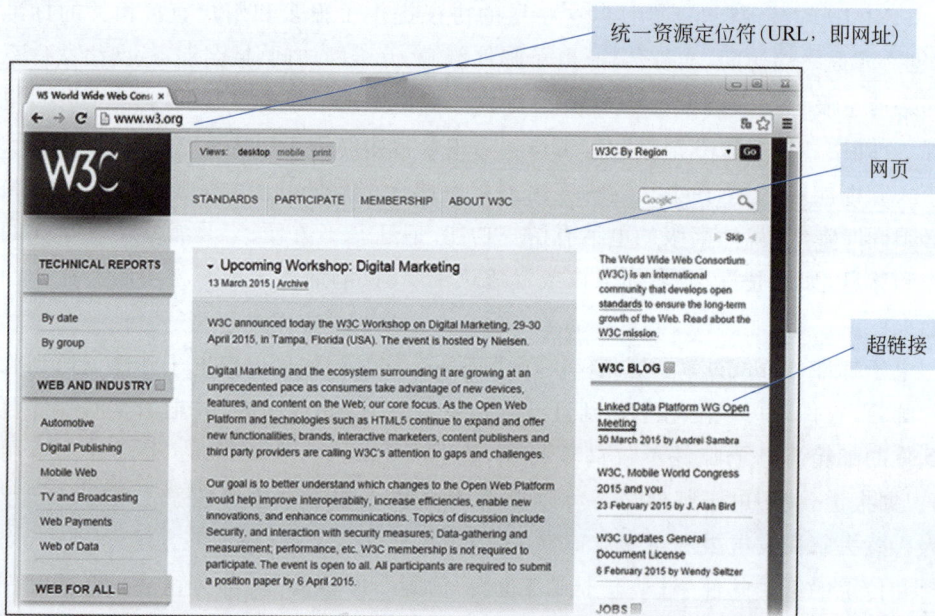

图 5.10　网页示例

　　网页不是一个普通的文档,不仅文字有不同的格式(如用大的字体表示标题,用带有下画线不同颜色的字体表示超链接),而且还有图形、图像、声音、动画和视频等大量媒体文件。为了在网页中展示这些丰富多彩的内容,万维网使用了超文本标记语言(Hypertext Mark-up Language,HTML)。

　　如图 5.11 所示,打开一个网页的源代码(在浏览器的"查看"下拉菜单中单击"查看网页源代码"),就可以看到 HTML 对如何显示内容做了很多标记说明,即"标签"(用尖括号表示)。例如,<I>表示后面开始用斜体字排版,</I>则表示斜体字排版到此结束。<A>表示后面开始的内容是一个超链接,</A>则表示超链接到此结束。这就像有的秘书给经理写演讲稿一样,为了让经理合理运用语气和把握节奏,也要在文档之中加上标签。例如,在重要词语后面用圆括号标注"(此处反复强调三次)",在精彩句子结束处提醒"(此处有掌声)"。当然,这只是给经理的提示,如果经理把这些圆括号中的文字都念出来了,那就闹大笑话了。我们的浏览器显然不会那么傻,它只要看到文档的格式是网页(以.html 或.htm 为后缀),就会按照这些标签描述的格式对文档进行展示,而不会把所有的标签本身显示出来。

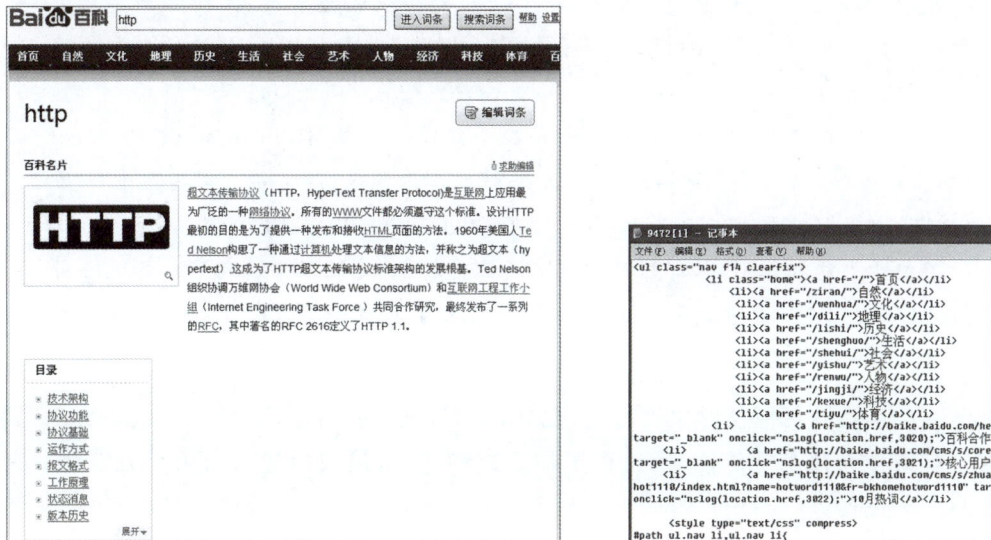

(a) 页面显示   (b) 对应的源代码

图 5.11   网页显示和它的源代码(html 文件)

为了保证计算机正确、快速地传输超文本文档,并且能够确定传输文档中的哪一部分,以及哪部分内容首先显示(如文本先于图形)等,万维网的运行是需要有一个统一标准的,这个标准就是超文本传输协议(HyperText Transfer Protocol,HTTP)。我们在浏览器的地址栏中输入某个网址时,常常会发现网址前面有一串字符"http://",显然,这个网页是默认遵循超文本传输协议的。

可以说,WWW 技术给 Internet 赋予了强大的生命力。正是由于万维网的出现,使互联网从仅由少数计算机专家使用变为普通百姓也能利用的信息资源。随着网站数量的指数规模增长,全世界的网民纷纷涌入互联网中。因此,万维网的出现是互联网发展中的一个非常重要的里程碑。

在浏览器的地址栏中输入某个网址,例如"www.baidu.com",就能访问这个网站的内容。很多人认为网址就是这个站点服务器在互联网中的名字,又称"域名"。众所周知,IP 地址是计算机在互联网上的"电话号码"和"家庭住址",即通过 IP 地址就可以直接寻找到某个站点服务器并进行访问。那么为什么还要多此一举地搞出来"域名"呢?

IP 地 址

在生活中,如果我们想给朋友打电话或邮寄包裹信件,就要首先知道对方的"电话号码"或"家庭住址"。IP 地址就是计算机在互联网上的"电话号码"和"家庭住址"。正是有了 IP 地址，计算机才可以在网络上找到想要连接的主机，然后相互传递信息。我们可以进入"控制面板"，接着单击"网络和共享中心"，然后单击"本地连接"，最后单击"详细信息"来查看包括 IP 地址在内的网络协议配置情况。

目前最常用的 IP 协议还是第四个版本，称为 IPv4（Internet Protocol version 4）。它规定 IP 地址是一个 32 位的二进制数，通常被分隔为 4 个"8 位二进制数"（也就是 4 字节），例如"11000000 00001001 11001000 00001101"。为便于表达和识别，计算机的软件工具都是将 IP 地址以十进制形式呈现给用户，每段（1 字节）所能表示的十进制数最大不超过 255，四段之间用"."来隔开，例如"192.9.200.13"。

人类的大脑更擅长形象化思维，也就是说对文字描述比数字编码更加敏感。就像我们每个人都有身份证号，这个更加正式和唯一，但我们还是喜欢用姓名去称呼和区别周围的人。当用户与网上的某个计算机通信时，也不愿意使用很难记忆的 32 位二进制 IP 地址，就算表示为十进制数字也不方便。所以，大家都愿意使用形象化的"域名"，长度可长可短，灵活好用。如图 5.12 所示，每个域名都是由几个标号（英文字母或数字字符串）组成，各个标号之间用点来隔开。每个标号不超过 63 个字符（但为了记忆方便，最好不超过 12 个字符），也不区分大小写字母（如 CCTV 和 cctv 在域名中是等效的）。标号中除了连字符"-"外不能使用其他的标点符号。级别最低的域名写在最左边，而级别最高的顶级域名写在最右边。由多个标号组成的完整域名总共不超过 255 个字符。

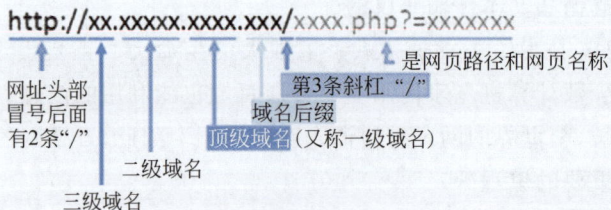

图 5.12　网址的结构示意图

下面以网易新闻报道"国内首条无人驾驶轨道交通线路开通"的网页"http://bj.news.163.com/photoview/75UK0438/1769.html? from＝tj_xytj♯p＝D6T7121L75UK0438NOS"为例进行说明。中间的标号"163"是这个域名的主体，可以看作网易公司的"代号"；最后的标号"com"则是该域名的后缀，用以标识"163"是一个 com 类型的顶级域名；而"163"之前的标号"news"是二级域名，表示这是网易的新闻版块；"bj"是三级域名，代表这里

的新闻都是围绕着北京这个主题；在第三条斜杠"/"之后的内容"photoview/
75UK0438/1769.html？from＝tj_xytj♯p＝D6T7121L75UK0438NOS"就是该网页在
域名"bj.news.163.com"对应服务器下的具体路径和编号了。

根据域名后缀，我们可以初步辨识这个域名的种类。例如，普通的机构或公司通
常有".com"".net"".org"三种类型可以选择[①]，其代表的业务或服务性质为："com"
用于商业性的机构或公司；".net"用于从事 Internet 相关的网络服务的机构或公司；
".org"用于非盈利的组织、团体。还有一些用来标识地区的地理顶级域名，如图 5.13
所示。

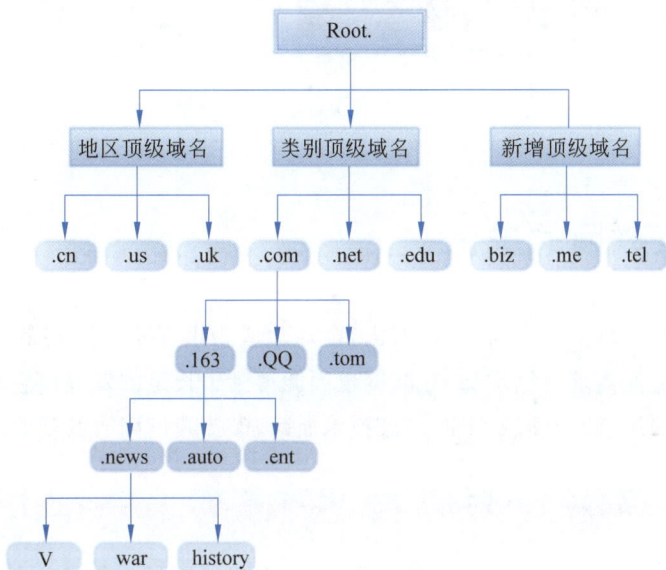

图 5.13 域名的层次结构（部分列举）

域名虽然便于人们的记忆和使用，但 IP 地址依然不能丢掉。毕竟计算机和人不一
样，它们最擅长处理的还是固定长度的数字。这就是"萝卜青菜，各有所爱"吧。于是为
了让人和机器更好地合作，互联网就需要提供一种服务，能够进行域名和 IP 地址的转
换（也称为解析），这种服务就是"域名服务"（Domain Name Service，DNS）。域名服务
器就是提供域名服务的程序及其运行机器，从某种角度上讲，它和我们查找电话号码的
"大黄页"功能类似，如图 5.14 所示。

---

① 此外，".edu"用于教育机构；".gov"用于政府部门；".mil"用于军事机构；".int"用于国际组织，等等。

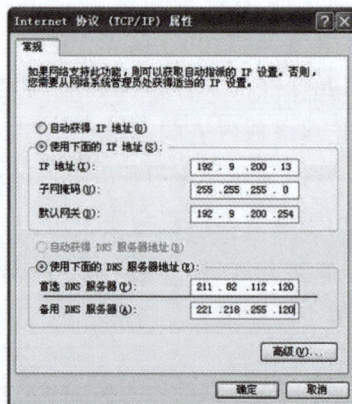

图 5.14　"大黄页"和 DNS 服务器

5.2　互联网的进化

从 20 世纪至今的历史进程可以看出,全球化成为世界不可逆转的趋势,全世界对于开放的信息交流需求持续增加,互联网也因此得到了长足的发展。它迅速地从军用、科研专用进入民用、商用领域,不断突破技术瓶颈,颠覆我们固有的观念。

5.2.1　互联网 1.0 时代

微软公司之所以能够控制整个 PC 行业,在于它控制了人们使用计算机时无法绕过的接口——操作系统。网景公司之所以在互联网领域一时风头无二,也是在于它曾经控制了人们登录互联网无法绕过的接口——网络浏览器。但互联网产业的发展告诉我们,只控制浏览器远远不够,它只是互联网产业这个"城池"外城的大门,还得控制"内城"的入口才是王道!而在这一点上,雅虎公司给我们做出了很好的示范。

早期的互联网上的内容杂乱无章,人们很难找到自己想要的信息。例如,你想了解本科高校当年的招生情况,但是你不知道有哪些网站是相关的,也不知道各个高校的网址,你只能通过咨询少数有经验的人或者直接打电话问相关部门,耗时费力且效率很低……这就是当年大多数网民一开始面对互联网时的境况。

作为斯坦福大学电机工程系博士生的杨致远和戴维·费罗并不是学习网络的专业人士,但他们和另外一个同学对互联网有着非比寻常的兴趣。1994 年,三人趁着教授学术休假一年的机会,悄悄放下手上的研究工作,开始为互联网做了一个分类整理和查询网站的软件,这就是后来雅虎的技术基础。杨致远回忆当时的情景说:"我们想自己创建一个目录,就像黄页一样。我们可以收集网站,让全世界的人们提交他们的网站,告诉我们描述,然后我们可以创立(网站)分类,分类就是目录。最后我们放在了学校用于研究的计算机中。"

　　如图 5.15 所示,这个目录工具做好之后,就被放在斯坦福大学校园网上供大家免费使用。互联网用户发现通过雅虎可以方便地找到自己想要的网站或有用的信息。这样,大家上网时会先访问雅虎,通过单击雅虎页面上的链接进入别的网站。门户网站的概念从此就诞生了。

　　1994 年秋天,全球□□□□□□□□□□□□□□□网站的日访问量就已经突破 100 万。网景公□□□□□□□□□□□□□□作——在自己的浏览器上添加了一个登录雅□□□□□□□□□□□□95 年年初,雅虎网站日益增长的访问量,让□□□□□□□□□□□□□好请杨致远和费罗将网站搬走,于是雅虎公□□□□□□□□□□□□

　　雅虎公司在上市之后迅速成为□□□□□□□□□□□以雅虎公司为榜样。两年之后的 1997 年,中□□□□□□□□□□也相继成立。到了 2000 年,世界上流量最大的□□□□□□□□□□

　　可以说 1994—2000 年是互联网的大□□□□□大批量涌现,从政府部门、学校、公司到个人都在自建网站,原来□□□□□□的信息,通过网页以更快的速度传播开。互联网上的内容呈几何级数增□□□真正进入了信息爆炸的时代。

在互联网 1.0 时代,以门户网站为代表的各大网站处于互动的主动一方,而用户处于被动的一方。门户网站除了提供上网的服务(雅虎和 MSN 都和电信公司一起提供 DSL 等用户上网服务),主要的网络应用(如电子邮件、文件传输、分类目录),还负责提供内容。从信息的流向分析,总体来讲是从门户网站向二级网站以及用户推送,这和传统的媒体——报纸、广播和电视完全相同,只不过知识信息的载体变成了互联网。

在这个时代,网民(包括个人和团体)要想有用发言权,最好的途径是自己创办网站,而有好的想法和技术并想通过互联网为社会提供任何服务,更是需要先办一个网站。2000 年前后,全世界各种网站如雨后春笋般涌现出来。当然,互联网的商业基础——电子商务和在线广告是无法支持这么多网站的,而事实上全世界也不需要这么多网站,所以很多网站都是门可罗雀。过不了一年,当风险投资和通过上市融资得到的钱烧完之后,99%的网站也就都关门大吉了。

从 2000 年年底到 2002 年,互联网泡沫崩溃。但是,这种崩溃更多是对互联网产业的整顿,清除了那些浪费资源、价值不大、没有前景的中小网站,为互联网 2.0 的发展铺平了道路。

5.2.2　互联网 2.0 时代

2003 年 10 月的一个凌晨,一个评选全校最优秀女孩儿的网站在哈佛大学里面引起了轰动,蜂拥而至的学生对网站上 2.2 万张图片评头论足,3 小时内就让学校网络陷入瘫痪。网站的制作者、大二学生马克·扎克伯格,由于使用了未经授权的照片,收到了学校严厉的处罚。不过,从这次事件中,他窥探到了人类非常渴望的社交需求,并创办了 Facebook,也就是脸书,或称脸谱网。

Facebook 起初只对在校大学生和教师开放,因为它要求有一个".edu"的 Email 账号才能注册,并根据大学以及专业对用户进行分组,以保证用户能够得到自己同学的真实资料,但无法直接获得其他大学学生的资料。当第一批用户从大学毕业后,Facebook 便渐渐向全社会开放了。这时 Facebook 的性质才由原来的以交友为主的网站,变成了一个虚拟的社会,但是这个虚拟社会一直具有真实性,这也是它和其他社交网站的区别。

不过,虚拟社会的真实化虽然能让用户感觉到交友踏实,但并不能保证这个社交网站就比竞争对手发展得快。在中国,人人网是一个类似 Facebook 的、比较真实的社交平台,但它从来不曾对腾讯的 QZone(一个完全虚拟的世界)构成威胁,这又怎么解释呢?其实,Facebook 成功的根本原因还是在于它是一个互联网 2.0 的公司,它的出现也标志着互联网进化到了 2.0 时代。虽然很多公司自称是互联网 2.0,实际上大都是在炒作这个概念。根据吴军博士的观点,一般来说,每家互联网 2.0 公司都应该具有以下三个特征。

（1）必须有一个平台，可以接收并管理用户提交的内容，而且这些内容是服务的主体。

最早的互联网 2.0 公司，应该就是后来被谷歌公司收购的博客网站——Blogger。在互联网 1.0 时代，能够让互联网用户发言的地方只有留言板 BBS，但是这些留言板是围绕着主题而不是作者展开的，且管理权属于版主（版主有权删除他认为不合适的帖子），这让很多人感觉不爽。于是很多人就开始自己办网站，但是这需要掌握一定的专业知识并要投入相当规模的人力物力来维护。显然这是一道很难逾越的门槛，所以在 2000 年前后办网站的除了政府企业就是明星大腕。博客出现以后，那道门槛消失了，每个普通人都可以在互联网上拥有一块自己的空间，在这里自己就是所有者和管理者。我们相当于不用自己买设备、买软件、编代码就可以创办自己的报纸、杂志和出版社了。

另外一个很好的例子，就是美籍华人陈士骏在 2005 年创建的 YouTube（后来也被谷歌公司收购了），这个全球最大的视频网站目前拥有超过 20 亿的用户。早期的一些网站也给用户上传的视频提供存储空间，但是只当作普通文件来处理，让用户把链接发给朋友，对此感兴趣的少数人必须等到夜深人静网络“不太忙”时下载到本地硬盘观看，极不方便。YouTube 则不同，它在接收用户提交的视频时，也提供其他用户使用这些视频内容的工具。甚至可以像电视台一样，供用户在上面开设自己的频道。

（2）提供一个开放的平台，让用户可以在上面开发自己的应用程序，并且提供给其他用户使用。

几乎所有公司的创始人和管理者都懂得一个道理：公司要想发展，就要不断满足用户的需求，提供给用户新产品新服务。所以，各大公司的经理们总是挖空心思地研究用户到底需要什么，最近又有了什么新的需求，如果他们猜对了，就有可能获得成功，否则就可能一败涂地。

Facebook 独辟蹊径，在公司创立 3 年之后，扎克伯格宣布全面开放 Facebook，让所有人都能够登上这个平台开发软件，提供内容和其他服务。不久以后，Facebook 上出现了游戏、娱乐、工作、资讯等各类不同的应用程序，而这些都是由世界各地的用户开发上传的。

按照 Facebook 前总裁帕克的话讲，Facebook 只是让用户感到很酷就可以了，至于在这个平台上用户需要什么，就让用户自己去开发好了。就这样，Facebook 不提供具体的应用服务，也就不用承担任何产品决策错误的风险，而是一门心思专注于把平台做酷做好。早在 2010 年，就有来自 180 多个国家超过 100 万的各种软件技术人员，为 Facebook 提供了 55 万种应用程序，这让 Facebook 成为世界上人数最多、成长最快的虚拟世界。

（3）非竞争性和自足性。

互联网 2.0 公司是通过提供交互的网络技术和资源，将互联网用户联系起来，使得这些用户自己提供、拥有和享用各种服务和内容，是一种自足的生态环境。而互联网 2.0 公司不应该过多主导内容和服务，不应该参与和用户的竞争。以 YouTube 为例，它托管的内容是用户（包括个人和专业的传媒公司）提供的，它自己并不制作和拥有内容，与其他提供内容的用户竞争。而有的视频网站虽然貌似 YouTube，但是主要内容是由网站自己直接或变相提供，而非用户提供的，这就不符合互联网 2.0 公司的要求了。

可以说在互联网 2.0 时代，强调的是信息交互的双向流动和信息发布的"制播分离[①]"——概括地讲，就是每个人或者公司都专心做自己所擅长的事情，然后分工合作，相互促进。如果你擅长做内容，那么就专注于产生内容（如文章或视频），放到博客或者 YouTube 上。如果你擅长做服务，那么就把它变成大家需求的应用软件（和应用服务），放到 Facebook 上。这样，用户就可以发挥特长，心无旁骛，而不需要做很多自己不在行的事情（如演员搭建网站）。作为在信息技术和产品上实力强大的公司，如谷歌和 Facebook 公司，就专注于做好平台，为大家提供稳定的网络基础服务。互联网 2.0 时代，整个互联网产业变得更加合理有序。

微博改变中国

在中国，互联网 2.0 的最好代表是微博。相比美国最早的微博服务——推特（Twitter），中国的新浪微博和腾讯微博虽然起步稍晚，但是却有了十足的创新。在其他国家，微博的社交性较强，而媒体特征很弱，虽然它有几次及时地发布了传统媒体传不出来的一些新消息，但这种时候并不多。平时大家还是通过电视、在线视频和报纸获得第一手新闻。但是在中国则不同，微博成为老百姓获得准确消息的最好方式之一。

可以说，微博成为中国民众喜闻乐见的新闻渠道，对传统的门户网站和新闻媒体都造成了极大的冲击。同时，中国老百姓在微博上也非常活跃。在美国，一个博主能有一两万粉丝就不错了，好莱坞大腕儿汤姆•克鲁斯也不过四百万粉丝，连中国大 V 几千万粉丝的零头都不到。正是由于这种可互动媒体的出现，很多原来注意不到的社会问题逐渐得到了关注，普通群众对社会的责任感也明显提高。在中国，微博实实在在地改变了大家的生活方式，对整个社会产生了很大的影响。

---

① 传统媒体的术语，指的是影视节目的制作和传播由两家不同的公司完成。

5.2.3 移动互联网时代

作为互联网 2.0 时代的明星,Facebook 的光辉还没有来得及照耀太长的时间,就被另一片光芒盖过去了。这不是因为 Facebook 进步得慢,而是因为互联网时代进步的太快——移动互联网来临了。

其实早在 1999 年,日本的 NTT DOCOMO 公司就开始推广移动互联网了,而且销售了不少能上网的手机。但是由于配套的条件还没有具备,当时的移动互联网只是 PC 互联网的一个补充而已。如果你仔细观察就会发现,日本用户在那个年代通过无线上网和用 PC 上网所做的事情完全不同。在 PC 互联网上,干的是"正经的工作",除了处理公务外,还包括写正式的邮件、阅读网页内容以及网上购物等个人的事情。而上网手机的功能除了收发邮件和短信外,就是满足年轻人在地铁等交通工具上打发时间。由于数据服务非常昂贵,当时的年轻人在下班或离开实验室之前,都要通过 Wi-Fi 等设备把新闻、小说等从 PC 端发到手机端,然后在路上离线阅读。

2007—2008 年这短短两年内,包括中国在内的 40 多个国家都开始了移动网络从 2G 或 2.5G 向 3G 的升级,网络速度的增快和上网费用的下降给移动互联网的发展铺平了道路。与此同时,苹果公司和谷歌公司也先后进入了智能手机市场,iPhone 手机和安卓系统的问世在客观上也推动了互联网的移动化。由于屏幕较小,智能手机的输入和观看受到了很大的限制,PC 的一些功能无法在上面实现,但是当时的苹果公司 CEO 乔布斯似乎早就想到了这一点。2010 年年初,苹果公司推出了一款对 PC 冲击更大的移动终端——触摸式平板电脑 iPad,你既可以把它看成放大了的手机,也可以把它看成没有键盘的笔记本电脑。

随着三星、HTC 以及后来的联想、华为等公司分别推出了基于安卓系统的智能手机和平板电脑,今天的人们使用移动终端的时间越来越长,似乎更为习惯于苹果操作系统 iOS 和安卓的用户界面,以至于微软公司在 Windows 8 之后的操作系统中也不得不使用类似的界面,而且各个 PC 厂商也纷纷把自己的笔记本电脑和台式计算机的显示器做成触摸屏。智能终端开始反过来影响 PC 市场,这种态势不可逆转。

到了 2012 年,互联网乃至整个 IT 行业的格局有了巨大的变化。这一年,发生了两件事情:一是全球 PC 销量首度下滑(见图 5.16),而智能终端的销量让人瞠目结舌——这一年仅仅智能手机的销量就高达 9.1 亿部,远远超过了 PC 的 3.5 亿台;二是为移动设备提供芯片的高通公司超过了为 PC 提供处理器的英特尔公司,成为全球市值最大的半导体公司。

这两件事情标志着以 WinTel 为核心主导了 IT 行业长达 20 多年的 PC 时代结束了,从 PC 时代到移动时代的新旧交替已经完成。曾几何时,几乎所有人都认为英特尔

Global PC Unit Shipment and Year-Over-Year Percentage Growth Forecast
(Thousands of Units)

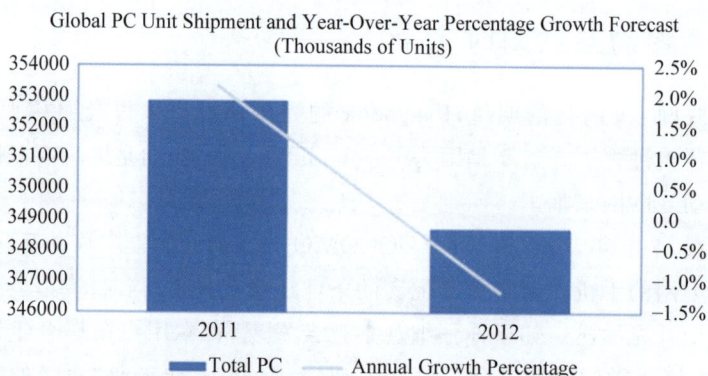

Source: IHS iSuppli Research October 2012

图 5.16　在 2012 年 PC 销量首次下降

公司和微软公司搭建的 WinTel 体系是无法撼动的,就像吴军博士在《浪潮之巅》中所述:"当一个公司处于一轮科技发展的浪潮之巅时,没有其他的公司可以挑战它。"但是到了 21 世纪的第二个十年,这座大厦在不知不觉中坍塌了。新的科技浪潮已经来临,新老交替之际,一切皆有可能。

在移动互联网时代的另一个格局变化是,在互联网 2.0 时代发展落后于 Facebook 的谷歌公司重新获得了竞争优势,因为它基于移动互联网的 Google Play 应用软件平台(以及苹果公司的 App Store 平台)很大程度上取代了原来 Facebook 的应用软件平台。越来越多的人使用移动设备上的应用软件,越来越多的开发者从 PC 平台转移到了手机和平板电脑上。

移动互联网不仅改变了 IT 行业的格局,也改变了人们的上网习惯,例如,从 PC 转移到了手机上,从连续几个小时坐在电脑桌前改成了用碎片时间上网,等等。不过,更重要的是,移动互联网把互联网从机器的网络变成了人的网络,这无疑是一场了不起的革命。

在互联网 1.0 时代和 2.0 时代,我们有很明显的现实世界和虚拟世界之分。当我们通过 PC 连接到网上,很大程度上进入了一个虚拟的世界,和日常生活"脱钩"。而一旦从 PC 上离开,例如走出办公室或机房,我们就离开了互联网。如图 5.17 所示,从本质上讲,互联网 1.0 时代和 2.0 时代连接的是计算机,而网上的每台机器并不是时时刻刻对应着每个人。但是移动互联网时代就不同了,几乎所有的移动设备(如手机)都是和人紧密联系在一起的,当互联网连上了这个设备,就等于将这个人连入了互联网。除了智能手机和平板电脑之外,各种可穿戴设备(如智能手表、虚拟头盔)也会将人和互联网更加紧密地联系在一起,我们无须刻意登录,随时随地都在网上!

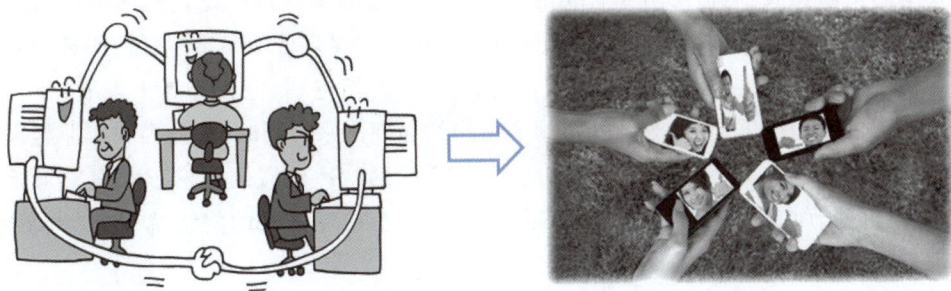

图 5.17　从机器的网络到人的网络

从 QQ 到微信

　　中国的腾讯公司成名于它的一款 PC 上的应用软件——腾讯即时通信（TencentInstant Messenger，TM，又称腾讯 QQ），其合理的设计、良好的应用、强大的功能、稳定高效的系统运行，赢得了用户的青睐。其实，国际上早先已经有一款类似聊天工具叫 ICQ，意思是 I seek you（我寻找你）。腾讯公司不仅模仿了它的内容，而且在其名字前加了一个字母 O，成了 opening I seek you，意思是"开放的 ICQ"。后来被指侵权，于是腾讯公司老板马化腾就把 OICQ 改了名字叫 QQ。QQ 的出现满足了中国人的社交需求，所以使用人数一路飙增：2000 年 4 月，用户注册数达 500 万；2001 年 2 月，用户数增至 5000 万；2002 年 3 月，用户数突破 1 亿大关；2004 年 4 月，用户数再创新高，突破 3 亿；2009 年，成为世界上唯一一个超过 10 亿用户的聊天工具。

　　面对着 QQ 取得的巨大成功，腾讯公司居安思危，于 2010 年 10 月开始筹划打造移动互联网时代的 QQ——微信。这款原创于中国的手机通信产品，对人们的很多帮助是过去 PC 互联网的各种服务所做不到的。微信不仅聚集了你能想到的各种通信方式，文字、语音、图像、视频、游戏、应用软件，而且是一个很好用、很方便的移动社交平台。截至 2021 年，微信已经覆盖中国 95%以上的智能手机，全球用户数已经超过 14 亿。此外，微信公众账号总数超过 9000 万个，微信小程序日活超过 4.5 亿，微信支付用户数则达到了 12 亿。

5.3　物联网

　　美国南加州大学传播学院教授曼纽尔·卡斯特尔说过一句话："网络的形式将成为贯穿一切事物的形式，正如工业组织的形式是工业社会内贯穿一切的形式一样。"随着技术的不断发展,电信网络和有线电视网络开始逐渐融入现代计算机网络,电话、电视和计算机一样,都可以成为互联网上的设备,给人们提供更加丰富多彩的服务内容。

在"三网融合"逐步落实的过程中,人们想着:既然电话、电视都连上互联网了,咱们把汽车也连上吧。于是,"车联网"的概念隐约浮现出来。同时,科技界和产业界也展现出了更大的野心——也别一个一个地搞"飞机联网""冰箱联网""房子联网"了,咱一锅烩,把世间万物都连接进来。如图 5.18 所示,这个包罗万象的网络就称为"物联网"(Internet of Things,IoT)。

图 5.18 "物物互联"的网络

5.3.1 给万物打上标签

1993 年 7 月 5 日,美国知名杂志《纽约客》上刊登了一幅漫画——一只坐在计算机前的狗对蹲在地板上的另一只狗说:"在互联网上,没人知道你是一条狗"(On the Internet, nobody knows you're a dog),如图 5.19 所示。这幅漫画在发布之初并没有受到太多的关注,但是随着网络的兴起,却越来越为人们所喜爱,其标题也成为老少皆知的名句。深入思考之后,可以发现它形象地揭示了网络的"隐匿性"——在虚拟世界里,我们很难识别出对方的真正身份。

到了物联网时代,新的技术使得我们几乎能把世间万物都互联起来。这时,每个IP 地址的背后不仅仅是大型服务器或个人计算机了,还有可能是家用电器、交通工具、桌椅板凳甚至动物、植物。于是,一个问题日益凸显出来——网络上正在向你提供数据的到底是什么?它从哪里来?它要向哪里去?

正如通过身份证号可以毫无疑义地辨识一个人一样,我们完全可以给所有的物品进行编号。当然,这个编号还要很容易地被机器自动识别出来。说到这里,你可能已经猜到了下面将要提及的这种技术,这就是超市里用来快速处理商品信息的条形码技术。

图 5.19   在互联网上,没人知道你是一条狗(来源:《纽约客》)

条形码,或简称条码,是由一组规则排列的"条"(黑条)和"空"(白条)以及对应的字符组成的标记。这些"条"和"空"按照一定的规则组成,可以表示一定的信息。当使用专门的条形码识别设备,例如手持式条形码扫描器扫描这些条码时,条码中包含的信息就可以转换成计算机可以识别的数据。目前市场上常见的条形码,所包含的信息是一串数字或字母,如图 5.20 所示。

(a) 条形码示例   (b) 扫描器示例

图 5.20   使用手持式条形码扫描器扫码

条形码技术恰好具有速度快、精度高、成本低、可靠性强等优点,被广泛应用于各行各业,尤其是超市商品和快递货物上面。几十年来,它给人们的工作、生活带来的巨大变化是有目共睹的。

但这种条形码也有着无法克服的缺点,就是信息容量比较小、信息类型单一。例如,商品上的条码一般仅能容纳十几个阿拉伯数字或字母,因此只是商品的编号而已,不包含对于相关商品的具体描述(生产国、制造商、产品名称、生产日期等)。只有在数据库的辅助下,人们才能通过扫码得到商品的详细信息。换言之,如果离开了预先建立的数据库,条形码所包含的信息丰富程度将大打折扣。由于这个原因,在没有数据库支持或者联网不方便的地方,其使用就受到了限制。

如图 5.21 所示,仔细观察这种条形码会发现,它只能在一个方向(水平方向)上存储信息,在垂直方向上并不含有信息。这不仅是一个严重的空间浪费,也直接导致了其存储量不够大。这种只在一个方向上存储信息的条形码称为"一维条形码",简称"条形码"或"条码"。而能够在两个方向上都存储信息的"升级版"条形码称为"二维条形码",简称"二维码"。

| 条形码 | 二维码 |

不含有信息　　　　包含信息

包含信息　　　　　包含信息

图 5.21　一维条形码与二维条形码的区别

当然,二维条形码的工作原理与一维条形码还是类似的,在进行识别时,将二维条形码打印在纸带上,阅读条形码符号所包含的信息需要一个扫描装置和译码装置,统称为阅读器。阅读器的功能就是把条形码条符宽度、间隔等空间信号转换成不同的输出信号,再进一步转换成二进制编码输入计算机处理。

与一维条形码相比,二维条形码具有以下优势:

(1) 存储容量大。可以存储上千个字符信息,不仅可应用于处理英文、数字、汉字、记号等,甚至空白也可以处理。

(2) 容错能力强。即使受损程度高达 50%,仍然能够解读出原数据,误读率仅为6100 万分之一。

(3) 安全性高。在二维条形码中采用了加密技术,保密性和防伪性都大幅度提高。

(4) 方便灵活。经传真和影印后仍然可以使用,还可以进行彩色印刷。

虽然二维码比一维码的功能更加强大,应用场景也更为广泛。但是,作为"有形"的条形码,二维码都无法克服与生俱来的固有缺点:

(1) 读取信息的限制条件多。一是明暗程度,需要很好的光线,我们都有这样的体验:夜晚在角落里找到一辆共享单车,不得不打开手电才能扫码开启;二是运动状态,最好让阅读器和条形码处于相对静止的状态,如果你站在路边扫飞驰而过的公交上的条形码几乎是不可能成功的;三是操作手法,阅读器要近距离直视条形码,如果两者之间距离较远或者角度较偏,那么很可能导致扫码失败。

(2)存储信息的限制条件多。一维条形码只有十几个字符的存储量,二维条形码虽然可以存储上千个不同种类的字符,但对于现代社会的应用来说,还是不够的;条形码一旦生成不可更新,之后的用户就没有办法动态改变其包含的信息,这极不利于添加内容和回收使用。

(3)使用场景的限制条件多。条形码一次只能读取一个,不可以同时读取多个,不适合火车乘客出站或者汽车通过高速收费站的情形;条形码必须暴露在表面,阅读器是没有办法读取包装盒内的条形码,不适合统计集装箱内物品种类和数量的情形;条形码有明显的几何图案,即使是在色彩样式上更加丰富的二维码也可以轻易看出来,所以不适合用在人和其他非卖品上面。

那么,有没有哪种信息技术,既继承了二维条形码的优点,又克服了它的那些固有缺点呢?近几年,就真的出现了一种条形码技术的替代品——射频识别(Radio Frequency Identification,RFID)技术,它以近乎疯狂的速度席卷全球,预示着一场影响深远的革命就要来临。

射频识别,又称无线射频识别、感应式电子晶片、近接卡、感应卡、非接触卡、电子条码,生活中最常见的名称是"电子标签"。这是一种无线通信技术,可以通过无线电信号识别特定目标并读写相关数据,而无须识别系统与特定目标之间建立机械或者光学接触。用通俗的话来说,就是它的标签和阅读器无须接触便可完成识别,而且通过电子芯片能够存储数量巨大的"无形"信息。

RFID源于军事领域的雷达技术,所以其工作原理和雷达极为相似。RFID系统主要由读写器、天线和标签三大组件构成,如图5.22所示。工作时,读写器先通过天线发出电子信号,标签接收到信号后发射内部存储的标识信息,读写器再通过天线接收并识别标签发回的信息,最后读写器再将识别结果发送给计算机。

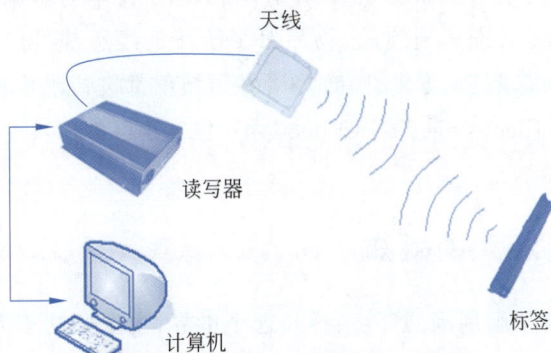

天线

读写器

计算机

标签

图 5.22 一个简易架构的 RFID 系统

与条形码相比,RFID 标签具有以下优势:

(1) 体积小且形状多样。如图 5.23 所示,RFID 标签在读取上并不受尺寸大小与形状限制,不需要为了读取精度而配合纸张的固定尺寸和印刷品质。

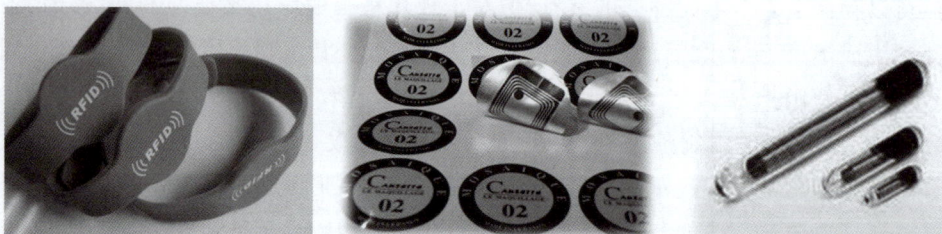

(a) 可穿戴的RFID标签　　　　(b) 可粘贴的RFID标签　　　　(c) 可植入的RFID标签

图 5.23　各式各样的 RFID 标签

(2) 距离远且穿透性强。内部携带电源的 RFID 标签可以进行远达百米的通信,这是条形码无法做到的。而且在被纸张、木材和塑料等非金属或非透明的材质包裹的情况下也可以进行穿透性通信。

(3) 适用于多种复杂环境。条形码需要在良好的光线照射下使用,而 RFID 标签在黑暗中也能够被读取;条形码需要在静止的状态下逐一读取,而 RFID 标签可以在运动的状态下同时读取多个;条形码容易被污损而影响识别,但 RFID 标签对水、油等物质却有极强的抗污染性。

(4) 可重复使用。RFID 标签具有读写功能,可以向里面添加数据,也可以将重新覆盖其中的内容,因此便于回收复用。

(5) 数据安全性高。标签内的数据通过循环冗余校验的方法来保证标签发送的数据准确性。

可以说,RFID 标签作为一种数据载体,不仅能够起到标识识别的作用,而且可以进行更方便、更细致的记录。如图 5.24 所示,以 RFID 技术为基础构建的管理信息系统,使得每件物品都能被准确地追踪,物品每个阶段的经历都可以被详细地追溯。于是,在交通、物流、医疗、制造、零售、国防等诸多领域里都进行了广泛的应用。例如,不停车收费系统 ETC(Electronic Toll Collection)、住宅小区的门禁卡、手机里的 NFC、医疗系统的智能手环等。

5.3.2　全面深入的感知

人类之所以能够了解周围的环境、感知这个世界,主要归功于人们的感觉器官,如眼、耳、鼻、舌、皮肤等。如图 5.25 所示,感觉器官将获取的外界信息通过神经传入大

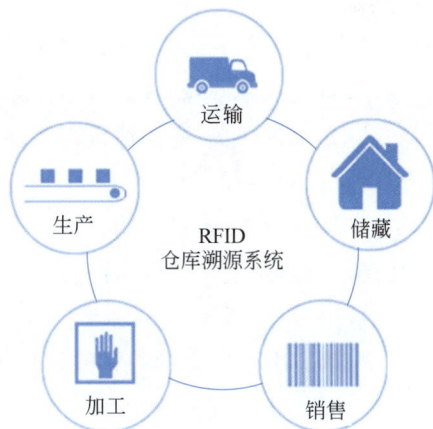

图 5.24　基于 RFID 技术的货物溯源

脑,使得人们具了视觉、听觉、嗅觉、味觉和触觉。同理,我们希望各种机器设备也能自动地测量环境、感知外界,并将可靠的信息传递给我们,于是发明了"传感器"。

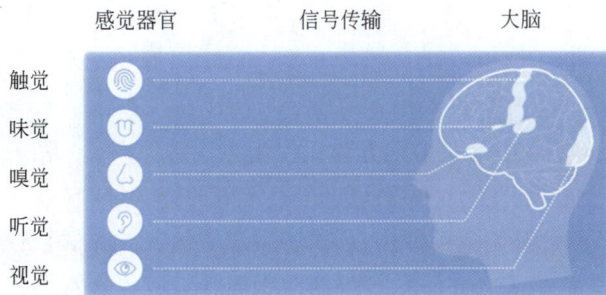

图 5.25　5 种外部感觉的形成机理

传感器这类工具由来已久,非但不是什么新鲜事物,还可以说是"老古董"。例如,我们通过皮肤来感受外界的冷热,常常出现较大的偏差,而温度计这种传感器就可以精确地告诉我们某时某地的温度;我们通过耳朵来采集周围的声音,生怕错过一些聆听的机会,而录音机这种传感器就可以把美妙的声音存放起来供远方的人们一饱耳福;我们通过眼睛来观察物体的外形和动作,正所谓"眼见为实",而摄像机这种传感器就可以记录下影像让所有人一起见证……

此外,人类的感觉器官能力极其有限,远远不能满足时代发展的需求。例如,我们无法直接察觉地球磁场的方向,而指南针这类传感器就能够快速稳定地标识南北;我们在一片漆黑之中伸手不见五指,而夜视仪和雷达这类传感器就能够在黑暗中发现可疑的目标;人类无法感知羽毛之轻和大象之重,而电子秤这类传感器就能够把上至千吨、下至毫克的质量辨别得清清楚楚……

还有一些异常恶劣的环境,例如,地质灾害(洪水、地震、火山)发生地、生产事故(矿井渗水、瓦斯爆炸、核泄漏)现场、科研探索对象(海洋深处、地球内部、外星球表面),往往并不适合人类去以身涉险。这时我们更希望各种机器设备能"感知"那里的真实状况,代替人类去考察这些地方,获取第一手的资料。

传感器不仅模拟了人类的感知能力,而且进一步拓展了人类的感知能力。可以说,作为信息获取的重要手段,传感器技术与通信技术、计算机技术共同构成了信息技术的三大支柱。

到底什么是传感器[①]? 学术界是这样定义的:一种物理装置或生物器官,能够探测、感受外界的信号、物理条件(如光、热、湿度)或化学组成(如烟雾),并将探知的信息传递给其他装置或器官。为了便于进一步理解,下面简单介绍几类常用的传感器,分别对应于人类感觉器官的几种功能。

(1)光敏传感器(视觉):是目前产量最多、应用最广的一类传感器。光敏传感器中最基本的电子器件是光敏电阻,它能感应光线的明暗变化,输出微弱的电信号,进一步控制其他设备的开关。光敏传感器主要应用于太阳能草坪灯、光控小夜灯、光控玩具、光控音乐盒、生日音乐蜡烛、人体感应开关、摄像头、照相机和监控器等电子产品的自动控制领域。

(2)声敏传感器(听觉):很多地方都在使用声控灯照明,一是节约用电,二是操作方便(不必在黑暗中寻找开关)。人们可以通过不同的方式,如咳嗽、拍手、跺脚等,让声控灯发光照明。但不管采用何种方法,一定要发出声音。当然,在光线充足时,任你发出多大的声音都不亮,这说明声控灯的控制盒里既有声敏传感器,也有光敏传感器。

(3)气敏传感器(嗅觉):将气体种类及其与浓度有关的信息转换成电信号,根据这些电信号的强弱就可以获得与待测气体在环境中的存在情况有关的信息。气敏传感器的应用主要有一氧化碳气体的检测、瓦斯气体的检测、煤气的检测、呼气中乙醇的检测、人体口腔口臭的检测等。

(4)味觉传感器(味觉):味觉传感器不仅可以区分甜、咸、酸、苦、鲜5种基本味道,量化它们的浓淡程度,还可以"品尝"组合之后的复杂味道。目前,味觉传感器除了应用于食品开发及品质管理、药品研制之外,还用来分析唾液,了解齿槽脓漏、糖尿病、应激反应等健康状态。

(5)压力、温度、湿度传感器(触觉):压力传感器是生产生活中尤为常见的一种传

---

① 国家标准《传感器通用术语》(GB/T 7665—2005)中对传感器的定义是:能感受被测量并按照一定的规律转换成可用输出信号的器件或装置,通常由敏感元件和转换元件组成。

感器,如电子秤,一旦物体放到秤盘上,压力施加给传感器就可以在电子屏上自动显示出物体的质量;温度传感器能感受温度并转换成可用的输出信号,是温度测量仪表的核心部分,广泛应用于热水器、电冰箱、厨房设备、空调、汽车等产品上面;湿度传感器能够量化空气中的水汽多少,可以满足气象、环保、工农业生产、航天等部门对环境湿度进行测量控制的需要。

图 5.26 是传感器在日常生活中的应用。

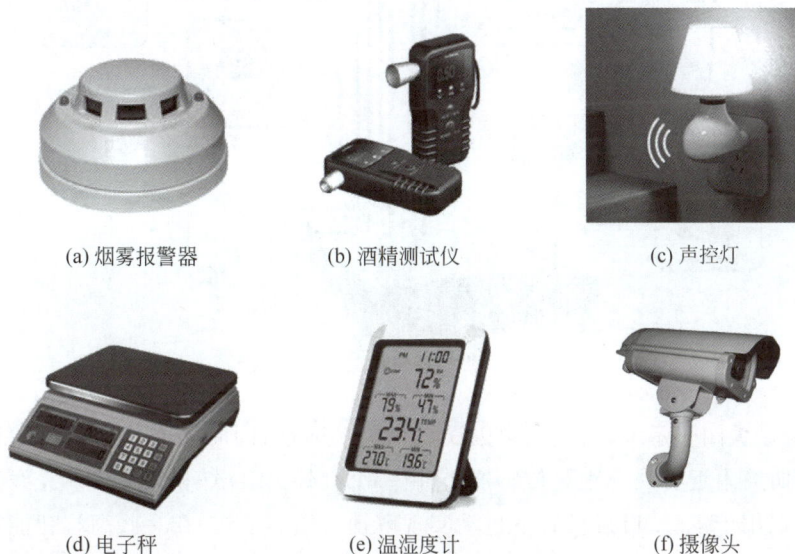

(a) 烟雾报警器   (b) 酒精测试仪   (c) 声控灯

(d) 电子秤   (e) 温湿度计   (f) 摄像头

图 5.26 传感器在日常生活中的应用

随着技术的进步,手机已经不再是一个简单的通信工具,而是具有综合功能的便携式电子设备。为了和过去主要用于打电话发短信的"功能机"相区分,人们把现在的手机称为智能手机,简称智能机。

智能手机之所以"智能",一方面是由于它像个人计算机一样能够接入互联网,具有独立的操作系统,可以由用户自行安装、卸载办公、社交、游戏等个性化软件;另一方面是由于它像"活的"一样,能够"观察"人们的日常行为,可以主动做出相应的反应。后者的实现,主要就是归功于各种不同的传感器,如图 5.27 所示。

智能手机可以根据周围光线强弱自动改变屏幕亮度。当环境亮度高时(如白天),显示屏亮度会相应调高;当环境亮度低时(如夜晚),显示屏亮度也会相应调低。这正是因为手机内置了光线传感器,所以能够使得屏幕看得更清楚,并且不刺眼。在一些高端智能机中,光线传感器还可以帮助优化显示屏的画面质量。

智能手机能够判断物体的位置。当你接听电话时,手机能够察觉你的耳朵靠近听

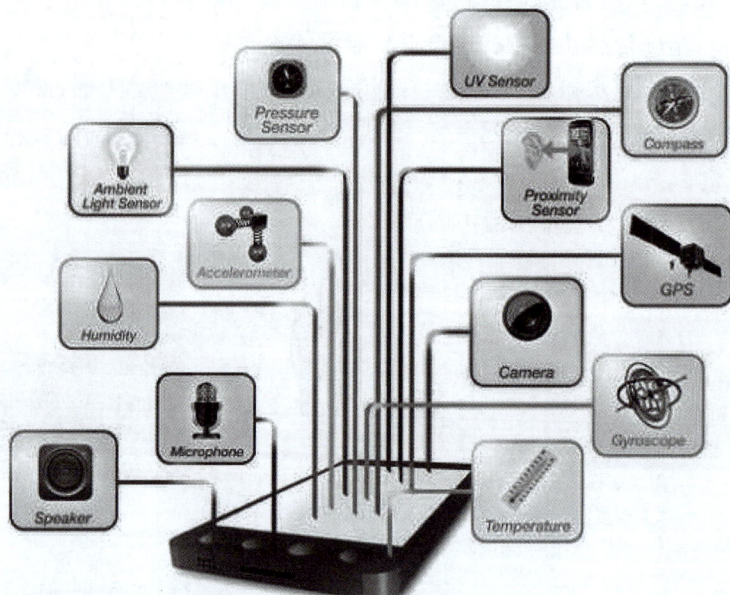

图 5.27　智能手机中的各种传感器

筒,就会自动关闭显示屏,防止用户因误操作影响通话,同时还能达到省电的目的。这是因为在听筒附近有一个距离传感器,它由一个红外 LED 灯和红外辐射光线探测器构成。也可以用于皮套、口袋模式下自动实现解锁与锁屏动作,在一些高端智能机中还可以实现"快速一览"①等特殊功能。

　　智能手机还会自动旋转屏幕。当你倒持手机时,手机会根据握持方向的改变而调整画面方向,让画面自动适应用户的观看。这主要是依靠重力传感器和加速度传感器(两者原理类似,都利用了压电效应),它们不仅可以调整拍照时的照片朝向、应用于重力感应类游戏(如滚钢珠),还可以监测手机的加速度的大小和方向,从而计算用户所走的步数。

　　大多数智能手机都有导航功能。相关的地图软件不仅能够确定你所在的位置,还能够指引你的方向。能够定位是因为手机有 GPS 模块,通过人造卫星、通信基站来获取位置相关的数据。能够辨别东西南北则是因为手机中还有磁力传感器,它能够像指南针一样来检测磁场。当然,利用磁力传感器还可以探测金属材料。

　　很多高端智能手机中还配有陀螺仪、气压传感器、温度传感器等。其中,陀螺仪能提供精度更高的角度信息,同时测定 6 个方向的位置、移动轨迹及加速度,这被用于照

---

　　①　"快速一览"是一项非常方便实用的功能。在屏幕关闭时,只要手在传感器上方移动 2～3 秒便会出现一个界面,上面显示时间、未接来电、短信、电量等手机的基本状态。

相时的防抖动技术;气压传感器能测量气压,进而判断手机所处位置的海拔高度,这会有助于获取更加丰富的地理位置信息;温度传感器一方面能够监测手机内部以及电池的温度,如果发现某一部件温度过高就会自动关机防止损坏;另一方面还可以判断用户所处的环境是否舒适。

算上麦克风、摄像头、指纹识别这些常见的需求配置,以及心率传感器、血氧传感器、有害辐射传感器等特殊的需求配置,智能手机中的传感器种类多达 20 余种。这意味着智能手机能够感知更多的内部和外界环境信息,能够和用户进行更加方便友好的沟通。这就进一步证实了一句话:"传感器的存在和发展,让物体有了触觉、味觉和嗅觉等感官,让物体慢慢变得活了起来。"

5.3.3 点亮智慧的地球

从前面的介绍可以看出,正是物联网技术的牛刀小试,手机从一种单一的通信工具变成了"智能终端"。同样,随着物联网技术的进一步发展,人们身边的所有物体也能够像手机一样进化,甚至变得更加智能。这就给人们的日常生活带来了全新的感受,"智能家居"已经从梦想变成了现实。

当前,比较典型的智能家居里都有很多"智能按钮"的设置,例如,一键开衣柜、一键开窗帘、一键开浴室门等做得好一些的智能家居将按键也省去了,变作辅助动力系统,用户轻轻一推或一拉,剩下的就由动力系统自己完成了。还有就是"远程控制"的概念:用手机控制家中的灯光、电视、音响、热水器、空调、窗帘、饮水机等,通过各种 App 把手机打造成了"万能遥控器",如图 5.28 所示。看上去家居似乎是变得聪明了,有智能了,这种体验感觉相当不错。

其实,这些还是从互联网衍生出来的过渡性产品,着眼于传统的"自动"和"遥控",还存在着一些不尽人意的缺点。例如,某品牌智能空调,你到家之前可以先用手机开启它,它能保证你回家时家里室温刚好是你提前设定好的温度;而离家之后也不会因为忘了关空调而心疼电费,因为你随时可以在手机上把它关掉。但是,它无法自动感知环境,需要人为关注空调的运行状态而且人为去操作,这其实是你对"空调工作状态"及"家里空气状态"这样的信息进行了判断和处理;再者,手机只能实现对空调的控制,而不知道如何系统性地调节门窗、通风装置、空气净化器、加湿器等一系列相关设备来让室内空气达到最好的状态。

如果升级成为基于物联网的"智能家居"产品,那就不一样了。首先,空调的信息来源并不完全依赖于人,它集成了很多类型的传感器,能够不间断地监测室内的温度、湿度、光照等环境的变化。例如,智能空调可以自己判断房间中是否有人以及人是否有移动,并以此决定是否进行温度调节;此外,智能空调具有记忆能力和学习能力,它会记录

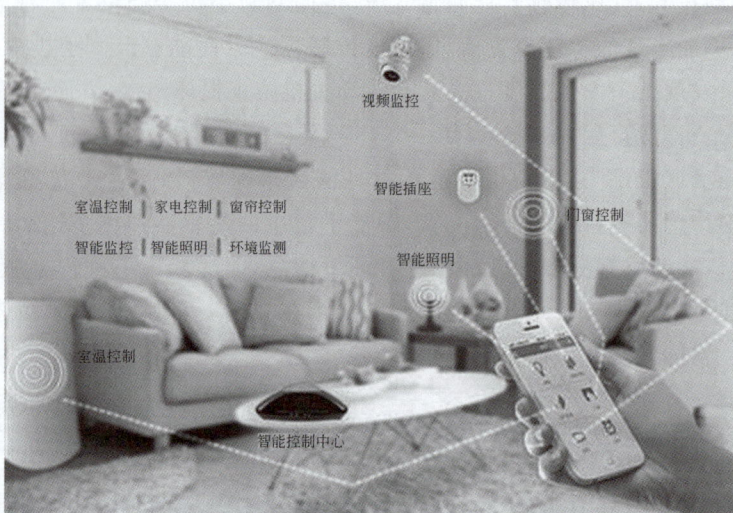

图 5.28　智能家居示例

用户每次设定的环境状态(温度、湿度、光照),经过一段时间,就能根据用户的日常作息习惯和个人喜好,利用算法自动生成一个设置方案。只要用户生活习惯没有发生变化,就不再需要进行人为手动设置。

谷歌公司的子公司 Nest 推出的智能家居产品就是这种基于物联网的,它相对于"互联网产品"的一个巨大优势就在于感知层的运用。可以说,由遥控到自控的转变,体现了智能家居 1.0 到 2.0 的升级。当然,后续还有互联互通的 3.0 模式,这也是现在所有从业者努力的方向,现在 Nest 公司及旗下的智能摄像头 Dropcam 已经和智能门锁、电灯、电扇、汽车系统等产品开始联动了,其无感化控制才让人们体验到真正的智能生活。真正的物联网时代来临,将达到无控状态。

在落实"智能家居"的同时,科技界和产业界将物联网技术的应用领域进一步扩大,于是"智慧地球"(Smart Planet)这一概念应运而生。根据 IBM 公司的官方说法,智慧地球分成三个要素(即"3I"):物联化(Instrumented)、互联化(Interconnected)和智能化(Intelligent),分别对应"更透彻的感知"、"更全面的互联互通"和"更深入的智能化",如图 5.29 所示。

不难看出,"3I"正是对应着物联网最重要的 4 个属性:①全面感知,通过 RFID、GPS 和各种不同的传感器设备,随时随地全面地获取万事万物的信息;②可靠传输,将各种信息网络与互联网进行融合,把获取的信息实时准确地传送到目的地;③智能处理,在网络的不同结点处对信息进行智能的分析处理,向用户提供有效的信息服务;④自动控制,在智能信息处理的基础上,每个物体都将具备适应周边环境的行动能力。

图 5.29 智慧地球的三个要素

作为市场宣传,"智慧地球"还只是一个相当虚、相当大的概念。许多知名企业和政府部门通力合作,将它转化为适合各局部地区和具体产业的概念,然后进行经营。例如,落在中国就叫"智慧中国",落在某个城市就叫"智慧城市",在行业就有一系列的"智慧电力""智慧交通""智慧医疗""智慧银行""智慧城管"等,最后是"智慧企业"。至此,"智慧地球"就完全落地了,如图 5.30 所示。

图 5.30 智慧地球的构成

第6章

数　据

在当今社会,数据会伴随一个人的一生:从你呱呱坠地的那一刻,就有一堆数据被记录下来——妊娠周数、出生时刻、体重、身长、体温等;在你成长的过程中,还是被大量数据所环绕——年龄、住址、学习成绩、工作经历、婚姻状况等;就算你离开人世之后,还是摆脱不了数据的纠缠——死亡时间、死亡原因、生前工作单位、生前声誉、生前贡献……如果没有这些数据,你都无法客观地认识自己和评价别人。

站在更高的层次上看,人类文明的产生与进步也是通过对数据进行收集、整理和提炼而达成的。在史前时代,我们的祖先在没有发明记事的媒体工具时,已经开始使用数据了——从父辈和周围人的口耳相传中,知道了哪些环境可以居住、哪些动植物可以食用、哪些情况暗藏危险;有了文字之后,我们通过记录下来的历史数据来获取更多的经验教训——"秀才不出门,全知天下事""以史为鉴,可以知兴替";到了近代自然科学萌芽之后,数据的重要性逐渐提升到了一个前所未有的高度——不论是在哪个领域,科学家们很重要的一项工作就是做实验采集数据,因为科学发明需要通过这些数据来推导或证实。

那么,什么是数据呢? 如图 6.1 所示,传统意义上的数据,是指"有根据的数字",例如我们常说的实验数据、统计数据,其实就是以数字的形式表现出来的,这些数据其实只是狭义上的数据。

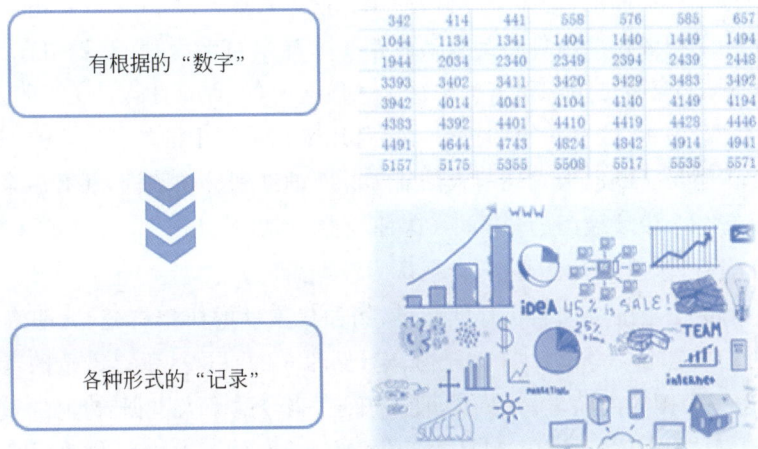

图 6.1 数据定义的变化

随着技术的进步,数据包含的范围得以扩大,可以指代许多"结构化的信息和情报",例如我们经常提到的一个词——数据库,其实就是指符合一定格式的信息的汇总。数据库里的数据,可以是某个机构所有成员的基本情况,包括姓名、年龄、通信方式、学历以及履历等(文字信息),这些已经超出数字的范畴。

进入信息时代之后,数据的含义更加宽泛,包括任意形式的信息,例如互联网上的全部内容、档案资料、设计图纸、病例、影像资料等。可以说,"数字、文本、音频、视频、图形……"各种形式的记录组成了广义的数据。

6.1 科学方法的产生

显然,数据的范畴远比我们通常想象的要广得多,包括数字、文本、音频、图像、视频、图形等,各式各样,不一而足;数据的作用也比我们通常意识的要更重大,人类认识自然的过程、科学实践的过程以及在经济和社会领域的行为,总是伴随着数据的使用。从某种程度上讲,获得和利用数据的水平直接反映了人类文明的水平。

6.1.1 站在前人的肩上

中国的瓷器[①]是一个伟大的发明,它对世界的政治文化和人类的日常生活都产生了巨大的影响。尤其在宋代和明代,中国瓷器在世界上每到一处,就会掀起一股奢侈品购置的热潮,并改变了当地人的生活方式、当地的文化,甚至改变了当地的制造业。世界上还没有第二种商品能在几百年的时间里长期做到这一点。

葡萄牙国王曾经用 260 件中国瓷器装饰了桑托斯宫的天顶,这表明在当时欧洲最富有的皇室眼里,瓷器是美和财富的象征。大航海时代,西班牙人从美洲带走了一万六千吨(约五亿两)白银,这些白银的三分之一都用来购买了中国的货物,主要是瓷器和茶叶。这让中国赚足了欧洲人发现新大陆后 150 年的红利。在欧洲,还有后来的美国,中产家庭大都有一个带玻璃门的瓷器柜(这种瓷器柜就叫 China),里面展示着各种瓷质的餐具。在当时,家里没有瓷器柜,会被认为没有品位。

我们也对历史上的中国名瓷耳熟能详,例如代表性的唐宋青瓷、元明青花瓷,还有宋代著名的五大名窑——汝[②]、官、哥、钧、定(见图 6.2)。这些都是人造的奇迹、祖先智慧的结晶,也是中国人的骄傲。但你可能不知道,当今欧洲人占据着世界高端瓷器市场的 90% 的份额,其余份额由美国和日本瓜分,Made in China(中国制造)的瓷器只是在中低端市场。究竟是什么原因导致的呢?而且欧洲人喜欢讲"中国人发明了瓷器,后来欧洲人再发明了它",这又有什么鲜为人知的故事呢?

---

① 瓷器是彻底的人造物,它和金属、玻璃(包括水晶)这些东西不同,在自然界是找不到的。它完全是人类活动的结果和文明的标志。

② 汝窑青瓷流传到至今的真品,已知的仅 67 件,"纵有家财万贯,不如汝瓷一片"。香港苏富比 2012 年"中国瓷器及工艺品"拍卖,"北宋汝窑天青釉葵花洗"经 34 口叫价,以 2 亿多港元成交。

(a) 汝窑杯盏　　　　　　　　(b) 元代青花瓷器

图 6.2　中国名瓷示例

其实欧洲人制造瓷器的历史富有戏剧性。由于和瑞典开战,萨克森公国的国王奥古斯都二世的财力几乎枯竭,于是他在 1706 年抓住了两个炼金术士来为自己炼制黄金,当然很快他就发现这件事是不可能的。由于在欧洲的瓷器售价堪比黄金,他就命令两个炼金术士研制瓷器,其中一个叫约翰·弗里德里希·伯特格尔的人因此而名垂青史。

从被奥古斯都二世软禁在阿尔布莱希茨堡到制造出欧洲的第一件瓷器,伯特格尔花了 4 年时间,做了 3 万次实验。他不仅记录了全部的实验过程和结果,而且把每一次实验之间的细小差异全都记录了下来。与熟练掌握瓷器制造工艺却不明白其中化学原理的亚洲工匠不同,这种科学实验和材料分析的方法,让欧洲人对瓷器烧制的原理有了理性认识和定量了解,他们可以通过细微调节瓷土中元素的配比和调整烧制过程,制造各种精致的瓷器。

伯特格尔的成功给萨克森公国带来了巨大的财富和荣誉,到了 18 世纪,德国麦森瓷器的售价已经是中国瓷器的两倍。今天麦森仍然是世界瓷都之一,并且在国际高端瓷器市场占有很大的份额。随后,奥地利和法国都在麦森瓷器的基础上不断研发新的工艺,例如西洋珐琅彩瓷器[①](见图 6.3(a))被欧洲人带到中国,康熙皇帝非常喜欢,下令在大内仿制,这实际上标志着中国在瓷器制造技术上已经落后于欧洲了。

18 世纪中后期,"英国陶瓷之父"乔赛亚·韦奇伍德先是在工厂中搞出了一种称为"流水线"的生产管理方式[②],后来又把当时最先进的科技产品——蒸汽机引入瓷器制

① 一种将玻璃液化后烧制在瓷器表面的技术,不仅在瓷器表面营造出一种晶莹剔透的效果,也使得瓷器更加经久耐用。
② 1769 年,韦奇伍德在自己开办的埃特鲁利亚陶瓷工厂里实行精细的劳动分工,把原来由一个人从头到尾完成的制陶流程分成几十道专门工序,分别由专人完成。这样一来,原来意义上的"制陶工"就不复存在了,分成了专门的挖泥工、运泥工、扮土工、制坯工等,他们必须按固定的工作节奏劳动,服从统一的劳动管理。

造。这些措施不仅极大地提高了瓷器的制造效率,而且不同批次的瓷器品质也都能得到保障。他的后人还在 1812 年还发明了骨质瓷器,这种加入牛骨粉的制瓷工艺让瓷器更加结实,因此可以做得更薄,甚至薄到半透明的状态(见图 6.3(b))。正是从韦奇伍德的时代开始,瓷器首次在世界范围内供大于求。

(a) 西洋珐琅彩瓷器   (b) 韦奇伍德骨质瓷

图 6.3 欧洲制瓷工艺示例

从这段历史看来,欧洲人之所以在瓷器制造上超越中国,正是重视科学方法和数据记录的结果。欧洲人在研制瓷器过程中,保留了全部的原始数据和实验报告,这样,前人每取得一点进步,后人都可以直接受益。例如,前面提到的伯特格尔把 3 万多次尝试的点点滴滴都保留了下来,同样,韦奇伍德在研制碧玉细炻器时,进行了 5000 多次实验,也把所有的细节都记录下来。

相比之下,古代中国的工匠更多的是对制瓷工艺的悟性,他们靠"师傅带徒弟"的方法将经验代代相传,而徒弟是否能超越师傅,则完全靠悟性。中间即使有一些发明和改进,却因为没有详细的过程记载,或许是出于保密故意略去,很多精湛的工艺都无法传世,例如宋代五大名窑的制作工艺大多失传了。这样,后世常常不得不重复前人的失败,而无法直接"站在前人的肩上"进行攀登,久而久之,造成了瓷器制造技术"起点很高,进步缓慢"的窘境。

这种对数据记录的不重视,不仅是中国瓷器制造业特有的问题,而且是中国古代很多手工业普遍存在的现象。其实,中国古代的文献记录里面一直有这么一种现象:注重帝王,不注重平民;注重人文,不注重科学;注重定性,不注重定量。这也是导致中华文明在近代逐渐落后于西方文明的一大诱因吧。

6.1.2 事实胜过雄辩

6.1.1 节提到了"欧洲人再发明瓷器"的一个里程碑式的人物——约翰·弗里德里

希·伯特格尔,他最初的职业是一个炼金术士。炼金术历史悠久,横跨了多个文明①:在西方,人们企图将廉价的金属变成贵重的黄金;在古代中国,则主要是为了制造万灵丹药和长生不老药,因此也称为"炼丹术"。我们学过化学之后,知道这些"炼金术"是行不通的,但正是这些术士们一代一代地前赴后继,催生了火药的发明,找到了各种矿物质,积累了实验的方法,制造了很多设备,进而产生了化学这门学科。

为什么化学这门学科诞生于近代欧洲而不是中国,这有很大一部分原因归于欧洲的炼金术士有意无意地采用了科学的方法。首先他们对自己做过的实验都有详细的实验记录,这些实验记录至今还保留在很多国家的档案馆里。还是以伯特格尔和韦奇伍德发明瓷器的过程举例,由于有了他们这些人的完整数据记录,我们现在才能轻而易举地复制欧洲历史上任何一件名瓷,但是中国的很多工艺却免不了"发明、失传、再发明、再失传"的命运,以至于现在我们还无法完全仿制出宋代的汝瓷。

今天大多数中学生可能对物理和化学实验都颇有兴趣,但是对写实验报告恐怕就没那么认真了——记录实验结果时常常随便找张纸潦草地写几个数据了事,更有甚者可能过分相信自己的大脑,记在脑子里回去再整理成实验报告。不仅丢失了实验细节,还会为了应付老师,篡改实验数据来迎合教材上的结论……我非常赞同吴军博士的说法:"一旦养成不做记录的习惯,就很难改,这么做实验无法很好地积累经验,后人只好重复前人的错误。"例如,我们今天不是很了解中国的道士们在炼丹技术上都做了哪些改进,明清道士炼丹的水平恐怕并不比隋唐时期的道士高多少,因为没有实验的数据积累或者记录过于粗略。

科学方法的另一个要素也是炼金术士的贡献,即对每次实验的结果进行定量分析。量杯、天平、比重计和各种简单的测量工具都被用于炼金实验中,有了这些定量的记录和分析,后人就可以重复前人的实验结果,并在此基础上进行自己的改进和创新。这一点也成为了今天在高级别学术杂志和学术会议上发表论文的前提条件。例如,在信息科学领域,要证明一种新的算法比以往的算法都好,就必须先重复近期发表的同类算法的实验结果。如果你只是给出自己算法的效果,而没有对比前人的算法在同等条件下取得的结果,任何权威的学术机构都不会承认你的工作成效。

定量分析带来的另一个结果,就是在科学上从尊重权威变成尊重事实。没有定量的衡量,很多观点和结论是不可比的,人们只好相信权威。在古代,人们喜欢这么论证:"亚里士多德是这么说的""孔子是这么说的"……。到了近代,人们立论的证据不再是经卷上的教条,而是根据自己的观察或做实验的结果,因为定量的结果很容易比出好

---

① 炼金术有 2500～3000 年的历史,存在的地域包括美索不达米亚、古埃及、波斯、印度、中国、古希腊和罗马,以及穆斯林文明和中世纪的欧洲。

坏、对错。笛卡儿就非常强调："是事实而不是权威，才是验证一个结论正确与否的前提。"

拉瓦锡的实证精神

安托万-洛朗·德·拉瓦锡是法国化学家、生物学家，被后世尊称为"近代化学之父"。他提出规范的化学命名法，撰写了第一部真正现代化学教科书《化学基本论述》(Traité Élémentaire de Chimie)；提出了"元素"的定义，并于1789年发表了第一个现代化学元素列表，列出了33种元素；他还统一了法国的度量衡，并且最终形成了当今现行的公制。

发现氧气和证实质量守恒定律是拉瓦锡的两个重大成果。在此过程中，他坚持采用了科学的方法：首先对命题进行怀疑；然后通过实验寻找证据，并对实验进行详细记录和定量分析；有了这些证据之后，再通过逻辑推理得出正确结论。可以说，拉瓦锡在研究过程中，再次确认了科学方法的重要性，对整个学科进行了综合，提出了新的学术思想，并建立了近代化学的学科体系。

法国大革命爆发后，拉瓦锡被雅各宾派领导人送上了断头台，据说这是他进行的最后一次"科学实验"——验证人的脑袋砍下来之后是否还有感觉。行刑前，他和刽子手约定自己被砍头后尽可能多地眨眼睛，据说拉瓦锡的眼睛一共眨了十一次（另一种说法是十五次）。虽然这个故事不见于正史，但是人们还是愿意相信它，因为拉瓦锡一生都在强调实验是认识的基础，这个传奇桥段的确是太符合他的做事风格了。

6.1.3 提高质量的法宝

近些年，每逢节假日都会有新闻报道，大量中国游客去日本游玩，回国之前抢购了大量日本产品，其中还不乏在中国制造的日本品牌……这种现象说明在国人心目中，"日本制造"已经成为了品质的象征。但大家可能不知道：二战前后日本商品在国际上恰恰以"山寨""低劣"而闻名；"日货"的崛起是在二战之后短短十几年间完成的；而为此做出巨大贡献的竟是一个美国物理学博士——爱德华兹·戴明。

让我们把视线挪到1950年7月13日，虽说戴明早已多次搭乘军用飞机来日本了（帮助指导人口普查和战后重建），但这一天的意义极为特殊。在日工盟[①]主席石川一郎的安排下，戴明在晚餐会上见到了日本的21位行业巨头，和他们一起坐榻榻米、喝清酒、看艺妓表演。面对着掌管日本80%财富的行业巨头们，戴明向他们承诺："如果按

---

① 日本科学与工程联盟，JUSE，简称日工盟。

照我倡导的原则去做,你们就可以生产出高质量的产品。5 年内,日本的产品将占领整个国际市场"。5 年! 当时晚餐会上的所有人都认为这匪夷所思,但事实证明了戴明博士预言的准确性。日本的产品质量总体水平在 4 年后就超过了美国,到 20 世纪 70～80 年代,不仅在产品质量上,而且在经济总量上,对美国工业都带来了巨大的挑战。

跨界造就的管理大师

爱德华兹·戴明是耶鲁大学的物理学博士,在做物理实验中记录了大量的数据,处理这些数据使他深刻体会到了"实际偏差是如何产生的,又该如何控制";与数学博士乔治·盖洛普①长时间的合作讨论,加上参与美国人口普查的经历,使得他逐渐偏离了原来的研究方向,进入了统计领域,成为美国首屈一指的抽样专家;接下来,他开始研究如何用统计方法进行质量控制;再后来,他又进入管理领域,成为名扬世界的质量管理大师。

戴明先物理、后统计、再管理,用现代的话来说,就是"跨界"。跨界是指跨越不同的领域、行业甚至不同的文化,对其中的相关因素进行融合和嫁接,进而开创一片新领域、一种新风格或者一个新模式。戴明的跨界开创了一个应用统计科学进行质量管理的新领域,其中的过程曲折起伏,令人感叹。感兴趣的读者可以翻阅涂子沛先生的《数据之巅》第 5 章"抽象时代:统计革命的福祉"。

戴明的质量管理立足于一个基本信念,即高质量可以降低成本。质量控制需要在生产过程中尽可能收集数据,利用偏差控制图和鱼骨图等可视化工具进行分析。戴明认为,无论企业的管理者还是生产者,都要学会制作这两类图表。

如图 6.4 所示,偏差控制图为每个偏差定义了一个变化的上限和下限,一旦波动超出了这个限度,就说明可能发生了特殊原因。特殊原因应该首先消除,但这还不够,真正的质量控制,不仅要使偏差落在规定的范围之内,还要让偏差波动的范围越小越好,即在生产过程中也要全力消减共同原因,达到"稳定的一致性"。他认为,是否追求这种一致性,正是后来日本成功、美国失败的原因。

发现了偏差,确定了偏差发生的类型,接下来就要针对产生偏差的原因进行因果关系分析,分析工具就是鱼骨图(因为全图像鱼的骨头,故称鱼骨图)。鱼骨图是由日本学者石川馨提出的,得到了戴明的充分肯定,从 20 世纪 60 年代开始在全世界企业管理领域风行。

---

① 乔治·盖洛普,美国数学家,抽样调查方法的创始人,民意调查的组织者,他几乎是民意调查活动的代名词。1935 年创立的盖洛普公司是全球知名的民意测验和商业调查/咨询公司。

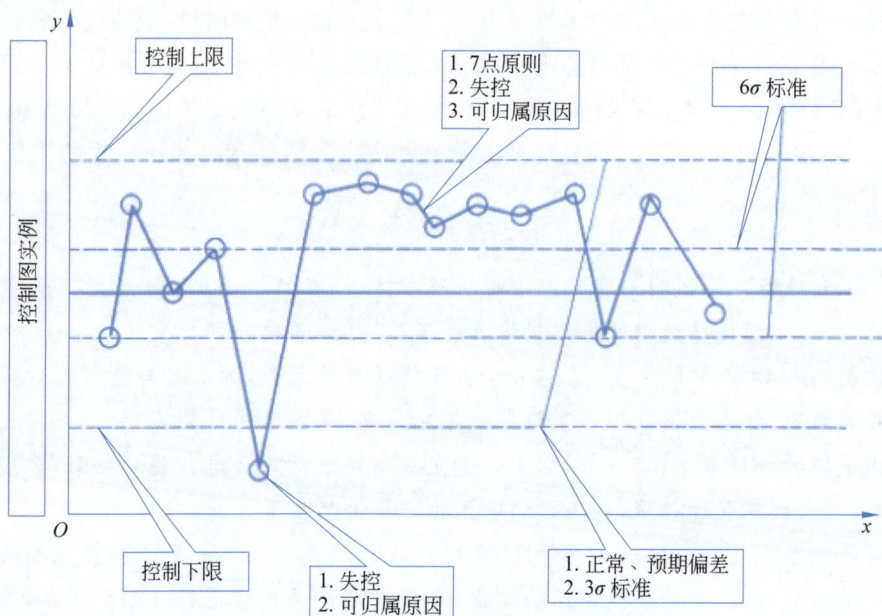

图 6.4　偏差控制图示例

　　图 6.5 就是针对某产品出现"尺寸超差"问题而绘制的鱼骨图,问题的起因可能有"材料、人员、环境、方法和设备"五大来源,每个来源又分为若干小因素,每个箭头都表示一个因素。戴明主张通过一线生产小组的集体讨论,共同绘制出这种分析图,并通过这个过程,让生产者、管理者一起积极地确定问题产生的原因,增强大家对于问题的理解并竭力避免。

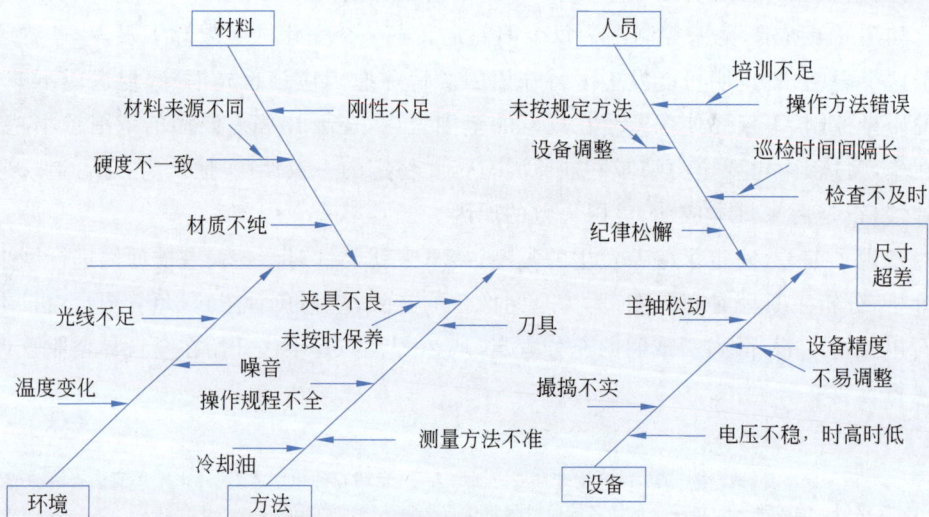

图 6.5　鱼骨图示例

丰田公司可以说是戴明质量控制理论最早、最大的受益者。到 1961 年,丰田公司已经在戴明和石川馨等人的指导下开创了一套全面质量控制体系(TQC),不仅在生产过程中全力缩小偏差范围,还完全吸纳了消费者调查方法。例如,在进入一个新市场时,公司甚至会派人去测量当地人的身高、腿长,以调整变速杆的高度和乘客腿部空间的大小。

让我们欣赏一下丰田公司以及日本工业的战绩吧:1975 年,丰田公司超过德国大众公司,成为美国最大的汽车进口商;1981 年,日本主导了整个国际汽车市场,成为全球最大的汽车生产国和出口国,其出口量是美、德、法三国轿车出口量之和;1983 年,丰田推出的佳美车型独步天下,之后 10 年中有 9 年都是美国市场最畅销的车型(唯一一年屈居第二,输给的还是一个日本品牌——本田雅阁)。而同时期的美国汽车巨头如通用、福特、克莱斯勒公司经营业绩不断下滑,每年都是高达十几亿美元的亏损。更要命的是,除了汽车,电视机、摩托车、录音机、复印机等日本商品在美国大行其道,"美国制造"黯然失色。

1980 年,丰田公司总裁丰田章一男在采访中说:"我没有一天不在思考,戴明博士于我们的意义何在——戴明是我们整个管理思想的核心!"据说,丰田公司总部大堂的走廊上挂着三幅肖像画,其中两幅小的是丰田公司的创始人和现任董事局主席,而中间最大的一幅就是戴明。

日本人为了表达感激与敬意,用戴明捐赠的课程讲义稿费和募集到的资金设立了著名的"戴明奖"[1]——一个刻着戴明侧像的银质奖章,用以奖励在质量管理方面取得重大成就的企业。如图 6.6 所示,在其肖像下面镌刻着戴明的一句话:"良好的质量和稳定性是商业繁荣与和平的基础。"

图 6.6 戴明质量奖章

---

[1] 1951 年以来,日本每年都评选戴明质量奖,国家电视台会现场直播每次颁奖典礼,视其为年度盛事。

1960 年，日本天皇还授予戴明二等瑞宝奖章，他是第一位获此殊荣的美国人，这也是外国人在日本能够获得的最高荣誉。日本时任首相岸信介亲自将奖章别到戴明的胸前，并在颁奖词中说：日本人民认为，日本的录音机、收音机、照相机、望远镜、缝纫机等一系列产品在国际市场上取得的成功都有归功于戴明，日本工业的重生和崛起，就是因为贯彻了戴明的学说和理论。

今天回顾戴明的故事，可以看到，戴明对日本的贡献不仅仅在于质量，戴明更大的遗泽在于推进了日本社会对数据统计的普及和重视——因为产品质量的崛起，日本的企业、政府甚至全社会都认识到了统计和数据的重要性。1973 年 7 月 3 日，日本内阁经会议讨论决定，将每年的 10 月 18 日定为"统计日"，帮助国民理解统计的重要性，鼓励他们形成对统计的兴趣，并在国家进行各项普查时予以最大限度的配合。日本政府内务部负责每年统计日的宣传、组织和实施，包括印制海报、组织知识竞赛、成果展览等。

除了国家统计日，日本每年还在中小学教师中组织"统计讲习会"，在中小学之间开展统计图表大赛，入选作品在东京的统计资料博览会上展出，最佳作品将获得总务大臣特别奖。此外，日本政府还在全国各地建设统计广场、统计资料馆、统计图书馆，以生动活泼的形式向大众介绍、展示统计的历史及最新的图书资料，在全民中推广数据的概念和知识。

6.2　数据管理的技术

所有的学科可以粗分为三个大类：自然科学、社会科学和人文艺术。自然科学的研究对象是物理世界，强调的就是"精确"，丝毫不能含糊，这正是西方文明的一个传统，所以近代自然科学的辉煌是欧美人造就的；社会科学研究的是社会现象，探讨的是人和社会的关系，如经济学、政治学、社会学，因为关系到多变的人，导致了"测不准"，早熟的中华文明曾经在这方面占据优势；人文艺术则主要包括文学、艺术、哲学，它探讨的是人的信仰、情感和价值，并不强调精确，有时甚至模糊就是美，各个文明的艺术都有自己独特的魅力。随着时代的进步，我们发现社会科学也越来越依赖于定量分析，人文艺术里面也开始寻求数据的支持，这是无法阻挡的大趋势。

6.2.1　数据的批量处理

收集到足够多的数据之后，如何整理和使用这些数据就成为了一个不容逃避的话题。人类的大脑很难同时处理大量的数据，甚至只是少部分数据就会令人头昏脑涨、不知所以。例如,我们要统计学生信息,每名学生都向班长交了一份文档,如图 6.7 所示,这个文档中的数据很多,但结构不够规整,顺序有些杂乱。如果几十份甚至上百份这样的文档放在一起,就会发现很难快速找到某名学生的某门课程成绩,更难计算出有多少名学生体重超过 80 千克、多少名学生高数不及格……

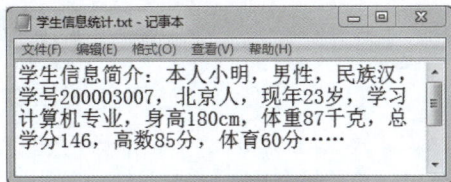

图 6.7　学生个人信息示例

为了进一步批量处理数据,人们就对这些"原始数据"进行整理,得到可以说明社会现象及其发展过程的数据,再把这些数据按一定的顺序排列在表格中,就形成"统计表"[①]。如表 6.1 所示,统计表是由纵横交叉线条所绘制的表格来表现统计资料的一种形式,一般由表头(总标题)、行标题、列标题和数字资料 4 个主要部分构成,必要时可以在统计表的下方加上表外附加。统计表能将大量统计数字资料加以综合组织安排,使资料更加系统化、标准化,更加紧凑、简明、醒目和有条理,便于人们阅读、对照比较,从而更加容易发现现象之间的规律性。利用统计表还便于资料的汇总和审查,便于计算和分析。因此,统计表是统计分析的重要工具。

表 6.1　学生信息统计表示例

学号	姓名	性别	民族	籍贯	年龄	专业	身高/cm	体重/kg	总学分	高数	体育
200003007	小明	男	汉	北京	23	计算机	180	87	146	85	60
200003015	小红	女	回	河北	22	软件	160	52	146	90	70
200004002	小强	男	蒙	内蒙古	25	经济	175	75	149	84	80
...	...	...	...	...	...	...	...	...	...	...	...

注:表头应放在表的上方,它所说明的是统计表的主要内容,是表的名称;行标题和列标题通常安排在统计表的第一列和第一行,它所表示的主要是所研究问题的类别名称和指标名称,通常也被称为"类";表外附加通常放在统计表的下方,主要包括资料来源、指标的注释、必要的说明等内容。

其实,在收集"原始数据"的过程中,我们也建议按照所需的内容项目画成格子,分

---

① 在《统计学原理》中,统计表是集中而有序地体现统计资料的表格。《中国小学教学百科全书》指出,统计表是用原始数据制成一种表格。为实际需要,常常要把工农业生产、科学技术与日常工作中所得到的相互关联的数据,按照一定的要求进行整理、归类,并且按照一定的顺序把数据排列起来,制成表格,这种表格称为统计表。

别填写文字或数字的书面材料,一方面格式规整避免遗漏,另一方面易于查找和翻阅,而且还便于汇总成统计表。由于调查手段和研究侧重点有所不同,所以如何设计形式与内容相一致的表格也是一门学问。如图 6.8 所示,中国和美国进行人口普查所使用的表格,从内容到风格上都有着明显的区别。

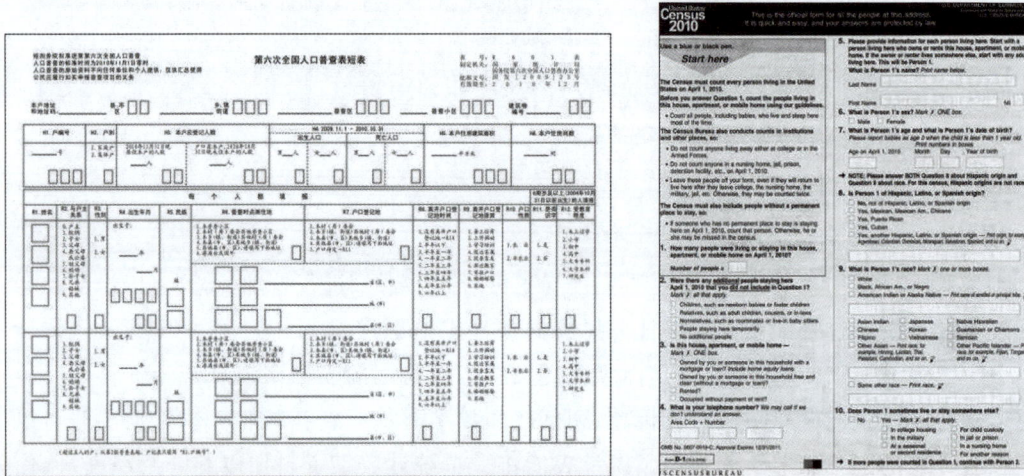

(a) 中国的人口普查表　　　　　　　　　　　(b) 美国的人口普查表

图 6.8　人口普查表示例

可以看出,人口普查所调查的信息内容庞杂,远不是前面所列举的"学生信息"所能比拟的。如果想把整个国家数以万计的人口普查表进行整理,进而形成与表 6.1 类似的"统计表",需要耗费的人力物力难以想象,而且经历的时间也是比较漫长的。如表 6.2 所示,19 世纪中后期的几次人口普查,数据整理和分析工作平均耗时 8 年之久。到了1880 年以后,美国人口突破了五千万,人口普查收回调查问卷多达一千多万份。由于普查进行了全面改革,问卷问题也从以前的 100 多个上升到 1 万多个,涵盖了人口、出生死亡率、农业、社会、工业 5 部分。按照推算,1890 年的普查数据将耗时 13 年左右,超过了人口普查的周期(10 年),也就是说,统计结果出来的时候,1900 年的人口普查都将过去了 3 年,时效性的丧失极大地降低了人口普查的意义。

表 6.2　美国人口普查数据处理耗时

普查年份	整理数据耗时
1850	9 年
1860	6 年
1870	8 年

续表

普查年份	整理数据耗时
1880	8 年
1890	13 年

当时的美国普查办公室负责人思来想去,对策无非是三种思路:①缩小普查问卷的范围;②增加数据处理的人手;③推动技术手段的创新。显然,缩小普查范围是不行的;相反,问卷范围还将继续扩大。在增加人手方面普查办公室已经竭尽全力,这一招治标不治本,况且美国的人口还在不断增加,数据的增长速度不断加快。所以,最后的突破口一定就是推动技术创新!

当时已经有许多人着手发明一些简单处理人口普查表的机器了,而且有了"打孔卡片"的思想:所有信息,无论性别、年龄还是籍贯等,都可以通过在一张卡片的固定位置打孔来表示。例如,张三是一名30岁的男性公民,那么就在"性别"栏"男"的位置打个小孔,"年龄"栏的"30"下面也打个小孔,以此类推,所有的普查信息都通过"有孔/没孔"来存储在卡片上,如图6.9所示。剩下来的问题就是要发明一种专门的机器,可以读出每个特定位置上的孔洞,并自动统计。

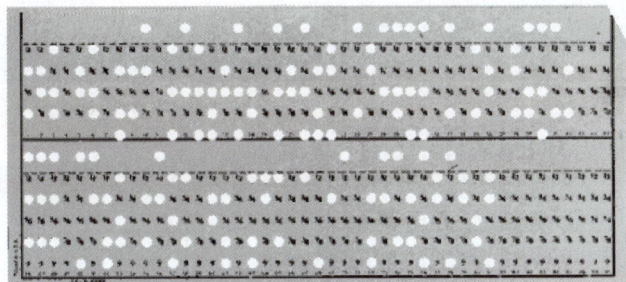

图6.9 打孔卡片示例

1882年,托马斯·爱迪生在纽约珍珠街建立了世界上第一个供电系统,一时间,曼哈顿地区灯火通明,夜如白昼,这震惊世界的发明宣告着电气时代的到来。曼哈顿的灯光刺激了一个为制造"自动读卡机"冥思苦想的人——赫尔曼·霍尔瑞斯,他想到了用电来解决卡片处理的问题。霍尔瑞斯的主要设计思想是:通过机械装置将打好孔的卡片传输到一个固定的位置;在这个固定位置上方有一根金属棒,下方是一个水银杯;工作时,金属棒轻轻压下,如果该位置上没有孔,金属棒就会被卡片挡住;反之,金属棒就会和水银杯接触,导通电路产生电流,使得计数器加1。

在1890年人口普查开展之前,美国普查办公室举行了一次公开招标。在三个入围的方案中,只有霍尔瑞斯的打孔卡片制表机用到了电(见图 6.10)。招标以 1 万多个真实的普查数据为样本,贯穿打孔、统计、制表等所有流程,而霍尔瑞斯以绝对的优势脱颖而出:数据录入的打孔过程,他用了 72 小时,其他两个方案各用了 100 小时和 144 小时;数据统计的过程,他以 5 小时 25 分再次夺冠,其他两个方案则分别用了 44 小时和55 小时。也就是说,打孔卡片制表机的统计速度,要比对手快 10 倍。

图 6.10　打孔卡片制表机

接下来,人口普查办公室向霍尔瑞斯租用了 106 台制表机,其全部的数据处理工作,以前所未有的惊人速度,在两年半之内悉数完成。要知道,使用原先的方法来处理数据估计要用 13 年左右,这就是科技的力量。

6.2.2　数据库的基本思想

在应用需求的推动下,在计算机硬件、软件发展的基础上,数据管理技术经历了人工管理、文件系统和数据库(DataBase,DB)三个阶段。6.2.1 节提到的打孔卡片这种方式以及原理类似的穿孔纸带和磁带来存放数据,就属于第一阶段。到了第二阶段,随着磁盘等直接存取设备的出现,操作系统中也有了专门的数据管理软件,一般称为文件系统。文件系统可以把数据组织成相互独立的数据文件,保存在计算机的外存储器上,然后利用"按文件名访问,按记录进行存取"的管理技术,对文件进行修改、插入和删除的操作。

虽然文件系统比原始的人工管理方式高级很多,但是管理数据依然有很大的问题。因为文件系统实现了记录内的结构性,但整体无结构。例如,图 6.7 所示的文件中保存了一名学生的个人信息,在这个记录内是有组织结构的——姓名、性别、民族、学号、籍贯……但是,多个此类文件之间是没有联系的:另外一个文件中另一名学生的籍贯可能和这个文件中的学生籍贯属于同一个地方,但是我们无法直接得到这个联系。还有一个财务文件中的补助信息也是这名学生的,我们却无法从这个个人信息文件直接联系到那个财务文件上去。

此外,学校很可能在不同时期委托不同部门来收集类似的数据文件,这就导致学生的各种数据分别存放于各个不同部门的不同设备之中。如果某名工作人员想了解一名学生的学习成绩、补助额度和父母亲人的情况,那就得先从教务处的一堆学生成绩文件中找到并查看该学生的每门成绩,然后再从财务处的一堆学生财务文件中找到并查看该学生的补助记录,最后还要从学生处的一堆档案文件中找到并查看该学生的直系亲属信息。这一过程不仅耗费很多时间和精力,而且很容易遗漏。

随着数据的规模增大,数据的应用越来越广泛,我们就希望能够把数据独立出来进行专门管理,不仅让记录内部方便提取信息而且记录整体也要有结构有联系,这就产生了数据库的概念。目前理论最成熟、使用最普及的就是关系数据库①,它的理论模型是 IBM 研究院的埃德加·弗兰克·科德在 1970 年提出的。所以,科德被誉为"关系数据库之父"。

从用户的观点看,关系模型由一组关系组成,每个关系的数据结构是一张规范化的二维表。以表 6.3 所示的学生基本信息登记表为例,可以简单了解一下关系模型中的一些术语。

- 关系:一个关系对应通常说的一张表,如表 6.3 所示。
- 元组:表中的一行,也就是一条记录,称为一个元组。
- 属性:表中的一列即为一个属性,给每个属性起一个名字即属性名。如表 6.3 有 6 列,对应 6 个属性(学号、姓名、年龄、性别、系名、年级)。
- 码:又称码键。表中的某个属性,它可以唯一确定一个元组。如表 6.3 中的学号,可以唯一确定一个学生,也就成为本关系的码。
- 域:属性的取值范围,如大学生年龄的域是{14,15,…,38},性别的域是{男,女},系名的域是一个学校所有系名的集合。
- 分量:元组中的一个属性值,或者说是一条记录的一个列值。

表 6.3　学生基本信息登记表(关系模型的数据结构示例)

学　号	姓　名	年　龄	性　别	系　名	年　级
200003007	小明	23	男	计算机	2000
200003015	小红	22	女	经济学	2000
200004002	小强	21	男	数学	2000
…	…	…	…	…	…

---

① 通常按照数据模型的特点将传统的数据库系统分为网状数据库(Network database)、层次数据库(Hierarchical database)和关系数据库(Relational database)三类。

关系模型要求关系必须是规范化的,即要求关系必须满足一定的规范条件,符合这些条件的数据可以称为"结构化数据"①。首先,所有元组的同一个属性的值必须类型相同,即任何一列都只有一个数据类型。表 6.4 两个元组的属性"专业"的值不是同一个数据类型:一个是字符串类型,另一个是数值类型,这就不符合关系模型的规范条件。

表 6.4 "属性值类型不统一"的示例

学号	姓名	性别	年龄	系　别	专　业	入学时间	班级
9527	张三	男	20	计算机	软件工程	2000 年	1 班
9529	李四	女	19	车辆	3	2001 年	2 班

还有一条非常重要的规范条件,就是关系的每一个分量必须是一个不可分的数据项。也就是说,不允许表中还有表。表 6.5 中"工资"和"扣除"都是可分的数据项,"工资"又分为"基本工资"、"津贴"和"职务工资","扣除"又分为"房租"和"水电",这就不符合关系模型的要求。

表 6.5 "表中有表"的示例

职工号	姓名	职称	工　资			扣　除		实发
			基本	津贴	职务	房租	水电	
86051	陈平	讲师	1305	1200	50	160	112	2283
72034	张伟	副教授	1820	1500	90	200	110	3100
…	…	…	…	…	…	…	…	…

表 6.5 所展现的这种表称为"报表",它虽然不满足规范条件,但往往是人们在工作生活中经常用到的,它可以由数据库中的"基本数据表"关联组合,最终呈现在用户的面前,如图 6.11 所示。从这里可以看出数据库的一个作用,那就是把"原始数据"格式化存储成一个一个符合关系模型的"基本数据表",然后用这些基本表来关联组合成我们所需要的"统计报表"。

如何定义这些关系模型,如何存储这些"基本数据表",如何掌握这些基本表之间的"关系",如何对数据进行各种修改、插入和删除的操作,这些问题处理起来都需要专业化的技能和复杂的流程。此外,还会出现多个用户(或者应用程序)同时对数据库进行

① 结构化数据是指存储在数据库当中、有统一结构和格式的数据,这种数据比较容易分析和处理。非结构化数据是指无法用数字或统一的结构来表示的信息,包括各种文档、图像、音频和视频等,这种数据没有统一的大小和格式,给整理和分析带来了更大的挑战。

职工号	姓名	职称
86051	陈平	讲师
72034	张伟	副教授
…	…	…

职工号	基本工资	津贴	职务补贴
86051	1305	1200	50
72034	1820	1500	90
…	…	…	…

职工号	房租	水电
86051	160	112
72034	200	110
…	…	…

职工号	姓名	职称	工　资			扣　除		实发
			基本	津贴	职务	房租	水电	
86051	陈平	讲师	1305	1200	50	160	112	2283
72034	张伟	副教授	1820	1500	90	200	110	3100
…	…	…	…	…	…	…	…	…

图 6.11　通过查询数据库基本表生成统计报表

操作,甚至同时存取数据库中同一个数据的情况。这就需要一种系统软件,也就是我们常说的"数据库管理系统"来帮助用户管理数据库。如图 6.12 所示,用户可以直接根据实际应用来发送命令操作数据(在抽象意义下处理数据),而不必顾及这些数据在计算机中的布局和物理位置,具体的技术细节和异常处理都交给数据库管理系统即可。

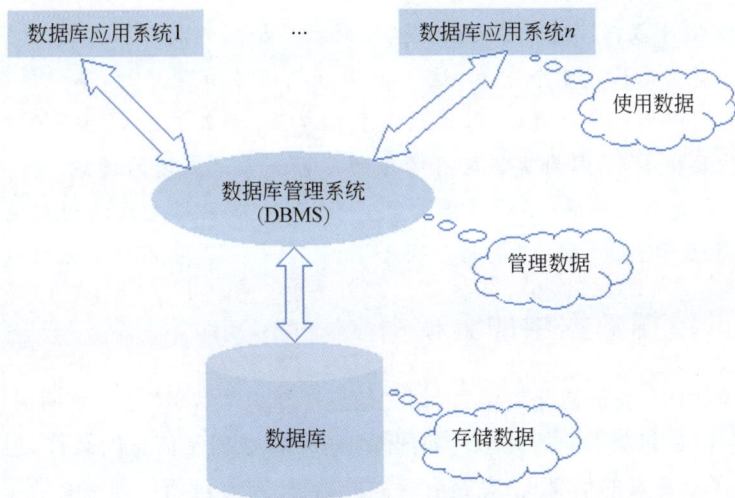

图 6.12　数据库系统框架①

---

① 数据库系统一般由数据库、数据库管理系统及其开发工具、应用系统和数据库管理员组成。在一般不引起混淆的情况下,常常把数据库系统简称为数据库。

浅谈数据的类型

在日常生活的使用中,我们经常看到各种形式的数据。它们之间到底有什么区别呢? 可以按照它们的性质粗略地分为三种不同的类型:数值数据、类别数据、顺序数据。

(1) 数值数据:是通过"测量获得的数字",也是我们最熟悉的数据类型。例如,小明和小红的身高分别是 175cm 和 160cm,体重分别为 70kg 和 50kg。数值数据最为明显的特征,就是可以对它们进行直接的算术运算。对两位小朋友的身高进行简单的加减(175－160＝15),就能得知小明要比小红高 15cm。

(2) 类别数据:指"事物类别、状态的名称",这种数据是文字的。例如,在购物网站上选择单击那些商品类别——服装、数码、图书等,这些都可以看作那些商品的数据。因此,一件春季运动上衣的类别就是服装,而不可能出现在数码类别里。对于这些数据,同样可以用数字来进行表示,例如用 1 来表示服装、用 2 来表示数码、用 3 来表示图书等。显然,这件春季运动上衣的类别就是 1。但无法通过直接的算术运算来获取信息,例如"服装＋服装"(1＋1),进而得出"两件服装等同于一件数码",这就完全不靠谱了。

(3) 顺序数据:顾名思义,就是"按照顺序排列的属性",也是文字的。例如,一年有春夏秋冬 4 个季节,这 4 个季节之间是有顺序的,不能随意调整。同样,也可以用数字来表示,如果用 1 表示春天,那么 2、3、4 就必须分别表示夏天、秋天和冬天,因为这些是有顺序的。再如考试成绩的评级——A、B、C、D 和 E,也是有顺序的,不能随意打乱。当然,顺序数据也无法通过直接的算术运算来获取信息,就像"夏天＋秋天"或者"A－C"是没有什么意义的。

6.2.3 挖掘数据中的金矿

在日常使用中,我们总是混淆"数据""信息""知识""智慧"这 4 个词语,其实从专业角度来看,它们是完全不同的概念。如图 6.13 所示,数据是信息的载体,但并非所有的数据都承载了有意义的信息;信息是有背景的数据,需要对相关领域有所了解的人才能将其提取出来;知识要更高一个层次,也更加系统,是经过人类的归纳和整理,最终呈现规律的信息;而智慧则是根据运用已有知识,对获取的信息进行分析,并找出解决问题的方案的能力。

更加严谨一点的描述如下:

• 数据是对现实世界的测量或抽象。

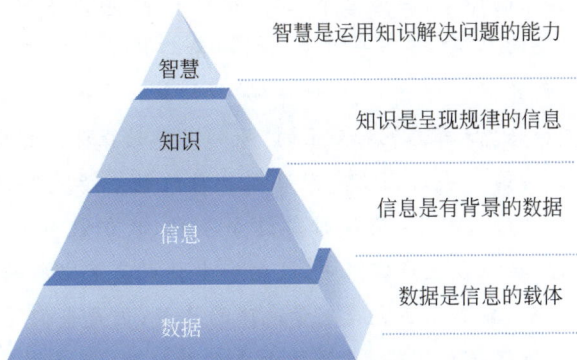

图 6.13 数据-信息-知识-智慧体系（DIKW 体系）

- 信息是经过处理、结构化、附加上下文解释的数据。
- 知识是人类已经理解和整理好的信息，具有规律性。
- 智慧是根据已有知识适时采取行动。

为了便于理解，举一个生活中的例子："30"是一个传统意义上的数据；给它赋予背景之后就成了"今年北京 7 月 16 日，气温 30℃"，这就是一个有逻辑含义的信息；结合着每年北京 7 月每天的温度信息，就可以进一步提炼出气候规律——"北京 7 月份的平均气温全年最高，天气炎热"，这就形成了知识；如果能够利用这个气候方面的知识，7 月份在北京策划一次防暑产品或避暑旅行的推介会，进而解决了该公司的经营业绩问题，这就可以称得上有智慧了。

再举一个科学史上的例子：人们通过测量星球的位置和对应的时间，就得到了大量的天文数据；在这些数据的基础上可以计算出星球运动的轨迹，就是更为抽象信息；通过这些信息进一步总结出来的开普勒三定律[①]，也就是更有意义的知识；如果利用这些知识能够预测天文现象、确定时间节气，从而改变人们的生活和周围的世界，这就是智慧的体现了。

数据从哪里来？

数据最早的来源是测量，其狭义的定义——"有根据的数字"——强调的就是对客观世界的测量结果。数字之所以出现，是因为人类在实践中发现，仅仅用语言、文字和图形来描述这个世界是不精确的，也是远远不够的。例如，有人问"天安门广场有多大？"，如果回答说"很大""非常大""最大"，别人听了

---

① 开普勒定律是德国天文学家开普勒提出的关于行星运动的三大定律，分别称为椭圆定律、面积定律和调和定律。

只能得到一个抽象的印象,因为每个人对"很""非常"有着不同的理解,"最"也是相对的,但如果回答说"44 万平方米",就一清二楚了。

除了测量,新数据还可以由"原始数据"经计算衍生而来。我们说的"原始数据",并不是"原始森林"这个意义上的"原始",原始森林是指天然存在的,而原始数据仅仅是指第一手的且没有经过人为篡改的。毕竟,无论测量和计算都是人为的,没有"纯天然"。有了计算这个手段,我们就可以得到一些衍生的、间接的数据。在很多生产实践中,这些衍生数据甚至比原始数据更能起到直接的作用。例如,我们无法直接测量地球的质量,但是我们还是可以通过测量地球上的物体质量和自然现象,计算出重量加速度、万有引力恒量、地球半径等数据,然后再通过这些数据进一步计算出地球的质量。

进入信息时代之后,"数据"二字的外延开始不断扩大:不仅指代"有根据的数字",还统指一切保存在计算机中的信息,包括档案资料、设计图纸、病例、影像资料等。文本、音频、图像、视频的来源往往不是对世界的测量,而是对世界的一种记录,所以信息时代的数据又多了一个来源——记录。

随着信息系统的普及,各行各业的数据数量和种类激增,产生了一大堆的问题。例如,信息过量,难以消化;鱼龙混杂,真假难辨;形式不一,不好处理……数据库系统的建立和运行,虽然可以高效地实现数据的录入、查询、统计等功能,但难以发现数据中隐含的关系和规律,无法根据现有的数据预测未来的发展趋势,这就导致了"数据爆炸但知识贫乏"的现象。20 世纪 90 年代,管理大师彼得·德鲁克[①]就曾经发出感叹:迄今为止,我们的系统产生的仅仅是数据,而不是信息,更不是知识!

数据挖掘(Data Mining,DM)就是通过特定的计算机算法来取代人工,对大量的数据进行自动的分析,从而揭示数据之间隐藏的关系、模式和趋势,为决策者提供新的知识。由于早期各行各业的主要数据大都按照固定的格式存储在数据库中,这样也有利于提高计算机处理的效率。所以,在某些场合下,数据挖掘也被人们称为数据库中的知识发现(Knowledge Discovery in Database,KDD)。

我们可以简单地把数据挖掘理解为"对数据进行挖山凿矿式的开采",如图 6.14 所示。数据挖掘的主要目的有两个:一是要发现潜藏在数据表面之下的历史规律,二是通过现有数据对未来进行预测。前者称为描述性分析,后者称为预测性分析。在商业应用上,很多超市会从购物记录中挖掘"哪些商品常常会被顾客同时购买",这就是一种典型的描述性分析;如果通过考察现有的历史数据,以特定的算法估计某种商品下个月

---

① 彼得·德鲁克(Peter F.Drucker),现代管理学之父,其著作影响了数代追求创新以及最佳管理实践的学者和企业家们,各类商业管理课程也都深受其思想的影响。

的销售量(以确定进货量),则是一种预测性分析了。

图 6.14　在数据中挖山凿矿

利用数据挖掘进行营销策划

零售帝国沃尔玛公司拥有世界上数一数二的数据库系统,也是最早应用数据挖掘技术的企业之一。在一次例行的数据分析之后,研究人员突然发现:跟尿布一起搭配购买最多的商品竟然是啤酒! 尿布和啤酒,听起来风马牛不相及,但这是对历史数据进行挖掘的结果,反映的是潜在的规律。于是沃尔玛公司随后对啤酒和尿布进行了捆绑销售,并尝试着将两者摆在一起,结果使得两者销量双双激增,为公司带来了大量的利润。后来的跟踪调查发现,在美国有孩子的家庭中,太太经常嘱咐丈夫下班后要去超市为孩子买尿布,而 30%～40% 的丈夫会在买完尿布以后又顺手买点啤酒犒劳自己。

天睿资讯(Teradata)公司与沃尔玛公司进行合作,从 2004 年开始对沃尔玛公司所有的历史交易记录进行整合与分析。发现每次飓风来临,不仅手电筒、电池、水这些商品热销,而且一种袋装小食品 Pop-Tarts 的销量也会明显增加。于是,飓风来袭之前,沃尔玛就提高 Pop-Tarts 的仓储量,以防脱销,并且把它和水捆绑销售。研究人员后来发现,这个规律的背后原因是:一方面美国人喜欢此类甜食,另一方面 Pop-Tarts 在停电时吃起来非常方便。如果没有数据挖掘,Pop-Tarts 和飓风的微妙关系就难以被发现。

数据挖掘把数据分析的范围从"已知"扩大到了"未知",从"过去"推向了"将来",这也是商务智能(Business Intelligence)[①]真正的生命力和"灵魂"所在。它的发展和成

[①] 1989 年,高德纳咨询公司的德斯纳在商业界给出了"商务智能"的一个正式定义:商务智能指的是一系列以事实为支持、辅助商业决策的技术和方法。

熟,最终推动了商务智能在各行各业的广泛应用。

6.3　大数据

　　人类社会现在到底有多少数据？数据的增长速度究竟有多快？许多人试图测量出一个确切的数字。据有关资料显示,从人类文明出现到 2003 年,人类留下来的所有数据可以装满 100 万个容量为 1TB[①] 的计算机硬盘。而如此庞大规模的数据量,在此后的人类社会里不到两天就能产生出来！到了 2007 年,人类的数据存储总量竟然在短短 4 年之中增长了 300 倍,足以装满 3 亿个容量为 1TB 的计算机硬盘！在这种不可思议的变化中,"大数据"一词开始出现在媒体上,进入了大众的视野,并逐渐成为最火的科技概念。

6.3.1　大数据的特征

　　什么是大数据？麦肯锡全球研究所给出了一种定义：一种规模大到在获取、存储、管理、分析方面远远超出了传统数据库软件工具能力范围的数据集合,具有海量的数据规模(Volume)、快速的数据流转(Velocity)、多样的数据类型(Variety)和价值密度低(Value)四大特征。如图 6.15 所示,这 4 个特征的英文单词都是以 V 开头,所以就称之为大数据世界的 4V 定律[②]。

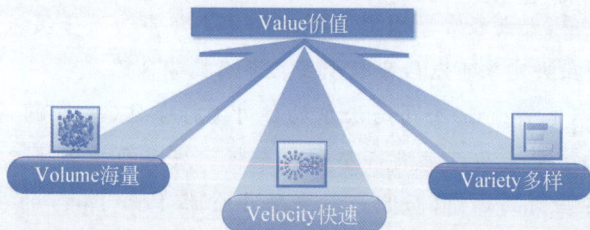

图 6.15　大数据的 4V 定律

　　大数据最明显的特征就是规模大(Volume),但仅仅有大量的数据并不一定是大数据,前几年出现过一个术语"海量数据"就是专指规模非常大的数据。其实,大数据还有一个尤为重要的特征,就是多样性(Variety),这主要体现在两方面：一方面是数据来源多,服务器、PC、手机、便携式计算机以及遍布地球各个角落的形态各异的传感器时时

---

①　太字节,数据计量单位,英文缩写为 TB,等于 2^{40} 字节。
②　还有一种 5V 定律的说法,其中多了一个特征就是数据的真实性(Veracity)。

刻刻都在收集数据,产生了不计其数的业务数据、行为数据和环境数据;另一方面是数据类型多,以前的数据分析主要利用的是关系数据库里存放的结构化数据,并没有用到诸如图片、音频、视频、网页之类的非结构化和半结构化数据,而这些非结构化和半结构化数据才是大数据的主要组成部分,它们的加入极大地丰富了可以利用的数据类型。

"多样性"的说法有一定的歧义,从本质上讲用"多维度"一词则更加简明而准确。其实人类一直是靠这种方式来判断世界,只不过以前没有这么丰富的信息记录工具而已。例如,网上有个朋友找你借钱,你怎么判断有没有问题?仅仅通过发过来的信息,就算几千字的长篇大论也不足取信,因为这只是一个维度而已;于是,你可以让他打电话过来,听听声音是不是他的,这就有了另一个维度的信息来佐证;如果还不放心,你再和他来个网络视频会议,不仅能看看相貌是不是他本人,还能观察他气色正不正常、周边环境是否异常(以防被传销洗脑之类)……这种用多维度的信息来综合决策的方法,就是大数据的正确使用方式。

如图 6.16 所示,iPhone 手机上的智能语音助手 Siri 就是多维度数据处理的典型代表。用户可以通过语音、文字等多种输入方式与 Siri 沟通交流,就像面对一台智能机器人一样(只不过藏身于 iPhone 里面)。Siri 不仅可以帮助用户调用系统自带的天气预报、日程安排、搜索资料等应用程序,还能给用户读短信、介绍餐厅、询问天气、设置闹钟、预订机票。由于 Siri 接触到了如此多维度的数据,它会变得越来越人性化,甚至能依据用户的家庭地址、当前所处位置和平时的选择偏好判断哪些网络搜索结果更符合用户的心意,例如,推荐附近合乎口味的餐厅、找到方便快捷的公交站点、帮醉酒的主人打车回家……为了让 Siri 更加聪明,苹果公司还引入了谷歌公司、维基百科等外部的数据源,通过更多维度的数据来提升它的能力。未来版本的 Siri 或许可以用各地的方言来为中国用户服务,例如四川话、湖南话和广东话等。

图 6.16　智能语音助手 Siri

"天下武功,无坚不摧,唯快不破。"这是电影《功夫》里的一句台词,在大数据中也同样适用。数据的增长速度之快，可以说远远超出了摩尔定律的预期，这就需要我们在存储、传输和处理等各个环节都要跟上。一言以蔽之，就是"数据产生的快，处理也要快！"毕竟，很多数据跟新闻一样，具有"时效性"。所以有一个著名的"1秒定律"，即要在秒级时间范围内给出分析结果，超出这个时间，数据很可能就失去价值了。IBM公司有一则"1秒，能做什么？"的广告，通过实例告诉你：1秒，能检测出中国台湾的铁道故障并发布预警；也能发现美国得克萨斯州的电力中断，避免电网瘫痪；还能帮助一家全球性金融公司锁定行业欺诈，保障客户利益……

如果我们获取和处理数据的速度足够快，就可以做到很多过去做不到的事情，城市的智能交通管理就是一个绝佳的例子。谷歌公司在2007年刚刚推出谷歌地图交通路况信息服务时，世界上很多大城市都已经设置了交通管理（或者控制）中心。但是它们能够得到的交通路况信息最快也有20分钟滞后，这就导致用户通过谷歌地图看到的是接近半小时前的情况了。随后几年里，能够定位的智能手机逐渐普及，而且大部分用户都开放了他们的实时位置信息。于是，做地图服务的公司，如谷歌或百度公司，很容易通过智能手机上的传感器实时地获取任何一个人口密度较大的城市的人员流动信息（见图6.17）。而且从数据采集、数据处理，到信息发布中间的延时微乎其微，所提供的交通路况信息要及时得多。当然，更及时的信息可以通过分析历史数据预测。一些科研小组和公司的研发部门，已经开始利用一个城市交通状况的历史数据，结合实时数据，预测一段时间以内（如1小时）该城市各条道路可能出现的交通状况，并且帮助出行者规划最优的出行路线。

2020年年初，全球各地陆续爆发新型冠状病毒，这场突如其来的灾难成了21世纪以来人类面临的最大挑战。由于新型冠状病毒的传染性极强，一旦某人被确诊，我们就要知道他去过哪里，和哪些人接触过。只有把所有潜在的病毒传染源全部找到并及时隔离，才能把损失减小到最低程度。以前我们只能依靠确诊患者的回忆，但患者此刻正在被病魔折磨，不可能记清楚所有的细节，难免出现错漏。这时大数据就可以发挥作用了。公共卫生防疫部门可以通过电信运营商和互联网公司获取这个人近期的行踪轨迹，即每天他去过哪里？用过何种交通工具？在每个地方停留过多久？和哪些人的行踪有交集？相关机构也很快开发出了"健康宝"等手机软件，每天进入商场、小区、办公楼时都让"扫码"登记个人信息。如此一来，每个人的数据都在云端进行"碰撞"，一旦发现和患者有接触，系统就会发出警报提示需要重点关注或隔离。疫情初期，我国的数字地图公司还绘制出了人口迁徙大数据地图，可以回溯春节前后武汉近500万人的流动情况，这对疫情的防控也起到了很大的作用。

由于大数据的体量大、种类多、速度快，因而也造成了其价值密度低的特点。也就是说，高价值的信息隐藏在大量纷繁复杂的无用数据之中，而我们需要像"淘金"一样进

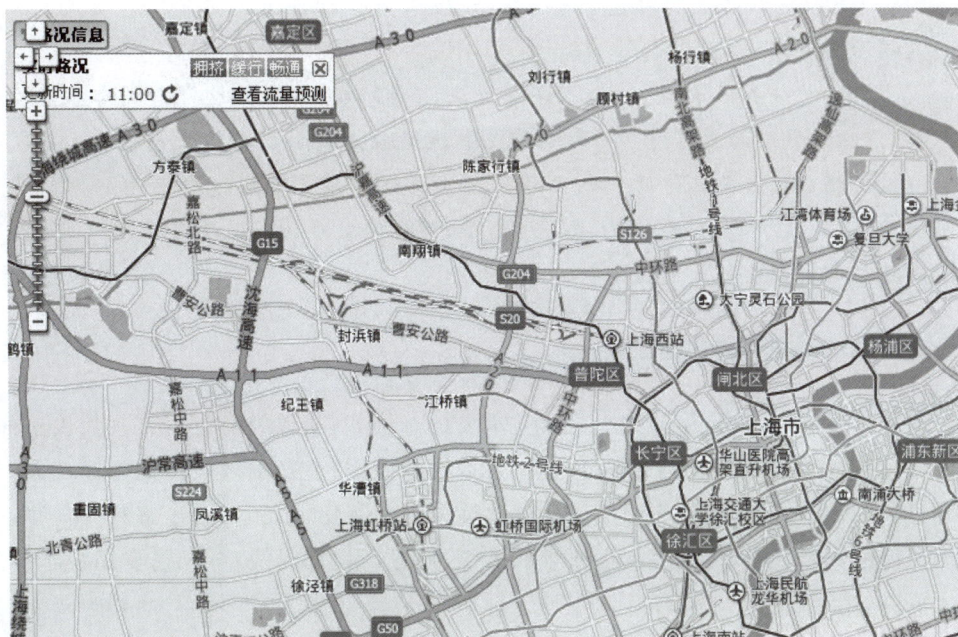

图 6.17 百度地图的实时路况示例

行筛选、整理、提炼，才能收获我们真正想要的东西。举例来说，如果一个摄像头的监视范围是 200m，我们可以安装 10 组摄像头对一条 2km 长的公路进行全程录像监控。如果每个摄像头每秒拍摄 30 幅画面，那么这 10 组摄像头一天要拍摄两千多万幅画面，一年下来产生的数据不可谓不大。但是，我们不可能长期保存如此大规模的数据，毕竟成本太高。何况这么多的数据里面，真正有用数据可能只有 1% 甚至更少。于是，如何通过更加先进的技术及时完成数据的价值"提纯"，成为了目前大数据背景下亟待解决的难题。

为什么是"big"而不是"large"？

英语单词"big"、"large"和"vast"都有"大"的意思。而且在大数据被提出之前，很多通过收集和处理大量数据进行科学研究的论文，基本都采用"large"或"vast"这两个英文单词，很少用"big"。那么，这三个单词到底有什么差别呢？

"large"和"vast"常常用于形容体量的大小，只是在程度上略有差别，"vast"可以看成"very large"的意思。而"big"更强调的是相对于小的大，是抽象意义上的大。例如，"large table"表示一张桌子的尺寸很大，非常具体。

"big table"则抽象地强调这不是一张小桌子(可以称得上大桌了),真实尺寸是否很大倒不一定。

仔细推敲英语中"big data"这种说法,我们不得不承认这个遣词非常准确,它从抽象层面上传递了一种信息——大数据是一种思维方式的改变。数据量的增加仅仅是具体的一个方面而已,更多的是量变带来的质变,是一种境界的不同。在大数据的时代,思维方式、做事方法就应该和以往有所区别。这也是帮助我们理解大数据概念的一把钥匙。

6.3.2 大数据的思维

对物理世界来说,物体的大小是非常重要的。例如,在人类身处的常规尺度下面,用双眼就可以观察现象,用牛顿物理学就足以解释原因;但是随着尺度的不断变大,到星球这类天体的规模时,就必须用天文望远镜来观察宇宙,用相对论来解释其规律;而随着尺度的不断变小,尤其是到了原子的内部,用显微镜都无法观测,需要用粒子加速器去探究,用量子理论来解释。

同样,对于数据而言,规模也是异常重要的。从以往的小数据发展到如今的大数据,量变引发质变,人类有机会更加深入地探索现实世界的规律,获取过去不可能得到的知识,抓住以前无法企及的商机。但是,这也给我们提出了挑战——原先的思维方式和方法套路已经不再适用,需要做好充足的准备,变革我们的思维,寻求与之匹配的技术。

1. 从随机样本到全体数据

在计算机出现之前的漫长历史中,由于使用的工具所限,大量的收集、储存和处理数据对人类而言始终是一种挑战。所以,我们的祖先就把与数据交流的困难看成自然而然的、无法逾越的,只能想方设法地把数据量缩减到最少,用尽可能少的数据来证实尽可能重大的发现。这种方法逐渐发展为"样本分析法",旨在通过分析收集到的一部分数据来推断总体的规律。

假设有一所规模较大的学校:师生人数多达几万,每天都可能有入学、培训、入职进来的,也有退学、交流、离职出去的人。在信息系统没有普及的年代,就算学校的相关部门也很难及时掌握当下的具体人口数据。而我们要想独自计算出这所学校的男女比例,该怎么办?最省时省力的方式就是,站在学校人流量最多的路口(一般在宿舍、教室、食堂必经之路的交汇处)数一数一天的人流量。如果发现有 1752 名男生和 584 名女生经过这个路口,那么大致可以得出"这个学校男生略多于女生"的结论。当然,不能说这个学校的男女生比例就是 1752∶584,只能说"差不多是 3∶1"。在此过程中,整个学校的实际人数称为总体;观测或调查到的这部分个体(2336 个人)称为"样本";从总体中拿出一部分个体来研究的行为,称为"采样",又称"取样"或"抽样"。

用部分个体的数据来获得总体的结论,统计学这套方法很是诱人。但要注意,抽取的样本数量要充分、要有一定的规模,才能反映出整体的规律。例如,某个清晨,你还是到学校的那个路口站上两分钟,看到 3 名男生和 7 名女生走过,你敢据此得出"这个学校 7/10 都是女生"的结论吗? 显然,你的统计样本数量太少,可能完全是凑巧。或许你等到深夜再去数一数,两分钟只走过去 8 名男生 1 名女生,你同样不能据此得出"这个学校 8/9 都是男生"的结论。可见,采样数据只有达到一定的规模,才能忽略其误差……

除了要求样本数量足够多,统计还要求采样的数据具有代表性。如果你跑到学校男生宿舍的楼道里坐上一宿,或者在男澡堂里泡上一天,见到了上千名男生,这下样本数量是够多的了,但是你应该不会相信"这个学校没有女生"的谬论吧? 不要笑,大家在生活中经常会犯类似的错误。作者曾经见到过学生社团假期在自习室发放调查问卷,统计学生对教学进度和课程难度的看法。这种调查方式肯定有问题(如果没有其他补充的调查方法),因为假期还在自习室学习的学生一般都是学业不错的,很可能都认为教学进度合理甚至稍慢,课程难度适中或者不大。而那些跟不上教学进度、学习非常吃力的学生,往往不爱上课,更别提在假期去自习室了。没有给这部分学生填写调查问卷的机会,就是采样存在偏好、没有代表性,推断出来的结果很可能不符合真实情况。

统计学家认为,样本分析的精确性随着采样随机性[①]的增加而大幅提高,与样本数量的增加关系不大。也就是说,样本选择的随机性比样本数量更重要。这一观点为我们开辟了一条收集信息的新思路。通过收集随机样本,我们可以用较少的花费做出高精准度的推断。因此,政府每年都可以用随机采样的方法进行小规模的人口普查,而不是只能每 10 年搞一次"全民运动"。在商业领域也是一样,以前对生产出来的每个产品都要进行质量检测,而现在只需要从一批商品中随机抽取部分样品进行检查就可以了。

随机采样取得了巨大的成功,成为统计学、现代测量领域的支柱方法。但这只是一条捷径,是在不可收集和分析全部数据的情况下的选择,它本身存在许多固有的缺陷。其成功依赖于采样的绝对随机性,但是实现起来非常困难。一旦采样过程中存在任何偏见,分析结果就会相去甚远。

通过上述分析,可以看出在信息处理能力受限的时代,我们缺少收集、存储和分析所有数据的工具,所以随机采样应运而生。现如今,随着技术的进步,PC、平板电脑、智

---

① "随机原则"是指在选取样本的时候,每个个体都有同等被抽到的机会,这就保障了样本的分布和总体趋于一致。

能终端和无数大大小小的传感器都可以收集想要的数据,对数据的快速处理也不是很大的问题了。所以,我们要转变思维方式——只要有可能,就要收集所有的数据,即"样本=总体"。

2013 年 9 月,百度公司发布了一个颇有意思的统计结果——《中国十大"吃货"省市排行榜》。百度公司没有做任何民意调查和各地饮食习惯的研究,它只是从"百度知道"的 7700 万个与吃有关的问题里"挖掘"出来一些结论,而这些结论看上去比任何学术研究的结论更能反映中国不同地区的饮食习惯。我们不妨看看百度公司给出的以下一些结论:

在关于"××能吃吗"的问题中,福建、浙江、广东、四川等地的网友最经常问的是"××虫能吃吗",江苏、上海、北京等地的网友最经常问的是"××的皮能不能吃",内蒙古、新疆、西藏的网友则最关心"蘑菇能吃吗",而宁夏网友最关心的竟然是"螃蟹能吃吗"。宁夏网友关心的事情一定让福建网友大跌眼镜,反过来也是一样,宁夏网友会惊讶于有人居然要吃虫子。

百度公司做的这件小事,其实就是大数据的一个典型应用,它有这样一些特点:第一,数据非常充足,7700 万个问题和回答可不是一个小数目,这不是随机采样,而是现有手段可以获取的全部数据;第二,这些数据维度非常之多,它们不仅涉及食物的做法、吃法、成分、营养价值、价格、问题来源的地域和时间等显性的维度,而且还藏着很多外人不注意的隐含信息,例如提问者或回答者使用的计算机(或手机)以及浏览器,这些维度并不是明确给出的(这一点和传统的调查问卷不一样),因此在外行人看来,原始数据是相当杂乱的,但这恰恰保障了数据包含的信息没有缺失,分析起来全无死角,从而将原来看似无关的维度(时间、地域、食品、做法和成分等)联系了起来;第三,数据来源就是大家在网上随意的搜索和留言,很多都是匿名的,这就没有提问和回答的压力以及各种顾虑,也没有功利性的目的,有什么就是些什么,自然而然,更接近人们的真实想法。

可见,互联网公司进行大数据分析之前,设计师的头脑里既没有预先的假设(限定哪些方面的信息),也不知道能得出什么样的结论,这种思维方式和传统的随机采样完全不一样。正是因为典型的大数据具有多维度和完备性,可以轻易恢复出对事物全方位的完整描述,那些在过去看来很难处理的问题便可以迎刃而解了! 于是,既不用投入大量精力设计一个非常好的问卷,也无须从不同地区寻找具有代表性的人群进行调查,更没有必要担心漏掉某个维度以致整个统计过程重新来过。如图 6.18 所示,大数据彰显出来的威力就是建立在掌握所有数据,至少是尽可能多的数据的基础之上的,即"样本=总体"。

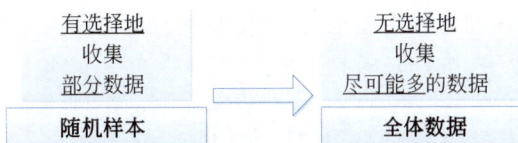

图 6.18 利用全体数据的思维转变

2. 从追求精确到观其大略

对"小数据"而言,最基本、最重要的要求就是减少错误,保证质量。因为收集的样本比较少,所以我们必须确保每个样本数据尽量精确。例如,通过打靶成绩来判断士兵的业务能力是否过硬:如果只进行 5 次测试,如图 6.19(a)所示,我们就会判定右侧靶位的士兵更优秀,因为左侧靶位的士兵有一枪差点脱靶,虽然这可能只是一个偶然的发挥失常,或者是一些场外因素干扰,又或者是枪械的小故障……如果把平时多次正规测试的成绩都拿过来,如图 6.19(b)所示,我们就会发现两位士兵的成绩没有什么差别,稳定性都不错。左侧那个几乎要脱靶的一枪,应该就是一个意外,对于大量测试样本来说,可以作为一个"小概率事件"忽略掉。如果算一下平均成绩,这个"孤立点"[①]多出的几环被几十甚至上百整除,结果完全在可接受的误差范围之内。

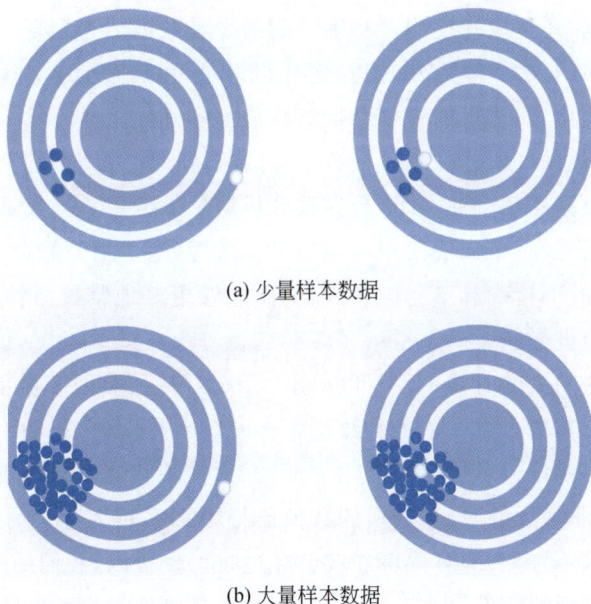

(a) 少量样本数据

(b) 大量样本数据

图 6.19 两种规模的样本数据对比

---

① 孤立点(Acnode)是指在数据集合中与大多数数据的特征不一致的数据。

我们评判一个组织的优良中差也是一样,在只有两三个人的团队中,一个成绩记录错误了,如升降了十来分,都会导致平均成绩浮动三五分,直接影响到对团队优良层次的判断。但对于一个两三千人的团队来说,某个成绩的记录错误,仅仅导致平均成绩浮动零点零几分,甚至零点零零几分,对团队总体判断的影响微乎其微。

假设要测量全球气温状况,手头只有几个温度测量仪,那就必须保持它们都是精确的而且能够一直工作。即便如此,得到的数据也仅仅是几个代表性地点的温度而已,无法关注类似"每个城市"这一层次的细节。如果每平方千米都有一个或多个测量仪(这个数量是相当可观的,仅仅中国就超过了 960 万个),有些数据很可能会是错误的(偶尔失灵了,被动物碰坏了,地质灾害失踪了),可能更加混乱。但众多的读数合起来就可以提供一个更加全面、更加可靠、更加有用的结果。因为更多的数据不仅能抵消掉测量错误的影响,还能提供更多的额外价值。

我们还可以控制这些温度测量仪的工作强度(测量频率),从而获取更多的数据。如果每隔一分钟就测量一次温度,我们至少还能够保证测量结果是按照时间有序排列的。如果变成每分钟测量 10 次甚至 100 次,那么不仅读数可能出错,连时间先后都可能搞混。再加上全球的温度数据都通过网络传输过来,某条记录很可能在某个拥塞的结点发生延迟,甚至丢失。如此一来,我们得到的信息可能更加混乱,但是直接使用如此庞大规模的数据,还是要比使用严格筛选后的少量数据更为划算。理论上讲,如果我们能够投入足够多的人力、物力和时间,这些错误是可以避免的。但在很多情况下,与致力于避免错误相比,对错误的包容会带给我们更多好处。

在过去的"小数据"时代,任意一个数据点的测量情况对结果都至关重要。所以,我们需要确保每个数据的精确性,才不会导致分析结果的偏差。当大量数据迅速涌来时,我们就不再期待精确性,也无法实现精确性了。然而,除了一开始会与我们的直觉相矛盾之外,接受数据的不精确和不完美,我们反而能够更好地掌握事情的发展趋势,也能够更好地理解这个世界。

你在浏览一些网页的时候不仅可以单击"喜欢"按钮(类似于微信朋友圈的点赞),还可以看到有多少其他人也在单击。数量不多时,会显示像"36"这种精确的数字。当达到一定规模之后就只显示近似值,如"5000"。这并不代表系统不知道正确的数据是多少,只是在数量非常大的时候,确切的数值已经不那么重要了。另外,数据更新得非常快,甚至在刚刚显示出来的时候可能就已经过时了。所以,我们的电子邮箱会精确标注在很短时间内收到的信件,如"7 分钟之前"。但是,对于已经收到一段时间的信件,则会标注如"两个小时之前"这种不太确切的时间信息。

在上哲学课时,老师就告诫我们:"要抓住事物主要矛盾的主要方面,忽略次要矛盾的次要方面。"其实对于大数据来说也是一样,在很多场合下快速获得一个大概的轮廓和发展脉络,要比追求部分数据的精确性重要得多。何况,一旦我们的视野局限在我们可以分析和能够确定的数据上时,我们对事物的整体理解就可能产生偏差和错误。不仅失去了去尽力收集一切数据的动力,也失去了从各个不同角度来观察事物的权利。

大数据强调的这种"大局观"思维,也可以类比一下印象派的画风——走近细看,画中的每一笔感觉都是混乱的,但是退后一步,你就会发现这是一幅伟大的作品。因为你退后了一步,就放弃了对局部细节的精确观察,这反而促使你能抓住事物的主要方面,从而看出这幅画作的整体思路了。正如数据科学家维克托·迈尔-舍恩伯格所说:"只要我们能够得到一个事物更完整的概念,我们就能接受模糊和不确定的存在。"

3. 从因果关系到相关关系

在日常生活中,人们都希望通过因果关系来了解这个世界。我们也相信,只要仔细观察研究,总会发现万事万物的起因。于是,当几件事情连续发生时,我们会习惯地从因果角度看待它们,而忽略了其他因素。例如,这三句话:"小明迟到了。教导主任来了。任课老师生气了。"我们看到这里,立马就会认为任课老师之所以生气,就是因为小明在教导主任检查的时候迟到了。实际上,我们不知道到底是什么情况,但是我们还是容易臆想出这种因果关系。

在我们的学生时代,经常有老师给我们灌输一些"错误"的因果关系。如图 6.20 所示,"在学习上花费的时间越多,学习成绩就越好。"实际上,很可能是有了足够浓郁的学习兴趣,才导致了你在学习上花费的时间长,同时也导致了你学习成绩优异。所以,学习时长和学习成绩之间只是相关关系而已。又如,"经常参加模拟测验,考试分数就高。"实际上,很有可能是你经常参加模拟考试的行为,引起了老师的关注——这名学生很上进啊,然后老师的鼓励又提升了该学生的自信心和执行力,进而影响到了考试分数。所以,模拟测验和考试分数之间也只是相关关系而已。其实,这里面还有更多、更复杂的相关因素,我们没有经过严格的证实,就凭直觉形成了自以为正确的因果关系。这不仅是对师长的敬重和信仰的执着,也是我们大脑用来避免辛苦思考的捷径。

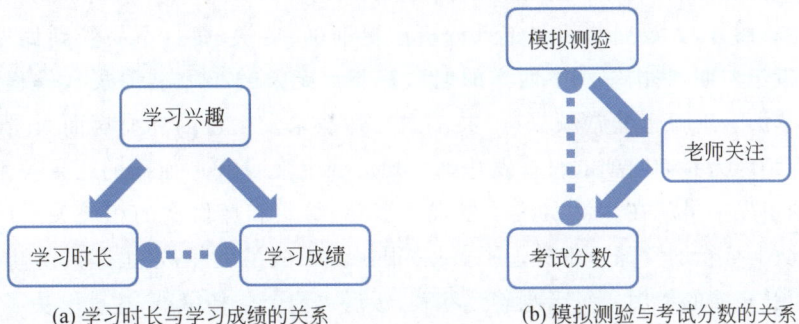

(a) 学习时长与学习成绩的关系　　(b) 模拟测验与考试分数的关系

图 6.20　曾经误认为是因果关系的相关关系

那么如何才能得到我们想要的因果关系呢?显然不能只是通过简单的观察和联想,即使我们慢慢思考和反复地调查,想要发现因果关系也是很困难的。现代科学的方法论告诉我们:"得到因果关系的唯一途径是做实验。"在一个正规的实验中,研究者会在可控的情境下精心操纵和改变其中一个变量,观察这种改变对其他变量的影响,以此来考察两个或多个变量之间的关系。

有意识地通过做实验来寻找因果关系的典型事例,最早发生在 1747 年一艘英国皇家海军的航船上。当时,随着大航海时代的到来,坏血病开始彰显了它的可怕威力,无情夺走了众多远航船员的性命。15 世纪著名的葡萄牙航海家达伽马的船队绕过非洲到达印度的航线,他的 160 个船员中就有 100 多人死于坏血病,而 16 世纪麦哲伦远洋船队 200 多人的船员因为坏血病只剩下 35 人到达目的地。

而英国医生詹姆斯·林德一直在根据收集的资料和见闻寻找治疗坏血病的方法。于是,他找到了很多相传有效的治疗物:醋、苹果汁、稀硫酸、海水、树皮汁和柑橘类水果。在这次航船上爆发坏血病时,他决定做一个大胆的实验。他挑选了 12 名病情严重的海员,将他们分成了 6 组,给每组都配备了相同的食物和居住环境。然后,每一组在此基础上分别增加一种治疗物。几天之后,林德发现吃柑橘类水果的组员竟然基本康复了,而其他组的病情却没有什么起色。于是,林德在"论坏血病"与"保护海员健康的最有效的方法"等论文中,介绍了他的饮食疗法。

林德的研究在当时并没有得到重视,因为不是很灵光。后来又有人采用他的"分组对照实验"方法进一步做实验,发现只有新鲜的水果才能治疗坏血病(当时的技术条件下,很难保持水果的新鲜度)。一直到 200 年后,科学家才彻底搞清楚坏血病的全部机理,原来是因为人类和某些动物(猴子、豚鼠、鸟类、鱼类)体内缺乏一种酶,无法自身合成维生素 C,所以要从新鲜蔬果这类食物中得到补充。可见,对于复杂的问题,找出其中的因果关系难度非常之大,除了做大量的科学实验,还要靠足够的物质条件、无数先人的铺垫、研究者的智商和努力,甚至还需要一些运气。如果一味强求因果,不仅可能出现急于求成的谬误,而且还会延误病情。

相比较而言,大数据的相关关系分析法更准确、更快,而且不易受到偏见的影响。早在 15 世纪初期,我国郑和下西洋的船队就非常庞大(27000 名海员),航程非常遥远(到达了非洲),出行也非常频繁(一共 7 次),却从未发生过因坏血病而大量死人的事故。这不是因为我们明朝的科技发达到了知道维生素 C 和坏血病的因果关系,而是因为我们的祖先很早就在生活实践中发现了豆芽、绿茶和坏血病的相关关系(负相关)。于是,船队上货箱的空隙里都放上了黄豆,很快就长成了豆芽,这也起到防止瓷器等易碎货物相互碰撞的作用。每天吃着豆芽菜,饭后再泡上几杯绿茶,这就解决了日常所需维生素 C 的补充问题。

只要找到一个现象的良好的关联物,相关关系就可以帮助我们捕捉现在和预测未来。换句话来说,如果 A 和 B 经常一起发生,我们只需要注意到 B 发生了,就可以判断 A 也发生了或预测 A 将发生。这有助于我们捕捉可能和 A 一起发生的事情,即使我们不能直接测量或观察到 A,更重要的是,它还可以帮助我们预测未来可能发生什么。在6.2.3 节中,我们举了两个利用数据挖掘进行营销策划的例子。沃尔玛公司正是将大量的数据整合分析之后,才发现了这条规律:如果商品之间具有一定的相关性,一般为互补关系,就会增加商品的销售量。于是尿布和啤酒被摆放在了一起,成为互补的固定搭档。此外,沃尔玛公司还发现了超市里蔬菜、肉类和食用油的销售比例一般应该为100∶80∶10,如果不符合这个规律就很可能在价格、陈列或者质量上存在问题,这就需要采取措施进行及时干预了。

如图 6.21 所示,要发现相关关系,只需要整理分析已有的观测记录就可以了,具有"耗资少、费时短、比较全面"的特点,在生产生活中见效更快、更好用;而要验证因果关系,则需要在严苛的条件下进行"大样本随机对照实验",具有"耗资多、费时长、相对片面"的缺陷,得出结论的过程相对滞后,还不一定好用。所以,大数据时代的思维变革,让我们清楚了因果关系只是一种特殊的相关关系,它将不再被看成意义的唯一来源。

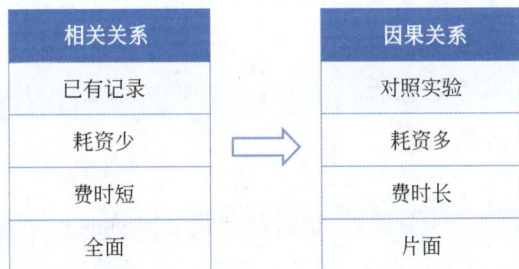

相关关系	因果关系
已有记录	对照实验
耗资少	耗资多
费时短	费时长
全面	片面

图 6.21　相关关系与因果关系

当然,因果关系还是有用的,很多情况下,我们依然指望用因果关系来说明我们所发现的相互联系。何况,相关关系分析本身也为研究因果关系做好了铺垫:通过找出可能相关的事物,我们可以在此基础上进行因果关系的分析实验。如果存在因果关系,那么我们可以再进一步找出原因。这种便捷的机制降低了因果分析的成本,避免了重复工作的浪费。

随着各种各样数据的全面开放、信息处理技术的飞速发展,我们一般人都可以直接使用相关关系来改善自己的生产生活,不再受限于各种假想。至于因果关系,我们不要过于奢求,还是让牛人在科研中去严谨地探索吧。

6.3.3　大数据的挑战

任何事物都具有两面性,在前沿科技领域尤其如此。一方面,大数据技术的发展和应用将身边的事物变得精细化、智能化和人性化,我们会有更强大的生产能力、更高效的市场格局、更完善的医疗措施,以及对人与自然更深入的认知。从这个角度看,这将是迄今为止人类文明史上最好的社会。但是另一方面,随着大数据和机器智能的不断普及,我们也会面临空前的挑战。一些在以往时期无足轻重的问题被无限放大,一些在过去社会闻所未闻的事情也纷纷涌现,这让我们忙于应付,甚至不知所措。

1. 当遗忘变成例外

我们所有人都经历过这种感觉:在路上碰到某个熟人,却无论如何也想不起来这个人的名字;在自动取款机前面,拼命回忆有一段时间没用过的银行卡密码;在停车场里四处徘徊,因为实在记不清到底把车放在了哪里。我们不喜欢总忘事,但是遗忘却非常符合人类的特征,它是我们的思维进行工作的一部分。

自人类早期开始,我们就尝试用不同的方法加强我们的记忆,例如梳理知识之间的脉络,有条理地存入我们的大脑中。同时,我们还把信息记录在各种类型的外部记忆设备中以防遗忘,例如刻在石头上、写到纸张中、存入磁带和胶片里。然而,千年以来,遗忘仍然比记忆更简单,成本也更低。所以对人类而言,遗忘一直是常态,记忆相对来说只是例外。

如今,由于信息技术的迅速发展,以往固有的观念被颠覆了——遗忘已经变成了例外,而记忆却变成了常态。一方面,广泛的数字化和廉价的存储技术,让采集数据和保存信息不仅变得人人可以负担得起,而且比删除信息所消耗的时间成本更低。另一方面,简便的数据管理工具和覆盖全球的网络技术,让我们每个人都能够随时随地访问、共享、挖掘这些庞大的信息资源。

按照常人的理解,超常的记忆多么厉害啊,应该可以带给我们更好的工作或生活能力。事实恰恰相反,持续复现的往事会让我们感觉受到了束缚,这种束缚带来的后果很严重,不仅约束了我们的日常生活,限制了我们的决策能力,还阻碍了我们与正常人建立紧密的联系。

为了形象地展示这一后果,我们假想以下这样的场景:

有一天晚上小红在家,收到了朋友小明发来的一条微信。作为发小,他们有着20多年的友谊,但是这两年,各自组建家庭有了孩子后只碰面过几次。小红仍然记得几个月前最近一次见面的愉快交谈。

现在,小明说他明天要去小红单位附近办事,问问下班后有没有空一起吃一顿。小红很高兴,打算尽地主之谊招待好小明,就去前年和小明一起聚餐的那个环境优雅又饭菜可口的餐馆。虽然她一时想不起餐馆的名字和地点,但由于自己爱记日记、保留着以前的所有电子邮件、短信和微信记录,所以数据比较完备,应该可以找到。

于是,小红搜索她和小明的各种通信记录,希望找到那家餐馆的信息。现在的数据保存和查找技术确实不错,博客、邮件、短信、微信按照日期整齐排列,前后几乎跨越了10年,勾起了她无限的回忆:他们一起组织同学们去郊外游玩、去毕业旅行,刚工作时下班一起去 K 歌蹦迪、深夜撸串……随后,她偶尔发现了一封邮件,内容是自己对这位老友严厉的批评指责,然后几次邮件是小明愤怒的回复。此事发生后的一年中,他们相互不再来往,再后来偶尔有微信联系,也是因为同学或者朋友的事情,态度客气而又冷漠。小红对照着时间来看日记内容,心情久久无法平复。虽然无法明白当时为何闹得这么僵,最后又是如何结束争执的,但对小明的印象已经打了个折扣——两人的友谊真的是那么牢固吗?

按照正常的记忆工作方式,随着时间的推移,小红会逐渐忘记那些令人不快的往事,只记得一起度过的愉快时光。但先进的信息工具和完善的数据记录又让她看到了多年前的琐事。正是这些外部刺激,帮我们重新激活了原已淡忘的负面记忆。虽然理性让小红决定忽略这些陈旧的争吵,依然到时去见小明。但是,她真的能完全换一种心情跟小明交往而没有一点尴尬么?就在 1 小时前,她还会毫不犹豫地说"我们的友谊多么美好和长久",但是现在,她不再那么确定了。

其实,这个虚构的故事在提醒我们:如果回忆太清晰,即便这种回忆是为了帮助我们做决策,也可能会使我们困于记忆之中,无法让往事消逝。

还是以小红为例,在阅读那些过去的博客、邮件、短信、微信之前,她将小明视为老友。她心中早已忘记了过去所发生的冲突,因为那些记忆已经不再重要了,已经被后来更多和谐的事实取代了。抓住主要矛盾,不要在意那些细节,这种遗忘机制使得小红更有幸福感和决策能力。但完善的数据记录将过去都带了回来,使得小红在做决定时变得很矛盾,失去了应有的果断,并陷入可能做出错误选择的困境。

遗忘在人类决策过程中扮演了重要的角色,它使得我们能够把握现在,面向未来,却又不受往事的束缚。有人说过"健忘也是一种幸福",我们只有忘记了朋友间的磕磕碰碰,才能精诚合作、把酒言欢;我们只有忘记了和爱人的激烈争吵,才能永结同心、白头偕老;我们只有忘记了亲戚们的家长里短,才能欢聚一堂、共享天伦……

没有了某种形式的遗忘,原谅则成为一件非常困难的事情,无论是原谅别人还是原谅自己。先进的信息系统和数据存储技术让我们每一个普通人都忘不掉那些不好的事情以及每一次糟糕的选择,把我们拴在过去的行为上,让我们无法从中逃脱。

2. 无处安放的隐私

为什么要保护隐私？对这个问题的回答是仁者见仁，智者见智，但通常大家有一点看法是一致的，那就是赤裸裸地生活在众人的目光下不舒服。我们每一个人都不是完人，都或多或少有些并非十分光彩的一面，那一面如果被熟人知道，甚至搞得全社会人尽皆知，对生活会有很坏的影响。例如，艳照门事件里的那些主角，收到的负面影响是伴随一生的。

2012 年，《纽约时报》科技专栏作家尼克·比尔顿出于好奇，进行了一个网络上的"陌生人的搜索之旅"。比尔顿说："我大概花了 10 分钟，然后就知道了她是谁、在哪工作、住在什么地方，我只是通过她的照片，对照她在其他网站上的用户名和照片，就很精确地了解了她。"仅仅 10 分钟，比尔顿收集到一个陌生人丰富的信息，甚至通过她正使用的一个手机软件，查看到她晨跑的路线图。"那一刻我打开计算机，当打开这些网页时，突然觉得非常可怕，这个人我从来就不认识，我却知道她的这些私人信息。"

事实上，比尔顿的恐惧已属于全社会，今天你独处时在互联网上所做的每一次点击，甚至每一次删除，都被网络原封不动地记录下来，而且存放在我们无法探知的某个服务器角落里。无一遗漏、分毫不差。在被称为"大数据"的网络时代的收集和储存能力面前，未来的每个人在执意的搜索面前都无所遁形。

虽然新闻里种种"人肉搜索"的报道给我们敲响了警钟，各大互联网公司也庄严承诺了不再永久保存用户记录。但是，"在发布信息的时候更加谨慎一些""尽可能远离那些向他人透露个人信息的互动""让数据使用者承担责任"这些防范措施和法律政策，究竟能起到多大的作用？目前看来，效果甚微。这是因为大数据具有多维度和全面的特点，它可以从很多看似支离破碎的信息中完全复原一个人或者一个组织的全貌，并且了解到这个人生活的细节或者组织内部的各种信息。

英国剑桥大学的研究者已经表示，他们能通过网络上的丰富数据，预测一个人的性取向，判断一个人的父母是否曾经离婚。美国东北大学跟踪研究了十万名欧洲手机用户，分析了 1600 万条通话记录和网络信息，他们得出的结论是：预测一个人在未来某时刻的地点位置准确率可达 93.6％。

在某大型电子商务网站的用户群中，一些人总是买到假货，而另一些人却总是以同样价格买到真货。这并不是因为前者比后者运气差，而是商家收集了大量与消费者相关数据，进而抽象出一个用户的信息全貌，得到所谓的"用户画像"（见图 6.22）。在此基础上，通过大数据技术对用户的行为习惯进行精准预测。所以，当商家清楚了前者是买了假货也不会吭声的软柿子，后者是睚眦必报的刺头的时候。为了获取更多的利益，他们就采取了"看人下菜碟"的此类欺软怕硬的销售行为。在利用大数据方面，个人用户相比商家永远是弱势群体，一旦他们的秘密（隐私）被商家知道，他们的利益就难免受到伤害。

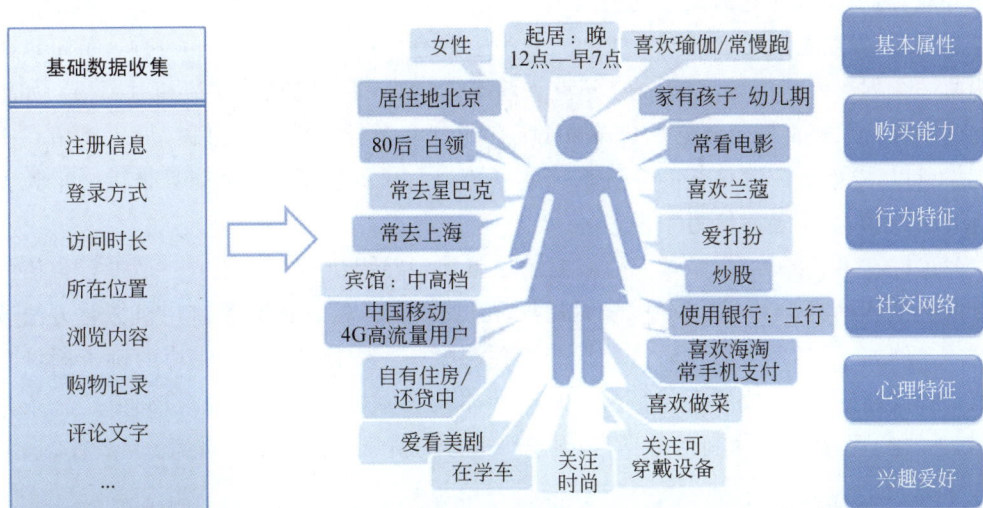

图 6.22 大数据背景下的"用户画像"

美国很多航空公司也在通过大数据分析用户的行为习惯,利用个人隐私大发其财。当航空公司发现某个机票的询票者最近必须旅行,而且在过去对票价不是很敏感时,它给出的报价就会比给其他人的高很多。尤其当两个城市间仅此一家航空公司有直飞的航班时,价格上的差异就更明显。这些航空公司甚至出钱聘请了美国一些著名大学帮助研究这样的技术。据某个技术团队介绍,基于用户的行为预测可以让航空公司提高10%的销售额,这对净利润只有 0.2%的航空业来说是一笔巨大的财富,而对于受伤害的那部分乘客来说实际上可能要多付出一半以上的票价。

3. 被出让的决策权

在生产生活中,大数据技术给我们带来了惊喜:就像人类可以从以往的经验(大量的数据)中学习各种技能一样,计算机算法也可以从大量的数据中挖掘出一些模式(如相关关系),进而做出决策。随着时间慢慢过去,数据的规模和种类不断增加,算法自己也会持续改进,决策的质量也会越来越高。沿着这个思路继续想下去:一旦计算机算法比我们本人更了解我们自己,决策能力也超过了我们之后,就很有可能进一步演化为我们的代理人,最后成为我们的主人。

许多人都喜欢用百度地图或高德地图这些导航系统,因为它们绝不只是简单的一些地理信息,而是收集了数以万计的用户提供的实时数据。所以,导航系统知道如何躲开繁忙路段,如何少等红绿灯,如何规划距离最短的路径。乍一看,导航就像顾问一样。你问问题,它给你答复,但最后怎么做还是由你决定。然而,一旦导航赢得你的信任,合理的下一个步骤就是让它成为你的代理。你逐渐懒得自己去思考,直接把决策权交给了导航,然后就按照它的提示驾驶汽车。

最后,导航系统可能僭越为主人。它手中握有大权,所知又超过了我们,就可以操纵每一个驾车人。例如,今天一条道路大堵车,而另一条备选公路车流相对顺畅。如果导航系统让大家都知道备选公路顺畅,所有驾车人就会一窝蜂开过去,最后又堵在一起。所以,这款大家都信任的导航系统就开始为大局着想了:它可能只告诉一半人备选公路顺畅,而不透露给另一半人……

也许在不久的将来,多数人的主要用处就体现在提供数据方面:一是进行价值的判断。毕竟机器要为人类服务,遵从人类的意愿。而人的喜好是很难用机械化方法琢磨的。例如,很多公司都在通过数据分析预测哪些影视剧能大卖,成功的例子固然也有,但大部分都是失败的。二是分享自己的体验。你的任何感情流露,哪怕是一条微博、一次点赞,都提供了新的数据,都对整个世界的信息交换做出了贡献。

第7章

计　算

从掰手指头数物品、借助纸笔理清账目、打开手机阅读文档到使用超级计算机预测天气预报,计算以各种形式存在于人们身边。计算实质上是对输入数据进行处理,得到一定输出结果的过程。抽象地说,计算就是从一个状态变换到另一个状态。

对计算工具的需求古已有之,从古巴比伦泥板到中国的算盘,从文艺复兴后欧洲计算器具的大发展,到现代电子计算机在美国的诞生。随着文明的起起落落,先进计算设备的制造中心也在不断变换之中。

7.1　计算工具的历史

20 世纪 70 年代,当时还没有出现便携式计算机。美国一家报纸上刊登了一则邮购广告,说几千美元就可以买一台最轻便、最易用也是最可靠的计算机。一些人就去买了,结果收到的却是中国的算盘,大呼上当。显然,广告的说法偷换了计算机的概念,因为计算机一般是指电子计算机。但严格来讲,这则广告并无大错,因为算盘这类古老工具确实是一种手动的计算机。

7.1.1　手工式计算工具

古代的算筹是一根根同样长短和粗细的小棍子,一般长为 13～14cm,径粗 0.2～0.3cm,多为竹子、木头、兽骨等材质,也有一些用象牙、玉石或贵重金属等制成。如图 7.1 所示,算筹采用十进制的记数方法,同一个数字在不同的数位上,数值也就相应不同。为了不使数字和数位混淆,算筹采用纵式和横式两种方法记数。根据中国古代算筹记数的规则,个位用纵式,十位用横式,百位再用纵式,以此类推。这样纵横交替摆放,就可以摆出任意大小的数值了。

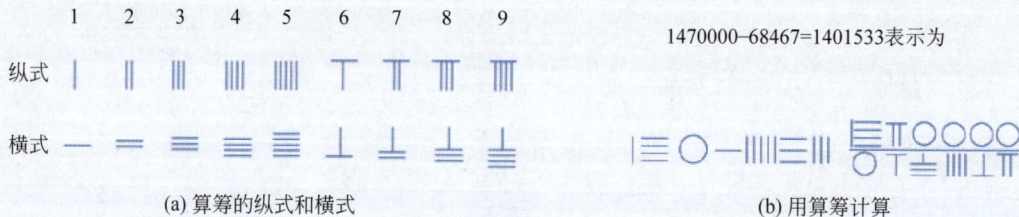

(a) 算筹的纵式和横式　　　　　　　　　　(b) 用算筹计算

图 7.1　使用算筹计算的示例

古代中国的数学成就大都以算筹为计算工具取得。它在整数和分数的四则运算、开平方等问题上有成熟的法则,广泛应用于各种复杂数学问题的计算。为了便于使用,人们对算筹做了改进,把它从圆柱形变为方形。但形式上的一些改良,仍不能适应数学运算的发展和生产实践的需求。念诵口诀摆弄算筹时,往往能"得心"但不"应手",特别是当计算较为复杂时,既不方便又会弄得十分繁乱,渐渐被新一代的计算工具——算盘所取代。

　　中国算盘是由古代的算筹演变而来的,一般认为起源于唐宋,普及于明代。如图 7.2 所示,中国算盘多为木制,矩形木框内排列的将算珠串起来的棍称为档,从右到左代表了个、十、百、千、万等位数;中间有一道横梁把每一档分为上下两部分,上档的每珠代表 5,下档的每珠代表 1;所有算珠都靠边(远离横梁)代表 0,达到 10 或 16 应向高一档位拨珠加 1,并将原档位的算珠拨成 0。

加数	不进位的加		进位的加	
	直加	满五加	进十加	破五进十加
一	一上一	一下五去四	一去九进一	
二	二上二	二下五去三	二去八进一	
三	三上三	三下五去二	三去七进一	
四	四上四	四下五去一	四去六进一	
五	五上五		五去五进一	
六	六上六		六去四进一	六上一去五进一
七	七上七		七去三进一	七上二去五进一
八	八上八		八去二进一	八上三去五进一
九	九上九		九去一进一	九上四去五进一

(a) 中国算盘　　　　　　　　　　　(b) 加法口诀表

图 7.2　算盘与口诀示例

　　和当代计算机一样,算盘也能够实现计算和存储的功能:各个算珠所处位置的组合代表某个数值,就是当前所存储的内容;计算功能则是通过使用算盘的人依据珠算口诀,并通过一系列"打算盘"的操作来完成的。我们常用的成语"三下五除二"就来源于珠算加法口诀"三下五去二"。例如,用算盘计算 4 加上 3,由于达到了"满五"的条件,所以先从上档拨下 1 个代表 5 的算珠,然后再从下档去掉 2 个算珠,这样就可以正确计算出 7 这个结果了。

　　计算尺,也称算尺,或称对数计算尺,除了能够进行加减乘除这些基本运算外,还可以完成计算指数、对数、三角函数等较为复杂的工作。如图 7.3 所示,计算尺通常由三个互相锁定的有刻度的长条和一个滑动窗口(称为游标)组成。计算尺的历史可以追溯到 17 世纪初,英国数学家威廉·奥特雷德制作了第一个计算尺。到了 17 世纪末,计算尺在石工、木工和消费税收等许多行业中变得普遍使用。清朝康熙年间,计算尺传入中国,康熙皇帝是中国使用计算尺的第一人。

　　从 19 世纪末以来,种类繁多的计算尺成为科学工作者特别是工程技术人员不可或缺的计算工具。阿波罗登月任务中,飞船上放着计算尺以备不时之需;邓稼先、郭永怀、于敏攻克"两弹一星"时,推算模型参数用的就是计算尺;苏联人造地球卫星"斯普特尼克1号"和"东方号"宇宙飞船的设计工作中均大量使用计算尺。直至20世纪70年代,随着电子计算设备的不断完善,计算尺才逐步退出了历史舞台。

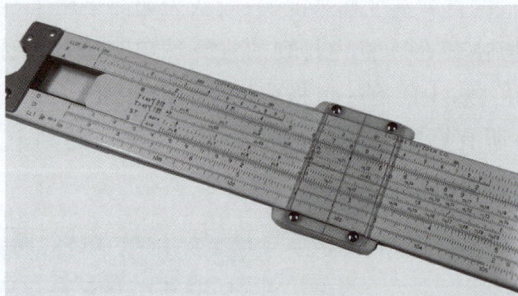

图 7.3 对数计算尺

7.1.2 机械式计算工具

手工式计算工具毕竟有很多不便之处,使用者必须熟记上百条运算口诀(如中国算盘),计算过程又完全依靠手动操作,不仅时间长了容易疲劳,而且很难避免操作失误。于是欧洲一些发明家就考虑用机械装置来代替人类计算。1642年,法国数学家布莱士·帕斯卡就发明了一种机械计算机,如图7.4所示。这种计算机也称滚轮式加法器,外形像一个长方盒子,用儿童玩具那种钥匙旋紧发条后才能转动。其外面有6个轮子,分别代表个、十、百、千、万、十万。只需要顺时针转动轮子,便可进行加法运算,而逆时针则为减法运算。帕斯卡总共做出了数十台这样的机器,据说现今还有5台存世。但它的造价昂贵却速度不够快,而且不是那么轻巧便携,所以没有得到推广普及。

(a) 计算器外观   (b) 计算器内部构造

图 7.4 帕斯卡计算器模型

发明了二进制的德国科学家莱布尼茨也热衷于计算机的研究,虽然他没有用二进制来计数,但还是花了40年的时间改进了帕斯卡计算器。改进后的计算器加、减、乘、除四则运算一应俱全,也给后来风靡一时的手摇计算器[①]铺平了道路。为了实现微积分运算,100 年之后的英国数学家和发明家查尔斯·巴贝奇设计出了差分机。不过,这台以蒸汽机驱动的庞然大物设计如此超前和复杂,预计需要精密零件 20000 多个,重达四吨,以至于在巴贝奇生前只完成了 1/7。直到 1855 年,斯德哥尔摩的舒茨公司才按巴贝奇的设计制造出世界上第一台可以工作的差分机。如图 7.5 所示,为纪念巴贝奇诞辰 200 周年,伦敦科学博物馆在 1991 年制造了一台完整的差分机,它包含 4000 多个零件,重 2.5 吨。

图 7.5　按照巴贝奇设计复现的差分机

7.1.3　近现代的计算机

在 20 世纪初,有了继电器和数字电路的理论,人们就开始尝试发明用电驱动的自动计算机。美国哈佛大学应用数学教授霍华德·艾肯受巴贝奇设计的启发,在 1937 年得到美国海军部的经费支持,开始设计“马克 1 号”计算机(由 IBM 公司承建,见图 7.6),并于 1944 年交付使用,总耗资四五十万美元。“马克 1 号”计算机做乘法运算一次最多需要 6 秒,做除法运算需要 10 多秒。运算速度不算太快,但精确度很高(小数点后 23 位)。“马克 1 号”计算机使用了 3000 多个继电器,其后的“马克 2 号”计算机更是用了 10000 多个继电器,人们将这种使用继电器作为核心部件的计算机称为机电式计算机或电动机械计算机。

由于继电器在运算时需要弯曲一个金属簧片,不仅响应时间长,工作久了易折断,而且有污垢或纸片粘在触点之间就会失效。人们开始使用电子管(也称真空管)来替换继电器,从而将计算机“电子化”。其中最著名的电子计算机就是 ENIAC,它是宾夕法尼亚大学的约翰·莫奇利博士和他的学生普莱斯佩·埃克特受美国陆军之托而设计

---

①　早期最有名的手摇计算器是由瑞典发明家奥涅尔于 1878 年发明的,可以完成四则运算、平方运算、立方运算、开平方、开立方,输入三角函数和对数则需要查表。使用过程中正摇几圈再反摇几圈,还要用纸笔记录。

图 7.6 "马克 1 号"计算机

的。ENIAC 的建造在 1945 年年底基本完成(见图 7.7),占地约 170 平方米,大约 30 吨重,使用了近 18000 个电子管,每秒可以执行 5000 次加法或 400 次乘法,是继电器计算机的 1000 倍、手工计算的 20 万倍。

图 7.7 电子计算机 ENIAC

7.2 计算理论与结构

从电动机械计算机(继电器开关计算机)到电子计算机不仅仅是一个元器件的改变,而且是在计算理论和信息技术上的一次飞跃,这就如同烟花爆竹和机枪火炮之间的区别。以 ENIAC 为代表的第一批电子计算机之所以成为计算机发展史上的里程碑,是因为它们的设计不是只根据以往的实践经验,而是有明确的基础理论做指导的。这个理论主要来自于英国数学家艾伦·麦席森·图灵的图灵机(Turing Machine)模型。在 ENIAC 制造进程过半时,另外一位美国科学家约翰·冯·诺依曼也加入进来,他又为现代通用计算机的系统结构奠定了扎实的理论基础。

7.2.1　抽象的模型

1936 年,图灵向伦敦权威的数学杂志投了一篇名为"论数字计算在决断难题中的应用"的论文。在这篇开创性的论文中,图灵给"可计算性"下了一个严格的数学定义,并提出著名的设想——图灵机。正因为这个伟大的创意,图灵被誉为"计算机科学之父"。

图灵仔细思考了人类用纸笔进行数学运算的过程,并把这样的过程进行了抽象,归结为两种简单的动作:

(1) 在纸上写上或擦除某个符号。

(2) 把注意力从纸上的一个位置移动到另一个位置。

而在每个阶段,人们要决定下一步的动作时,要依赖于两点:

(1) 此人当前所关注的纸上的某个位置的符号。

(2) 此人当前思维的状态。

如图 7.8 所示,为了进一步模拟人的这种运算过程,图灵构造出了一台假想的机器——图灵机,该机器由以下 4 部分组成:

(1) 一条无限长的带子。带子被划分为一个接一个的小格子,每个格子上包含一个来自有限字母表的符号,字母表中有一个特殊的符号——空格,它表示空白。带子上的格子从左到右依次被编号为 0、1、2、3……,右端无限延伸,和我们计算数学题用的纸张类似。

(2) 一个读写头。可以在带子上左右移动(可以想象成铅笔),停在哪里就可以读出当前所指的格子上的符号,也可以改变当前格子上的符号(相当于人们算题时的读写动作)。

(3) 一个控制规则表。图灵机根据当前机器所处的状态和读写头所指的格子上的符号进行查表后,就知道下一步该做什么。当然,按照表上的规则做了操作之后,图灵机就进入了一个新的状态。这张表就相当于老师教的计算方法,或者计算机中的程序。

(4) 一个状态寄存器。用来记录图灵机当前所处的状态(如图 7.8 中的状态"4"),寄存器里的内容相当于我们算题时的中间结果。图灵机的所有可能的状态的数目是有限的,并且有一个特殊的状态——停机状态。

图灵认为这台理想的设备能够模拟人类所能进行的任何计算过程。事实上,在二战期间对抗德国著名密码系统 Enigma(恩尼格玛)的过程中,图灵机就巧妙地模拟出了原本非常复杂的计算方法,从理论上指导了密码分析的实体机 Bombe(炸弹)的建造。因此,图灵在 1946 年获得"不列颠帝国勋章"。

总之,图灵机并不是某一款具体的机器,而是对计算机的一种数学描述。它对计算

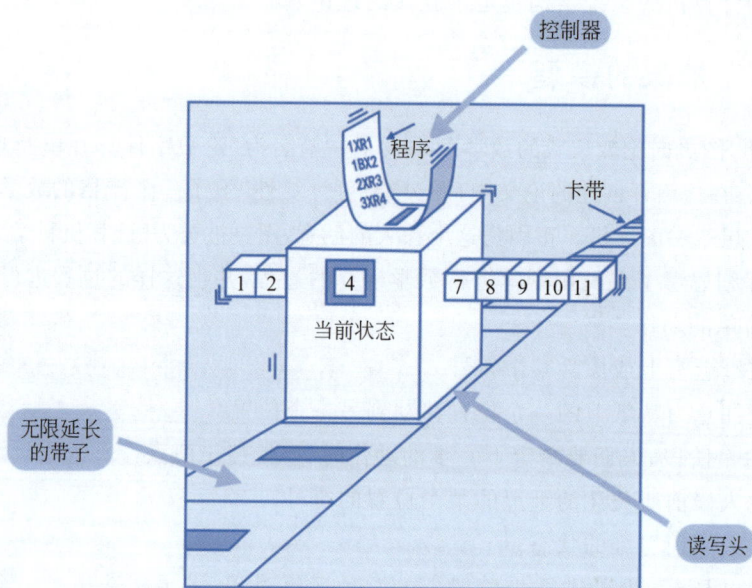

图 7.8　图灵机示意图

机能做什么进行了界定,并提出了如何自动计算的一套理论。为了说清楚这点,吴军博士曾经用汽车来打比方,非常形象:虽然在街上跑着各种各样的汽车,但是它们都有一些共性:如能够在陆地上移动,不需要人或牲畜作动力;能够运载人或货物;能够转弯、启动和停止。于是,我们把满足这些条件的交通工具都概括成一种虚拟的汽车,例如叫"约翰汽车",以后发明的实体汽车都要在"约翰汽车"的理论指导和约束之下。从这个角度来讲,图灵机也就是这样一个虚拟的计算机。

图　灵　奖

"图灵奖"是美国计算机学会(ACM)于 1966 年设立的,专门奖励那些对计算机科学研究与计算机技术发展有卓越贡献的杰出科学家。图灵奖是计算机界最负盛名的奖项,有"计算机界诺贝尔奖"之称。奖金通常由计算机界的一些大企业提供(通过与 ACM 签订协议),目前由英特尔和谷歌两家公司赞助,数额高达 1000000 美元。

图灵奖对获奖者的要求极高,评奖程序也极严,一般每年只奖励一名计算机科学家,只有极少数年度有两名以上在同一方向上做出贡献的科学家同时获奖。每年,美国计算机学会将要求提名人推荐本年度的图灵奖候选人,并附加一份 200～500 字的文章,说明被提名者为什么应获此奖。美国计算机学会将组成评选委员会对被提名者进行严格的评审,并最终确定当年的获奖者。虽然任何人都可以成为提名人,但美国学者的获奖数量依然高居榜首。迄今为止,获此殊荣的华人仅有一位,就是 2000 年图灵奖得主——姚期智。

7.2.2　系统的结构

ENIAC 一经投入使用,就展现出无比强大的威力,极大地加速了美国军事技术研发的步伐。但是,由于是美国陆军弹道设计局定制的任务——计算火炮的弹道,所以 ENIAC 只能计算火炮弹道这类问题,并不能像今天的计算机一样完成各种不同的任务。

莫奇利和埃克特在研发过程中已经意识到了这点,加上一些明显的设计缺陷,使得他们准备研制另一台计算机,以便对 ENIAC 进行重大改进。有着同样想法的还有一个人,就是在 ENIAC 项目启动一年后参与进来的冯·诺依曼。1945 年,他们在共同讨论的基础上,提出了一种全新的设计方案——EDVAC(Electronic Discrete Variable Automatic Computer,电子离散变量自动计算机),基本上解决了计算机通用性的问题。

这个被称为"冯·诺依曼系统结构"的方案,核心思想有两点:一是"采用二进制编码",以充分发挥电子器件的工作特点,使结构紧凑且更通用化;二是"存储程序"的概念,程序也被当作数据存进了机器内部,以便计算机能自动一条接着一条地依次执行指令,再也不必去接通什么线路。针对第二点的具体实现,报告还明确指出了新型计算机由五大部分组成,即运算器(算术逻辑单元)、控制器(控制单元)、存储器、输入设备和输出设备,并描述了这五大部分的逻辑关系,如图 7.9 所示。

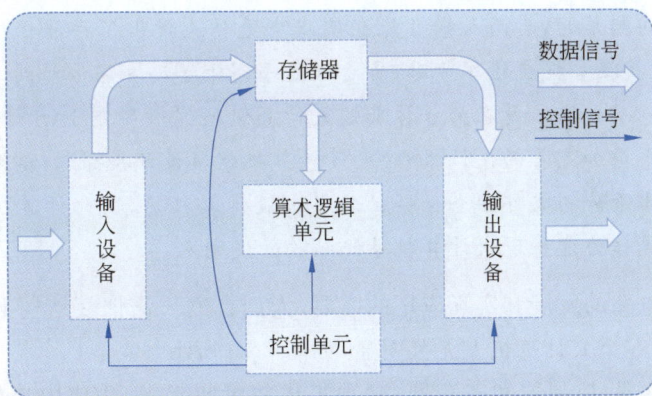

图 7.9　冯·诺依曼系统结构图

如果我们将图灵机看作一种对计算机的抽象描述,那么冯·诺依曼系统结构就是对这种抽象描述的一种可行而有效的设计方案。还是拿汽车为例,前面提到的"约翰汽车"只是从理论上说明了汽车的功能、特性和限制,并没有告诉我们怎样才能做出一辆真实的汽车。我们需要有人(假设名叫"戴维")给出汽车的各个组成部分,例如,汽车有三个以上轮子,有发动机,有方向盘,有座椅,有刹车装置,等等。这个"戴维系统结构"就是"约翰汽车"的一种具体可实现的设计。

可以说,我们今天主流的计算机,无论大小快慢,都是采用冯·诺依曼系统结构来实现一个图灵机,所以也称"冯·诺依曼机"。也正是从冯·诺依曼系统结构开始,计算机科学也慢慢地演变为硬件(计算机本身)和软件(控制计算机的程序)两部分。为了表彰冯·诺依曼对计算机做出的杰出贡献,人们称这位美籍匈牙利裔科学家为"现代计算机之父"。

谁 的 发 明

将某项发明的荣誉授予个人总是备受争议。人们将白炽灯的发明归功于托马斯·爱迪生,但是其他研究员也曾研制了类似的灯泡,从某种意义上说,爱迪生只是比较幸运地获得了专利。人们认为是莱特兄弟发明了飞机,但他们曾与其他人竞争并受益于其他人的研究,在某种程度上,他们又被达·芬奇抢先了,这位全才早在 15 世纪就有了玩玩飞行机器的想法,不过达·芬奇的设计看起来也是假借前人的思想。当然,对于这些发明,被认定的发明人的杰出贡献基本上是毋庸置疑的。

但对于一些情况看,历史上的荣誉授予似乎值得商榷,例如"冯·诺依曼系统结构"。毕竟,阐述 EDVAC 设计方案的报告是由冯·诺依曼、莫奇利和埃克特共同起草的,后两人很可能在实践中更早地提出了存储程序概念。不过,当他们将报告提交给军方时,负责人随手写上了冯·诺依曼的名字。之后的 1946 年,冯·诺依曼在为普林斯顿大学高级研究所研制 IAS 计算机时,又提出了一个更加完善的设计报告"电子计算机逻辑设计初探"。这两份既有理论又有具体设计的文件在全世界掀起了一股计算机热,因此计算机界选择了冯·诺依曼作为这种现代计算机系统结构的发明人。

随着集成电路的发展和实际应用的需要,人们在冯·诺依曼结构上做了一些局部调整和扩展,这在个人计算机上尤其明显,如图 7.10 所示。

(1)把运算器、控制器和寄存器、时钟集成并封装起来,构成中央处理器(Central Processing Unit,CPU)。一个 CPU 内部会有 20~100 个寄存器,负责存放 CPU 正在操控的数据。它们的速度比普通存储器要快得多,和运算器在一个级别上。时钟负责

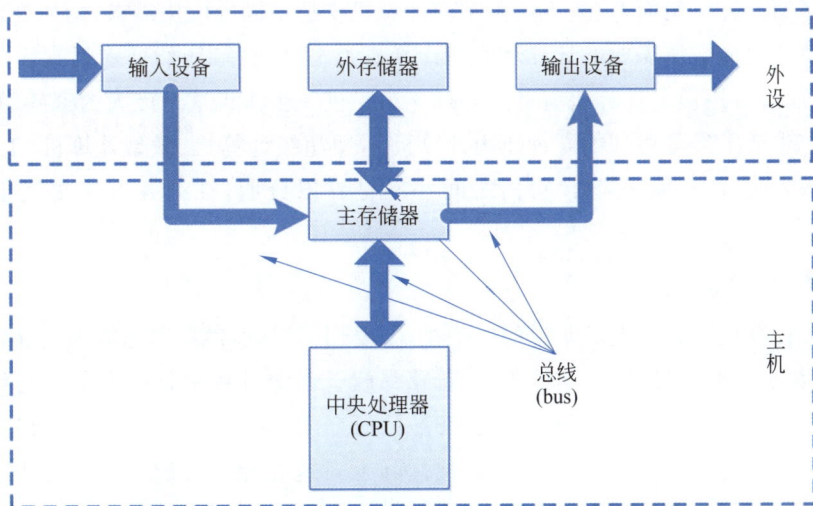

图7.10 改进的计算机系统结构图

发出 CPU 开始计时的时钟信号。

(2) 将存储器分为主存储器(内存储器)和海量存储器(外存储器)。两者的数据读写速度相差很大,极端情况下前者要比后者快上百万倍。海量存储器中的数据必须加载到主存储器中,才能够被 CPU 访问。

(3) CPU、主存储器、外存储器、输入设备和输出设备都安装在计算机主电路板(主板)上,它们之间通过总线(bus)进行数据传输。如果把主板比作一座城市,那么 CPU 这些部件就是核心建筑,总线就像是城市里的公共汽车。

(4) 我们把输入设备和输出设备合称"输入输出设备"(Input/Output Device,简称 IO 设备)。IO 设备和外存储器都归于外部设备(简称"外设"),而 CPU 和主存储器构成了"主机"。

7.2.3 不同的种类

科学技术的迅速发展和人类的需求持续增长,使得计算机的类型不断分化,形成了各种不同种类的计算机。最初计算机按照用途可以简单分为专用计算机和通用计算机两大类。专用计算机是专为解决某一特定问题而设计制造的电子计算机,一般拥有固定的存储程序,例如控制轧钢过程的轧钢控制计算机、计算导弹弹道的专用计算机等,解决特定问题的速度快、可靠性高,且结构简单、价格便宜。通用计算机是指各行业、各种工作环境都能使用的计算机,例如学校、家庭、工厂、医院、公司等都能使用的就是通用计算机,而平时我们购买的品牌机、兼容机也是通用计算机。

在通用计算机里面,也是不同类型的计算机支持不同的应用需求,例如处理天气预报与汇总学生成绩所需要的计算环境和计算机类型就相差甚远,前者通常需要高性能计算机,而后者用微型计算机就可以处理。为了进一步认识这个庞大的家族,我们需要了解生产生活中经常遇到的5种通用计算机①,即超级计算机、微型计算机、工作站、服务器和嵌入式计算机。当然,它们之间并不是界限分明,往往互有交集甚至是包含关系。

1. 超级计算机

超级计算机也就是人们常说的巨型机,主要用于科学计算,其运算速度在每秒万亿次以上,数据存储容量很大,结构复杂,价格昂贵。超级计算机是国家科研的重要基础工具,在军事、气象、地质等诸多高科技领域的研究中发挥着关键作用,也是航空、化工、汽车、制药等行业的重要科研工具。目前国际上对这类计算机最为权威的评测机构是世界超级计算机协会的 TOP500,每年公布一次世界 500 强排行榜。在 2011 年到 2017年排行榜上,中国的"天河二号"和"神威·太湖之光"超级计算机系统(见图 7.11)先后屡次拔得头筹,至今仍常年位于前五名。

图 7.11 "神威·太湖之光"超级计算机系统

2. 微型计算机

微型计算机简称"微型机"或"微机",是信息技术追随摩尔定律不断发展的结果。微型计算机的特点是体积小、灵活性大、价格便宜、使用方便,广泛应用于科研、办公、学习、娱乐等社会生活的方方面面。如图 7.12 所示,我们日常使用的台式机(Desktop)、笔记本电脑(Notebook 或 Laptop)、掌上电脑(PDA)以及"一体台式机"和"平板电脑"

---

① 另一种专业分类是巨型机、大型机、中型机、小型机、微型机及单片机。这些类型之间的基本区别通常在于其体积大小、结构复杂程度、功率消耗、性能指标、数据存储容量、指令系统和设备、软件配置等的不同。

(Tablet PC)都是微型计算机。

(a) 台式机　　　　　　　(b) 笔记本电脑　　　　　　(c) 掌上电脑

图 7.12 各种微型计算机示例

3. 工作站

工作站是微型计算机家族成员之一,它是一种高档的微型计算机,一体化工作站如图 7.13 所示。工作站通常配有容量很大的内存储器和外存储器,主要面向专业应用领域,具备强大的数据运算与图形图像处理能力。工作站主要是为了满足工程设计、动画制作、科学研究、软件开发、金融管理、信息服务、模拟仿真等专业领域而设计开发的高性能微型计算机。需要与计算机网络系统中的工作站区分的是,后者只是网络中的任一用户结点,可以是网络中的任何一台普通微型计算机或终端。

图 7.13 一体化工作站示例

4. 服务器

服务器也称伺服器,是在网络环境下为网上多个用户提供共享信息资源和各种其他服务的一种高性能计算机(见图 7.14)。由于服务器需要响应服务请求,并进行处理,因此一般来说服务器应具备承担服务并且保障服务的能力。在网络环境下,服务器上需要安装网络操作系统、网络协议和各种网络服务软件。根据服务器提供的服务类型不同,服务器分为文件服务器、数据库服务器、应用程序服务器、Web 服务器等。

5. 嵌入式计算机

嵌入式计算机是指嵌入对象体系中,实现对象体系智能化控制的专用计算机系统。

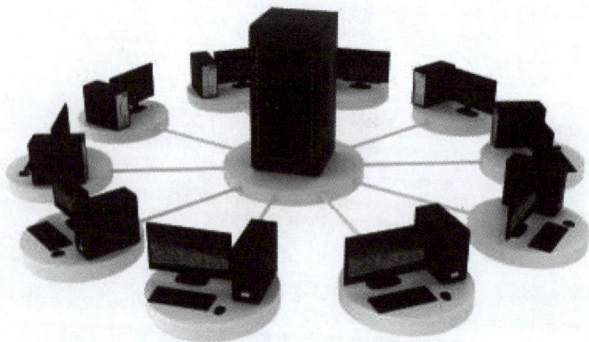

图 7.14 服务器(中间位置)示意图

一般由嵌入式微处理器、外围硬件设备、嵌入式操作系统以及用户的应用程序 4 部分组成,用于实现对其他设备的控制、监视或管理等功能。车载控制设备(见图 7.15)、空调、电饭煲、电冰箱、电视机、智能手表、全自动洗衣机等都采用了嵌入式计算机。嵌入式计算机系统以应用为中心,以计算机技术为基础,并且软硬件可裁剪,适用于对应用系统的功能、可靠性、成本、体积、功耗有严格要求的场合。

图 7.15 车载嵌入式计算机示例

7.3 云计算

随着信息技术的发展,人类获取信息、感知世界的能力极大增强,但对于数据的存储和处理,却着实令人头疼。一种思路就是购买更好的工作站甚至更强大的超级计算机,但这对于我们普通人来说是可望而不可及的。另一种思路就是"云计算"——毕竟我们要的只是存储和计算的能力,而不是非得拥有那些奢侈的设备。我们可不可以考虑租用存储和计算能力强大的设备？或者联合更多的计算设备来一起完成一个大任务？就像美国计算机科学家格蕾丝·赫柏所说的那样："古时人们用牛来拉重物。当一头牛拉不动一根圆木时，他们不曾想过要培育更大、更壮的牛。同样，我们也不需要尝试开发超级计算机，而应试着结合使用更多的计算机。"

7.3.1　云计算的概念

什么是云计算？人们众说纷纭，在网上至少可以找到百余种解释。现阶段比较广为接受的是美国国家标准与技术研究院（NIST）的定义：云计算是一种按使用量付费的模式，这种模式提供可用的、便捷的、按需的网络访问，进入可配置的计算资源共享池（资源包括网络、服务器、存储、应用软件、服务），这些资源能够被快速提供，只需投入很少的管理工作，或与服务供应商进行很少的交互。

上述定义虽然比较严谨，但不容易被大众所理解。在《浪潮之巅》一书中，吴军博士通过结合科研界和产业界的不同看法，给出了云计算的以下两个通俗易懂的阐述。

1. 可以随时随地访问和处理信息，共享信息非常方便

早期的各种软件和服务，如 Office 和 Photoshop 等都是布置在本地计算机上。到了 2000 年以后，各大互联网公司都在尝试将原本运行在用户本地计算机上的应用软件搬到了服务器端。谷歌公司就把 3D 地图服务搬到了云端，称为 Google Earth；把图片处理服务也搬上了云端，就是 Google Photos；还把 Office 的文字处理、表格处理和讲稿演示搬到了云端，成为 Google Docs，如图 7.16 所示。人们逐渐发现，这些简单的、免费的替代品能够完成复杂的同类产品 90％以上的功能，基本上满足 95％的用户需求。

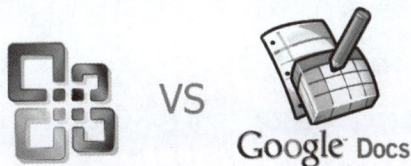

图 7.16　Microsoft Office vs Google Docs

更为重要的是，谷歌公司的这些在线应用软件分享数据和信息的功能要比原来基于个人计算机上的同类产品强得多。如果一个团队多个人一同起草一份文档，用 Google Docs 显然要比微软公司的 Office 方便许多：一方面，我们不需要使用 U 盘或移动硬盘拷来拷去，不仅预防了计算机病毒的传播，而且避免了不同计算机上软件版本不同导致的兼容问题；另一方面，当自己的计算机不在身边时，我们也不需要把文件下载到公用或同伴的计算机上进行修改了（即使别人的计算机可靠安全，也会产生个人隐

私泄露问题）。我们只需要随便借用一台设备访问云端就可以完成操作了，本地硬盘上不必留下存档。

例如，公司职员小王飞往外地去签合同，由于走得匆忙，和客户的会面还没完全安排好，自己寄给客户的合同也没有得到反馈，客户答应在他到达目的地以前给他答复。小王在机场等候转机，想看看自己的日程表，了解客户是否确定了会面的时间地点，并且看看合同书有无反馈。以前他需要在自己的笔记本电脑或手机的日程表上输入自己的日程，然后在机场查看自己的电子邮件或短信，把用户传过来的时间安排抄到自己的日程表上，再通知用户他接受了这个安排。之后，再查看电子邮件，看看邮箱里有没有反馈回来的合同附件。如果有，那么他在自己的笔记本电脑上编辑完，再用电子邮件发给对方。

现在，小王可以掏出智能手机通过机场的 Wi-Fi 连上互联网，登录自己的日程表和文件账户。如果客户安排好了会面的时间和地点，就在小王的网上日程表中直接加入一项活动，通知他见面的详细安排，如果觉得合适，直接单击确认的图标即可通知对方同意。小王还可以把自己起草的合同书变成一个客户共享的文本，以便客户直接在上面修订或批注。当小王在机场再次打开这个文本时，他就看到了客户修改的版本，并且是在这个共享文本上直接编辑修改的。客户只要在网上，也可以在同一时间看到小王修改后的新版本。等小王到达目的地时，不仅行程已经安排妥当，而且已经和客户预先进行了交流，合同的谈判就会顺利得多，如图 7.17 所示。

图 7.17　云计算让信息共享更加方便

接下来，要在客户那儿做报告，也非常简单。因为所有的文件都是存在云端，不存在兼容性问题，只要客户给小王提供一个投影仪即可。如果小王要演示什么大系统（如一个虚拟现实系统），并不需要带很多演示用的服务器，只要通过一个浏览器就可以调动在数据中心的多台服务器完成演示。

2. 易于使用云端的大量计算资源，无须单独购置

美国宾夕法尼亚大学沃顿商学院研究员兼作家杰里米·里夫金认为，云是"接入时代"的自然结果，而且市场经济正在被网络经济所取代。在市场经济中，人们拥有并交易商品（服务）；而在网络经济中，人们通过付费来接入商品（服务）。如果可以随时随地接入（租用）某种物品，为何劳神去拥有它呢？例如，人们并不想拥有钻机，而是想得到钻机钻出的孔。人们并不想拥有 CD 光盘，而是想欣赏到 CD 光盘所存储的音乐内容。

在我们的现实生活中，需求的变化和不可预测性往往会导致出现供应量难题，即以固定的供应量进行需求部署常常导致客户满意度不高。例如一家餐厅，如果按照最火爆时间的人数来提供座位（如除夕夜有上千人打算来就餐），将在平时导致大量的资源浪费（营业面积和服务人员），因为普通工作日的晚餐时段可能只有二三百人来吃饭。但如果仅仅按照平均值来供应（如三百个座位），真的来了最火爆的峰值需求（上千人），餐厅又没有足够的资源去满足，客户只能被迫排队等待，这又会对客户体验产生非常消极的影响。而且这种影响是非线性的，即很短的等待无所谓，能够被接受。但几分钟之后，客户会感觉等待的时间远远超过实际等待时间，等待一刻钟的时间好像等待了一个小时。

IT 公司更是这样，例如游戏公司或者电子商务公司，其用户需求峰值往往事后才能获知，而且谁也无法保证下一个峰值不会比前一个峰值还大。网络用户的忍耐度也更低，等待几秒的时间仿佛等了数日。用户在等待片刻之后就会转移到其他网站，更要命的是那往往是竞争对手的网站。所以在需求变化的环境中，为了保证信息服务的流畅，很多 IT 公司服务器的峰值计算能力都是其平均值的 3～10 倍。这就造成了日常的资源浪费（服务器使用率不高），极大地提升了运营成本。如图 7.18 所示，美国很多财富 500 强的公司，如美国第二大百货连锁商店塔吉特，其网站和电子商务都是由亚马逊公司托管的。同时，很多跨国公司的电子邮件和文档系统都是由谷歌公司提供的。我国的大部分小型创业公司也不再搭建自己的后台服务系统，而是使用阿里云的服务。

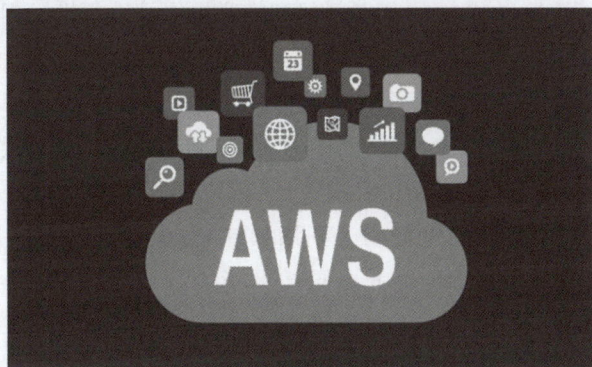

图 7.18　最大的云服务提供商——亚马逊公司

云计算如何降低服务成本？

我们以往搭建企业自己的信息系统，购置软硬件连同服务的开销巨大。由于各企业之间计算资源不能共享，实际的设备利用率很低（一般都是低负荷运转），而且这些 IT 产品没过几年就要更新换代（摩尔定律决定的），这也是一种不小的浪费。在云计算出现后，由亚马逊公司等超级计算中心提供的服务（计算、存储等）价格便宜得令人难以置信。一个相当于四核 CPU 的计算能力加上足够大的内存和磁盘存储空间，一年的服务费仅仅三四百美元。假设企业租用了 100 台同样配置的服务器，一年只需要十万美元，只相当于在硅谷雇用一个系统管理员的成本加上这些服务器的电费而已。可以认为，企业使用了 100 台服务器，只是支付了管理员的工资和电费，却没有在服务器本身花一分钱。

亚马逊公司为什么能做到这么便宜？除了这家公司一贯很擅长节约成本外，还有两个根本原因：第一是规模经济①的效应，这些云计算提供商的服务器采购量很大，而且都是自己设计，然后直接委托计算机厂商生产的，成本比任何计算机代理商进货的价格都低。同时，由于对服务器资源都是以自动化的管理为主，系统管理员和服务器占总成本的比例也就比较低了。第二是资源分配的优势，企业用户的需求是动态变化的，所以对应的服务器（或服务器群组）不可能总是满负荷的运行。所以云计算中心的一台服务器（或服务器群组）可以提供给多个企业一起使用。通过这样的均摊，每个企业的实际支付费用就降低了很多。

对于个人或没有计算资源的单位来讲，云计算可以让他们完成以前根本完成不了的任务，尤其是大数据处理这一领域的问题。例如，在过去寻找失踪儿童时，亲属们得走遍全国张贴寻人启事，去各地的公安部门和妇联组织请求帮助。但人力有限，总有到不了的地方，而且一来一去，耗时很长，线索容易失效。现在有了云计算，各相关政府部门和民间组织，就可以及时地把每个丢失儿童的资料以及打击人贩后获救孩子的信息（成千上万份的文字、音频、图像材料）上传到云端，利用网络上多个数据中心的闲置计算机进行比对计算，找到的线索又快又多。而《纽约时报》打算将 1851—1980 年的报纸转换为 PDF 文件，供用户在网上检索。利用云计算，在不到 24 小时的时间内处理了 1100 万份文件，花费不到 1000 美元。同样，《华盛顿邮报》用 9 小时的时间处理了

---

① 规模经济，是指由于生产专业化水平的提高等原因，使企业的单位成本下降，从而形成企业的长期平均成本随着产量的增加而递减的经济。

17481 页希拉里作为美国第一夫人的日程表,成本仅为 144.62 美元。

云的五大特点

在《云端时代》一书中,乔·韦曼用帮助记忆的符号 C.L.O.U.D. 来定义云,以反映云的 5 个显著特点:

- C 指公共基础设施(Common infrastructure);
- L 指位置独立性(Location independence);
- O 指可在线访问(Online accessibility);
- U 指按效用定价(Utility pricing);
- D 指按需提供资源(on Demand resources)。

云是公共的,它使用动态的资源池和共享的基础设施;云是位置独立的,其服务无处不在,反应迅捷;云是在线的,可以通过网络访问;云是有效用的,可以创造价值并按使用量收费;云是按需提供的,即按照需求提供适量的资源。

从这些特点可以看出,云的思想来源于人类社会中已有的事物。无论是连锁酒店、出租车公司、电力公司,还是航空公司和银行,都有云的影子。连锁酒店提供"实用性"、"按用量收费"或"按使用情况收费",即住更多的房间或住更长的时间需要花更多的钱。电力公司和出租车公司提供"按需服务",按一个开关或举起你的手,就会立刻为你提供服务。各大银行都开通了"网上银行",提供 24 小时的在线金融服务,而且无论在哪个银行网点,位置都不会成为影响用户体验的因素。

7.3.2 云计算的实现

云计算并不是一蹴而就的,仅从 20 世纪末到 21 世纪初的十几年间,在科研领域中就先后发展出了"网格计算""效用计算""软件即是服务""随需应变的计算"等多个概念。如图 7.19 所示,云计算可以看作这些概念的混合演进和商业实现。当然,云计算真正的实现和普及还要经过技术、工程和法律的多道关卡,还涉及经济上的考量,其中问题的复杂和过程的艰辛可想而知。

1. 数据存储

正如 6.2.2 节所述,结构化的数据把每条记录都分为多个属性来存储,例如每一条学生记录中的"学号""姓名""专业""班级"等,非常有利于计算机的直接处理。但是,如果数据的规模太大,一台机器上的存储空间不够用,就需要进行分布式的存储。针对此

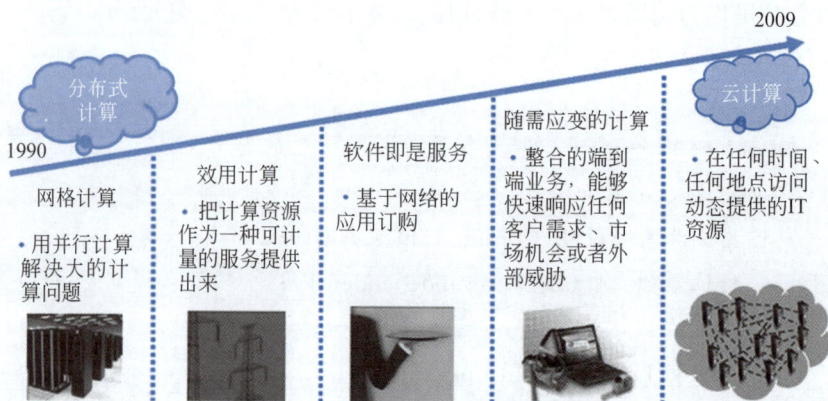

图 7.19 云计算的演进过程

类应用,谷歌公司提出并实现了大型结构化数据存储系统 BigTable。其设计目的是快速且可靠地处理千万亿字节(PB)这一级别的数据,并且能够部署到上千台机器上。Bigtable 已经在 60 多个谷歌公司产品和项目上得到了应用,包括 Google Analytics、Google Finance、Orkut、Personalized Search、Writely 和 Google Earth。

对于海量非结构化数据的存储,拉里·佩奇和谢尔盖·布林早在攻读博士时就提出了一种文件系统,谷歌公司成立之后由工程师们落实成了产品 GFS(Google File System)。要知道,GFS 处理的大文件,其"尺寸"超出了人们的想象,例如整个互联网网页的索引就可以是一个文件,单单存储它就需要千万亿字节(PB)的空间。何况,这样的大文件在互联网上多得是,每时每刻还都在产生(为了保证可靠性,每份数据还要有三个备份),在多台机器上进行分布式存储也就成为了必然。但对用户来讲,所有的操作还要和在一台计算机上操作文件一样简单方便,这就很考验技术水平了。GFS 从 2002—2010 年支撑了谷歌公司的整体业务达 8 年之久,其他 IT 公司也先后推出了自己的大型分布式文件系统。到了 2010 年之后,整个互联网的数据规模已经大到 GFS 也无法支持了,谷歌公司又推出了第二代云计算文件系统 CFS,其规模是 GFS 的 1000 倍。

2. 网络传输

由于数据的采集和存储分布在不同的地点,很可能是不同的数据中心甚至不同的设备上,要想在任意一台机器上操作所有的数据,就需要考虑网络传输的问题。在互联网发展的早期,人们只是考虑让计算机连接起来,互相传递信息处理的结果而已。大规模原始数据的传输,主要还是靠移动硬盘这类工具。而现在,不仅计算机之间要直接传递大量数据,还要从所有的智能终端上收集原始数据,最终要让整个网络上的所有电子设备协同计算,但让用户感觉像使用一台机器一样。

随着移动互联网的兴起,网络传输速度的增长可以说是一日千里,其便捷性也让云计算更加普及。相比 20 年前第二代移动通信系统 GSM(全球移动通信系统)只有不超过 100Kb/s 的数据传输率,10 年前 4G(第四代移动通信技术)网络的有效数据传输率达到 2~10Mb/s,增长了几十到上百倍,今天 5G(第五代移动通信技术)网络的数据传输率更高达 10Gb/s,更稳定且延迟更小。同时,Wi-Fi 在全球主要城市的覆盖率已经非常高了,蓝牙也成为很多电子设备的标准配置,这些条件都会促使我们利用云计算随时随地地采集和处理数据。

3. 资源管理

解决了大数据的存储和传输问题之后,如何把一个非常大的计算问题自动分解到许多计算能力不是很强大的计算机上,一起协作完成呢?针对这个问题,谷歌公司给出的解决工具是 MapReduce,其基本原理就是计算机科学中常见的"分治算法"。如图 7.20 所示,将一个大任务拆分成小的子任务,并且完成子任务的计算,这个过程称为 Map,将中间结果合并成最终结果,这个过程称为 Reduce。这种思想在我们生产生活中早已有之,就是将复杂的大问题分成很多简单的小问题进行解决,然后再把小问题的解合并成原来问题的解。当然,如何拆分、求解、合并是很有技术含量的,实现得好坏将直接影响云计算的效率,很容易差出一两倍。而有了 MapReduce 工具,所有的计算机调度工作都是自动完成的,这就进一步降低了云计算的难度。

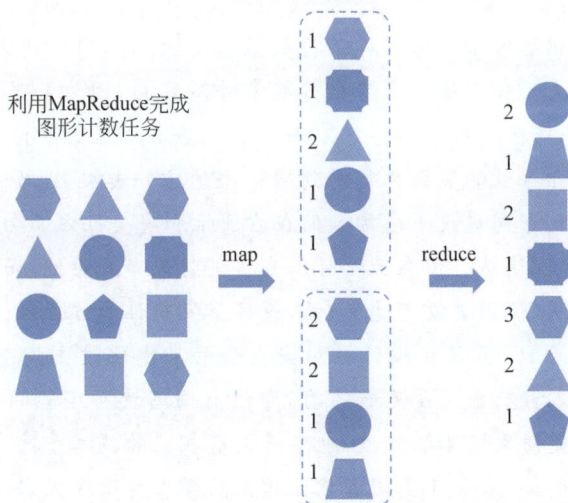

图 7.20 MapReduce 的基本原理

为了让使用者觉得远程使用云计算的资源就如同使用自己家的计算机一样,谷歌公司开发了一种资源管理工具 Borg。其作用是把这个云端(可跨几个数据中心)的服务器资源作为整体完全保存,然后根据用户的需求动态分配这些资源。例如,某个电子商务公司估算其业务需要购买 8 核处理器、32GB 内存的服务器共计 125 台,现在它只要向云服务提供商申请 1000 个 CPU 的计算量和 4TB 的存储空间,至于用的是哪些服务器上的 CPU 和内存,用户不需要关心,这些都是由 Borg 来分配的。

4. 信息安全

信息安全技术也是云计算能否真正实现的一个关键问题。李开复曾经打过一个很好的比方:现在单机版的 WinTel 模式相当于把钱放在家里,如果你的计算机上装有安全系统(如杀毒软件、防火墙),则相当于把钱锁到保险箱里。这不一定安全(保险箱也会被偷走),而且携带很不方便。云计算相当于把钱存在银行里,你随时随地刷卡消费即可,并不用考虑这些钱对应的现金存放在哪里、是否安全。

在云计算的模式里,终端用户所需的数据和应用程序不需要存储和运行在本地个人计算机上,都是存储和运行在云端,由云端数据中心的专业技术人员来管理、维护、提供安全保障。让专门的企业、专业的团队来做信息安全这类复杂精深的事务,要比让每个人都熟练掌握这些技能靠谱得多。随着云计算的不断发展和完善,将来最安全的做法就是,在客户端除了浏览器,其他和上网有关的客户端软件都少装,即使是所谓的杀毒软件。

为什么本地存储不够安全

有安全常识的人都知道要尽量将敏感信息放到不同的地方,以免多种敏感数据同时丢失。但是这件事情执行起来并不容易,因为如果一项安全措施导致操作麻烦,很多人就会不遵守。例如在很多公司里,操作人员为了方便,通常习惯把分开存放的数据又复制到同一个地方一起处理,原先出于信息安全所做的设计就形同虚设。通常人们在方便性和安全性方面会优先考虑方便性,这是人的天性使然。但在云端可以直接进行分布式存储,而且这一过程对用户来说是透明(使用者没有觉察)的,兼顾了安全性和方便性。

虽然现在的 PC 系统在设计时对安全性的考虑比过去周全了许多,但对专业级的黑客入侵行为还是无能为力,即使有网络攻防经验的技术人员也经常中招。这不是防火墙不够先进,也不是没有相应的技术手段,更多的是人为失误造成的。例如 2013 年美国百货连锁商店塔吉特遭受黑客入侵的事件(这次数据丢失造成损失高达 1.6 亿美元),其实防火墙已经报警了,但是由于报警频率太高,操作人员嫌烦而关闭了报警系统。人的安全防范意识要比想象的差得多,不仅需要一个有组织的技术团队来保障,还需要一套完整的机制和纪律来约束。这就是云服务提供商的优势所在——针对性的安全服务,专业化的技术支持。

5. 基础架构

云计算是一个非常复杂的系统工程,涉及很多基础架构方面的问题。例如能源(主要是电力)消耗,一个大型数据中心的能源需求和我们普通机房不可同日而语,每平方米消耗的电能就是普通办公室的10倍以上。例如制冷技术,云服务器能否高效运行、整个数据中心能否正常工作,很大程度上取决于制冷系统的稳定发挥。只有对核心技术环节进行优化并保障这些工程得以顺利实施,才可以降低运营成本,才能让人们方便流畅地上网,用户才会把数据和软件从硬盘转移到云端。近年来,我国政府投入大量精力解决互联网的入口问题,在全社会积极推进"互联网+"行动。所以我们在云计算领域里面做到了后发制人,尤其是在移动支付方面,遥遥领先于美国、日本这些发达国家。

云计算想要得到充分的发展,需要全世界IT产业的认可,这也不是单凭某一家大公司的力量就可以做到的。在信息全球化的今天,最好的发展模式莫过于构建开放的开发环境和工具(如雅虎公司的Hadoop和谷歌公司的安卓)。云计算的服务提供商要遵守统一、开放的标准,并为下家提供开放的服务,才能促进整个产业链的发展。这方面,可以借鉴以前UNIX和Windows等计算机操作系统的经验,毕竟操作系统就是一个硬件制造商和软件开发商都遵守的平台。对此,我国工信部一直致力于统一中国云计算的标准,增强在云计算领域的话语权。

普及云计算还必须有相应的政策和法规的配合。由于互联网上商机巨大,世界各国都出现了一些公司为了自身利益,通过技术手段做危害用户信息安全和损害其他公司的事情。对于来自外部的攻击(如网络欺诈、钓鱼网站、木马病毒),目前的法律法规都给予了足够的重视。但是对于来自内部的威胁,我们却反应迟缓。例如,近几年"3·15晚会"曝光的部分快递公司以及电信公司员工私自倒卖用户个人信息事件,这让人们很难对服务行业建立信任。更何况,云计算是将软件和数据完全托管给服务商,这对于大部分个人、公司和组织而言,都是承担巨大的风险和怀有深深的隐忧的。所以,如何及时推出配套的政策和法规,如何对云服务的提供商进行有效监督,一直是一个很有挑战性的问题。

7.3.3 云计算的应用

像自来水管道供水、电力网输电一样,云把"计算"从有形的产品变成了无形的服务。而计算能力一旦成为一种可以传送的服务,就开始彰显其巨大的威力,引发了信息产业的重新布局,对人类的生产生活产生了全方位的影响。

1. 信息产业的重新布局

自 20 世纪 80 年代后期至 2012 年,整个 IT 产业的发展(从营业额上看)是以 WinTel 为主线,以互联网为辅线。在这 20 多年间,还没有什么力量能动摇微软公司和英特尔公司在 IT 领域的主导地位,最挣钱的业务被它们靠垄断牢牢把握着,其他公司只能作为它们的下游,在竞争激烈的环境里勉强生存。对用户来讲,大家也没有选择。如果不采用英特尔公司的 CPU 和微软公司的操作系统,几乎没有太多的应用软件可以使用,而且和其他人的计算机也无法兼容。随着云计算这股浪潮的涌现,WinTel 体系不需要外力作用,已经摇摇欲坠。

首当其冲的是 PC 上的操作系统变得不再那么重要了。在 WinTel 时代,用户的大多数操作都是在单机上,使用的也主要是客户端软件,因此操作系统的重要性毋庸置疑。所以,任何一个应用软件开发商首先要考虑的是选择用户数最多的操作系统,否则它的应用软件就会没人安装使用。云计算普及之后,所有的应用都在云端的服务器上,终端的类型可以根据使用者的喜好选择,无须为兼容问题发愁。例如,在 PC、苹果 Mac、智能手机和平板电脑上,我们收发邮件、阅读文档、玩游戏的体验基本上都差不多。

在操作系统逐渐式微的同时,浏览器的重要性日益凸显出来。由于所有的用户终端都要和云端的服务器通信,而采用 B/S(Browser/Server)方式无须针对每种服务安装专门的客户端程序,所以浏览器就成为了用户的首选工具。目前,越来越多的通信软件、游戏软件、办公软件都发布了网页版。将来,最极端的情况很可能就是用户的机器上除了操作系统(任意一款都行),只安装浏览器和插件,并没有其他应用软件。这带来的后果就是,谁控制了浏览器,谁就控制了终端用户。在全球范围内,谷歌公司的 Chrome 已经超过了微软公司 IE(及其替代品 Microsoft Edge)的市场份额。聚焦到智能手机领域,各种浏览器之间的竞争非常激烈,如图 7.21 所示,微软公司的浏览器早已不在第一梯队了。

图 7.21　手机浏览器市场群雄逐鹿

　　随着云计算的发展,越来越多的计算处理工作会从本地客户端回到服务器端。有了云端的超级数据中心,我们的计算机更需要能耗低、移动性高的硬件配置。几乎所有的智能手机、平板电脑和大部分上网计算机不再选用英特尔公司的 CPU,而是基于 ARM 公司的 CPU。后者更加省电和高效,当然,执行功能的种类要少于前者。于是,采用了 ARM 公司技术的高通公司和英伟达公司都迅速超越了英特尔公司,先后成为全球市值最大的半导体公司。

　　由于电子设备的便携性越来越突出,一个体积大、怕颠簸、耗电多的传统硬盘就显得不合适了。基于闪存的固态硬盘(Solid State Drive,SSD)一经推出,就以其质量较小、移动性强、能适应于各种环境的优点得到了广大用户的青睐,虽然现在的价格还是有些高,但市场前景非常广阔。目前,生产固态硬盘的公司正在飞速发展,而传统硬盘的市场却在不断萎缩。也许用不了几年,传统硬磁盘将会像当年的软磁盘一样,从我们的身边消失。

　　随着云计算深入生产生活的各个角落,传统的计算机销量急剧下降,各种可穿戴式设备层出不穷且销量大幅上升。苹果公司和谷歌公司率先开发的智能手表,其主要功能并不是看时间,而是不断测定身体的各种数据并通过云计算分析这些数据,最终达到改善生活的目的。例如,通过记录人的生活习惯(心跳、血压、血氧量、运动量等),不仅让每个人了解自己的身体状况,同时也会提示使用者按照更加合理的方式安排工作生活。这些用户数据传上云端,还可以帮助医生做出更加准确的诊断。如图 7.22 所示,头显设备、交互手套以及电子皮肤也是如此,作为连接云端的智能终端备,它们不仅具有传统计算机的常用功能,而且更加便捷轻巧。

图 7.22　头显设备和交互手套

　　不难看出,云计算引起了一个产业链的式微和另一个产业链的兴起,也就是说整个信息产业需要重新布局。那么云计算带动的这个市场规模有多大? 虽然没有人给出精确的答案,但是据估算,怎么也得是一个每年超过千亿美元,甚至可达万亿美元的市场。

国内外的各 IT 巨头都在积极应战和主动转型，力争在这波浪潮中拔得头筹。在这一转变中，动作慢、效率低的公司将被淘汰。

2. 生产生活的全面影响

信息技术的产生和发展是伴随着人类信息活动的变革而来的。而且某项信息技术一旦适合人们的需求，就会将它的触角伸向社会生活的每一个角落，这些角落甚至和它们相关的领域也会发生改变。云计算更是如此，它"无处不有"且"无时不在"乃至"无所不能"的表现，让我们人类的生产生活对它的依赖越来越大，我们的很多生产流程、协作方式和固有观念都在不知不觉中被颠覆。

提到汽车工业，就绕不开美国的福特汽车公司。1908 年，该公司生产出了世界上第一辆属于普通百姓的汽车——T 型车，世界汽车工业革命就此开始。1913 年，该公司又开发出了汽车行业中的第一条流水线，这一创举使 T 型车总共达到了 1500 万辆。福特公司曾经的生产基地就是位于美国底特律的鲁日汽车城，占地面积相当于 269 个足球场。每月只是为了 93 座工业建筑的清洁工作，就得用掉 3500 个拖把头。为了保障 8 万多名技术工人的生产生活，这里还设置了多套消防系统、设备齐全的医院、自己的建筑公司以及一支 3000 多人的内部治安队伍。

在 20 世纪末，我国的大型企业都还在效仿福特汽车公司的这种模式，并称为"工厂办社会"。把资源尽可能集中在一个狭小的范围之内进行高效生产，在物流不通畅、通信不方便、合作技术手段匮乏的工业时代，这是必然的选择。要知道，仅仅组装一个发动机的环节，就被福特汽车公司分解成了 86 道工序。正是这种大规模流水线作业的高效性，让福特汽车公司每隔 49 秒就能下线一辆汽车，就像生产火柴和曲别针一样。

信息时代的企业已经不是这个样子了，云计算让它们从集中再次分散。例如波音公司，这个世界闻名的"空中帝国"，早已转变战略，放弃了非核心资产，通过松散的价值创造网络进行全球性的协作。如图 7.23 所示，在波音 787 的生产过程中，有来自不同国家的 100 多个供应商参与了研发制造，其中，仅仅中国的沈飞集团就有多达 400 名工程师参与其中。网络的蔓延不仅让地理上远隔天涯的公司近在咫尺，还让更多航空爱好者也提供了自己的想法和创意。在这个过程中，与其说波音公司是一个制造商，不如说是个集成者——这不仅是生产的外包①，更是一种真正的网络化合作，或者称为"云制造"。

2004 年，宝洁公司想在品客薯条上印制图案来刺激消费者的兴趣，但遇到了一个技术上的难题——怎么在印上图形的同时无损薯片的完整性？作为拥有 28 个技术中

---

① 外包，指企业动态地配置自身和其他企业的功能和服务，并利用企业外部的资源为企业内部的生产和经营服务。

伙伴公司

美国	加拿大	澳大利亚	日本	韩国	欧洲
波音	波音	波音	川崎	韩国航空航天	梅西埃·普加提
Spirit	梅西埃·普加提		三菱		罗尔斯·罗伊斯
沃特			富士		拉提可耶
通用电气					Alenia
古德里奇					萨博

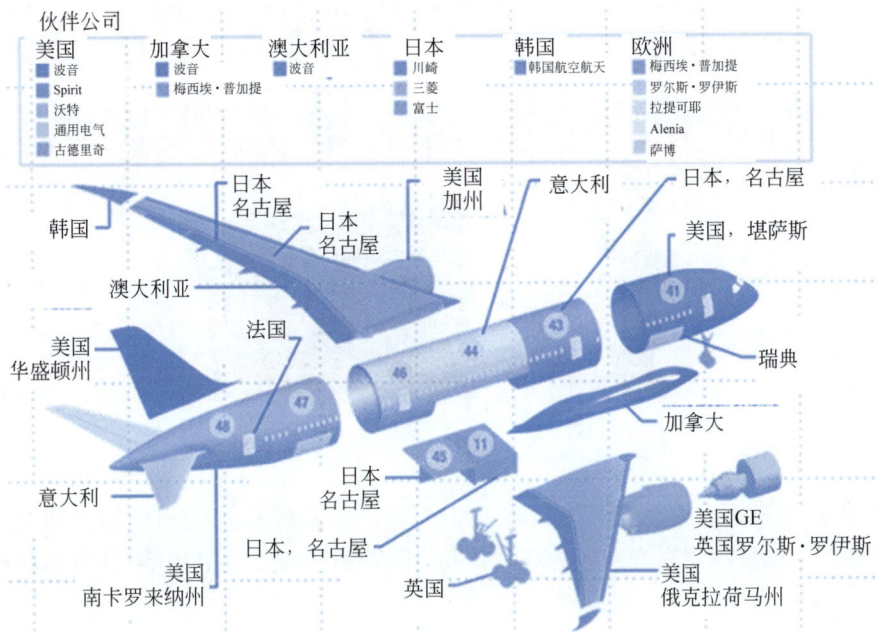

图 7.23　波音 787 的全球供应链

心、9000 多名科研人员、超过 29000 项专利的大型日用消费品公司,宝洁公司迟迟找不到解决方案。一个偶然的机会,宝洁公司发现了一家名叫"创新中心"的网站,并把对技术的需求放了上去。随后,来自意大利博洛尼亚的一位大学教授刚好发明了一种墨汁,能够在蛋糕上打出可食用的花色图案,这正好解决了宝洁公司的问题。

图案薯片的风行天下颠覆了宝洁公司原有的理念,引入了众包①模式,将提供新技术、新产品、新包装和新工艺的机会通过网络开放给社会,进而开启了"众创"时代,如图 7.24 所示。仅仅两年之后,宝洁公司又上市了 200 多种新产品,研发能力提高了 60%,创新成功率提高了两倍多,创新成本却下降了 20%。借助网络平台,宝洁公司轻易地网罗了 150 万人的编外研发队伍,却没有为此签订一份劳动合同。也许,这就是我们将来的工作方式——"云工作"。

云计算思想的影响范围绝不是仅限于工业生产之中,在人类文明的领域里,它又从"众包"衍生出"众智"的概念。如图 7.25 所示,经典的例子就是世界最大的知识分享网站——维基百科(Wikipedia),在国内也有对应的模仿者——百度百科,它们都是在利

---

① 众包,是指一个公司或机构把过去由员工执行的工作任务,以自由自愿的形式外包给非特定的大众网络的做法。

图 7.24　众创——云计算思维下的创新

用大众的智慧来推动人类文明的发展。相对而言,我们过去所熟知的《大不列颠百科全书》是聘请知识精英撰写和修改的权威读物,不仅耗时很长,而且内容有限,远远不能满足人们日常工作生活的需求。

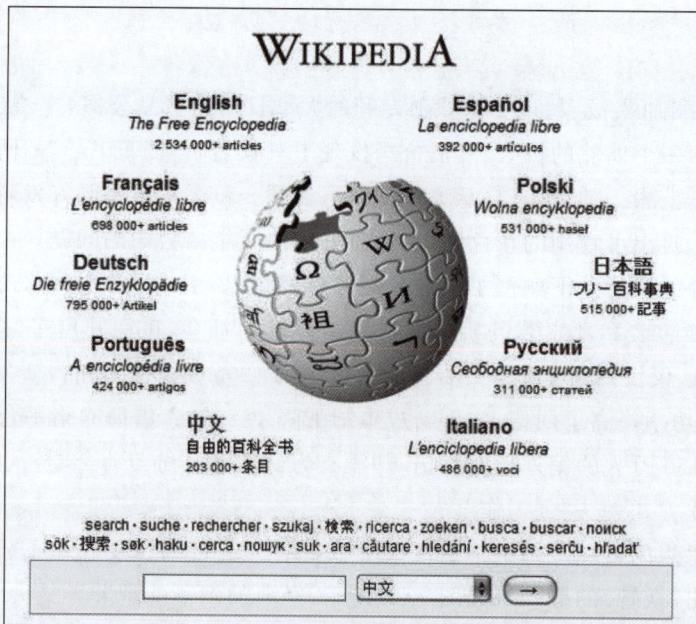

图 7.25　世界最大的知识分享网站——维基百科

维基百科自 2001 年 1 月 15 日正式成立,由维基媒体基金会负责维护,其大部分页面都可以由任何人使用浏览器进行阅览和修改。这部用多种语言编成的网络百科全书是大众参与、开放创新、协同合作的生动诠释。截至 2023 年年底,维基百科条目数第一的英文维基百科已有 675 万个条目(最近的一版《不列颠百科全书》只有 8 万余条)。全球 330 多种语言的独立运作版本,合计突破 6000 万个条目,总登记用户高达 5000 万人,而总编辑次数更是超过 20 亿次。

"众包"蕴含了巨大的社会能量,在推动创新中施展就形成了"众创",在知识形成中应用就出现了"众智"。说到底,"众包""众创""众智"都是一种互联网的思维,也是一种云计算的思维,更是一种大范围整合劳动力、技能和兴趣等资源的思维。现如今,我们的工作、学习、生活也一样需要云计算所带来的团队协作方法和共享经济模式,正如非洲一句古老的格言所说:"如果你想走得快,你就一个人走;如果你想走得远,你就一起走!"

共享经济的出现

想象一下,一座城市里闲置的房间不再是无法套现的不动产,而是上万家可供随时入住的快捷酒店,那会是怎样的情形? 每个人的私家车也都开动起来,在闲暇的时间里顺路捎带上其他人,那会是怎样的场景?

如今,曾经的想象都成为了现实。用户可以在 Airbnb[①] 的网站上发布、搜索度假房屋租赁信息并完成在线预定程序。而 Airbnb 的社区平台可以在 190 多个国家、65000 个城市为旅行者们提供数以百万计的独特入住选择,不管是公寓、别墅、城堡还是树屋。同样,为全球 70 多个国家的 400 余座城市的出行者提供方便用车的 Uber,自己也不需要拥有规模庞大的车队。数以万计的私家车的闲置时间都被它汇集起来,每年都能促成百万规模的订单生意,收入非常可观。

随着互联网技术的发展、云计算思维的普及,由隔离导致的闲置成为新资源,焕发出生机。一切曾经当然地被分配在个人名下的资源,都可能变成共享的商品,而做到物尽其用,这就是著名的"共享经济"。

---

① Airbnb 是 AirBed and Breakfast 的缩写,中文名译为爱彼迎。它是一家联系旅游人士和家有空房出租的房主的服务型网站,可以为用户提供多样的住宿信息。

第8章

安　全

安全是人类社会永恒的旋律。首先是人身安全,毕竟人的生命是最宝贵的,我们对亲朋好友最常见的祝福就是"平平安安"。其次是财产安全,物质财富是人们生存和发展的保障,也都受到法律的保护。此外,还有日益突出的食品安全问题,"民以食为天,食以安为先",人们在解决了食品的数量短缺问题之后就希望能够保障食品的质量。而信息安全在近几年屡屡成为新闻热点,这是因为计算机和互联网的普及让信息安全与食品安全、财产安全甚至生命安全都紧密地联系在了一起。

在工作和生活中,人们经常遇到各种各样的安全威胁。例如,个人资料泄露、论坛账号被窃取、信用卡被盗刷、计算机中毒、黑客攻击、操作系统崩溃、网络瘫痪等。看起来信息安全威胁样式繁多、层出不穷,但是归纳起来可将其分为 4 类,即截取、篡改、伪造和中断。

如表 8.1 所示,信息所面临的 4 类威胁是分别针对信息安全的 4 个目标的。这 4 个目标也是人们希望信息能够持有的 4 个理想特性——机密性、完整性、不可抵赖性和可用性。而要保障信息的这 4 个特性,人们采取了 4 种技术手段,即加密技术、完整性技术、认证技术和网络防御技术。下面将简要介绍这些技术手段是如何防范各种潜在的威胁,从而确保信息安全的。

表 8.1　信息安全的威胁、目标和技术手段

安 全 威 胁	技 术 手 段	保 障 目 标
截取	加密技术	机密性
篡改	完整性技术	完整性
伪造	认证技术	不可抵赖性
中断	网络防御技术	可用性

8.1　密码学基础

密码技术是信息安全的核心技术,它最早应用在军事和外交领域,随着科技的发展而逐渐进入人们的生活。密码的起源可以追溯到几千年前的埃及、巴比伦、古希腊、古代中国等。戴维·卡恩在《破译者》一书中就曾说道:"人类使用密码的历史几乎与使用文字的时间一样长。"

8.1.1　古典密码的思想

公元前 2 世纪,希腊人波利比乌斯发明了一种简单的代换密码,后世称为"棋盘密

码"或"Polybius 方表"。如图 8.1 所示,以英文为例,将 26 个字母按照顺序放在一个 5×5 的棋盘里面(字母 I 和 J 放在同一个格子里)。这样,每个字母都对应两个数字——一个是该字母所在行的标号,另一个是该字母所在列的标号。例如,字母 C 对应 13,字母 M 对应 32,字母 Y 对应 54。

	1	2	3	4	5
1	A	B	C	D	E
2	F	G	H	I/J	K
3	L	M	N	O	P
4	Q	R	S	T	U
5	V	W	X	Y	Z

图 8.1 棋盘密码示意图

按照这种方法,就可以把任意一串英文消息加密为一长串的数字符号了。解密的方法也是一样的。例如,接收到的加密消息为"23 15 31 35 32 15 24 11 32 45 33 14 15 42 11 44 44 11 13 25"(为了方便辨识用空格间隔开),对照图 8.1 的棋盘格,很容易就可以解读出消息为"HELPMEIAMUNDERATTACK"(24 可以解读为字母 I 或 J,但根据上下文很容易推测出应该是字母 I 还是 J)。

在专业术语中,将原始的未加密的数据称为明文,将加密的结果称为密文。用棋盘密码加密之后,明文和密文有着明显的不同——明文是字母,密文成了数字。而另一种基于代换思想的加密方法——凯撒密码[①],它处理之后的密文和明文一样,还是字母。

如图 8.2 所示,凯撒密码也称为移位密码或加法密码,它的基本思想是:通过把字母移动一定的位数来实现加密和解密。明文中的所有字母都在字母表上向后(或向前)按照一个固定步长进行偏移后被替换成密文。例如,当步长是 3 时,明文中的所有字母 A 将被替换成字母 D,B 变成 E,以此类推,X 将变成 A,Y 变成 B,Z 变成 C……

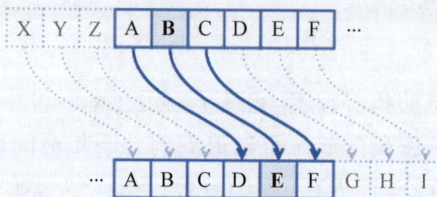

图 8.2 凯撒密码示意图

---

① 据说凯撒是率先使用这种代换加密的古代将领之一,因此这种加密方法被称为凯撒密码。但历史文献中还记载了凯撒使用的另一种加密方法——把明文的拉丁字母逐个代之以相应的希腊字母,这种方法看来更贴近凯撒在《高卢战记》中的记叙。

如果明文还是"HELPMEIAMUNDERATTACK",向后移动的步长依然是 3 的话,密文就是"KHOSPHLDPXQGHUDWWDFN"。如果让每个字母等价于一个数值,即 $a=0,b=1,\cdots\cdots,z=25$,那么"凯撒密码"的加密公式可以写为 $C=(M+3) \bmod 26$。如果移动的步长可以是任意整数 k,则更加通用加密公式为 $C=(M+k) \bmod 26$,解密公式为 $M=(C-k) \bmod 26$。由此可见,移位密码的方法很容易掌握,其关键就是移动的步长 k,也就是密钥,而加密和解密的过程都要在密钥的控制下进行。

需要特别注意的是,随着密码学的不断发展,数据安全是基于密钥而不是基于算法的保密。也就是说,对于一个密码体制,其算法是可以公开的,让所有人来使用和研究,但具体对于某次加密过程中所使用的密钥,则是保密的。如果把加密和解密算法看作一个函数,密钥就类似于函数中的参数的具体取值。函数的类型、计算方法都可以公开,但某次使用过程中具体参数的设置是保密的。

沿着上面的思路(把加密和解密看作函数运算)进一步推演,还可以推出与加法密码类似的乘法密码,加密公式为 $C=(M\times k) \bmod 26$。可以把加法密码和乘法密码结合起来构成具有两个参数 k_1 和 k_2 的仿射密码,加密公式为 $C=(k_1M+k_2) \bmod 26$。当 $k_1=1$ 时,仿射密码就变成了加法密码;当 $k_2=0$ 时,仿射密码又变成了乘法密码。

信息隐藏技术

在生活中,我们很容易看到一些和密码学很类似但又有着本质不同的信息安全措施,信息隐藏就是有代表性的一种。例如,考试前一群学生约定用以下方式传送选择题答案:如果张三咳嗽,则表示该题答案为 A;如果张三叹气,则表示答案为 B;如果张三跺脚,则表示答案为 C;如果张三转笔,则表示答案为 D。外界(教师和其他学生)可能会注意到张三行为,这些行为作为公开的信息,里面却隐藏着秘密信息,也就是题目答案。

另外一种信息隐藏技术就是隐写术。公元 1126 年,开封被敌军围困之时,宋钦宗"以矾书为诏"发出指令,采用的就是"以矾书帛,入水方现"的方法。它主要是用明矾溶于水得到一种"矾水",然后用这种"矾水"在布条上书写秘密情报,晾干之后看上去和无字的布料没有什么区别。收到该情报的人需要将布条浸水,才能让上面的字迹再次显现出来。后来的"不可见墨水"也是如此,都是用一些特殊材料书写之后不留下痕迹,除非加热或者加入某些化学物质,才能显露出信息。

所以说,信息隐藏就是将某一秘密信息隐藏于另一公开的信息内容中,其形式可以是任何一种数字媒体,如图像、声音、视频或一般的文本文档等,然后通过公开信息的传输来传递秘密信息。如图 8.3 所示,信息隐藏的目的是要掩盖秘密信息的存在,让别人只关注到秘密信息的载体——公开信息。而密码学则不需要通过这种隐蔽性来实现安全,它通过对秘密信息进行转换来实现信息对外不可读。

图 8.3　信息隐藏之"暗语"

8.1.2　现代密码的技术

到了 20 世纪 40 年代,随着电子计算机和信息论的出现,现代密码学开始针对二进制位而不是字母进行变换了。毕竟,在计算机等信息设备里面,所有的文本、音频、图像、图形都被存储为一串二进制编码。这又迫切需要设计一种更为有效的算法(计算机在运算方面不怕麻烦),能在密钥的控制下,把 n 位明文简单而又迅速地置换成唯一的 n 位密文,并且这种改变是可逆的。

数据加密标准(Data Encryption Standard，DES)[①]的产生被认为是现代密码发展史上的里程碑之一。DES 利用的思想还是古典密码学里面的代换和置换,不过是计算更为复杂,超出了人类自身的极限,以至于只能通过计算机来实现。如图 8.4 所示,它首先将二进制序列的明文分成每 64 比特一组,这样就可以对明文进行分组处理;将这 64 比特明文进行初始置换,也就是按照算法打乱它们的顺序;然后,在 64 比特主密钥产生的 16 个子密钥控制下,进行 16 轮乘积变换(代换和置换);最后,再进行逆初始置换就得到了 64 比特密文。

DES 的出现是密码学史上的一个创举。以前任何设计者对于密码体制及其设计细节都是严加保密的。但 DES 的算法可以公开发表,任由大家研究和分析,真正实现了安全性完全依赖于所用的密钥。而且 DES 除了密钥输入顺序之外,加密和解密的步骤完全相同,这就使得在制作 DES 芯片时易于做到标准化和通用化,非常适合现代通

---

① DES 是由 IBM 公司在 20 世纪 70 年代研制的。经过政府的加密标准筛选后,于 1976 年 11 月被美国政府采用,随后被美国国家标准局和美国国家标准协会认可。

输入64比特明文数据

↓

初始置换IP

↓

在密钥控制下16轮迭代

↓

交换左、右32比特

↓

初始逆置换IP^{-1}

↓

输出64比特密文数据

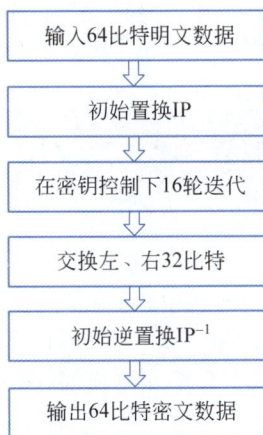

图8.4 DES算法的基本原理

信的需要。

从应用实践来看,DES具有良好的雪崩效应,就是明文或密钥的微小改变将对密文产生很大的影响。两段仅有一位不同的明文,使用相同的密钥进行3轮迭代,所得两段准密文就有21位不同;同一段明文,使用两个仅一位不同的密钥加密,经过数轮迭代之后,有半数的位都不一样了。

除了数据加密标准DES,国际数据加密算法(International Data Encryption Algorithm,IDEA)、高级加密标准(Advanced Encryption Standard,AES)等计算机加密算法和古典密码技术一样,都属于对称密码体制,也称为单钥密码体制。它们在加密和解密的时候用到的密钥相同,或者加密密钥和解密密钥之间存在着确定的转换关系,很容易相互推导出来。

如图8.5所示,对称密码体制在实际应用中存在着不小的缺陷。例如,老师要求学生们把课后作业上传到公共邮箱或网盘中,但又不希望学生们相互抄袭(甲从公共邮箱中下载一份乙的作业,修改一下再上传作为自己的作业),就需要让每位学生都进行加密上传。在对称密码体制下,大家不能使用同一个密钥,否则小红加密后上传,小明依然可以下载下来解密并抄袭,因为用这个密钥加密就可以用它再解开。这就迫使每位学生使用各不相同的密钥,然后老师又得记住每位学生的密钥,否则老师也无法解密并批改作业。

当学生人数为59时,教师就得记住59个密钥,这还是所有学生只和老师通信的情况。如果是师生之间也两两加密通信,那么老师和学生每个人都要保存59个不同的密钥,总共存在着1770个不同的密钥。如果一个通信网络有 n 个用户,那么整个网络中就需要 $C_n^2 = n(n-1)/2$ 个密钥。一个拥有10万用户的民用密码通信网就要保存接近

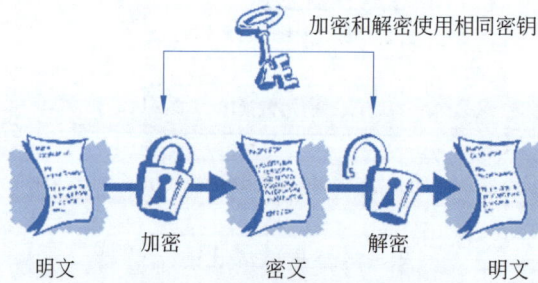

图 8.5　对称密码体制的加解密流程

50 亿个密钥,而且还要经常地产生、分配和更换,其困难性可想而知。

鉴于上述问题和其他一些不足,人们希望设计一种新的密码,从根本上克服对称密码体制的缺陷。1976 年,美国斯坦福大学的迪菲与赫尔曼发表了 *New Direction in Cryptography* 一文,首次公开提出了非对称密码体制(即公钥密码体制)的概念,开创了现代密码学的新时代。

如图 8.6 所示,非对称密码体制要求密钥成对出现:一个为公开的密钥(K_e),简称公钥;另一个为非公开的密钥(K_d),简称私钥;不可以从其中一个推导出另一个。而且,使用其中一个密钥加密,必须用另一个密钥才能解密,这也是非对称的本意所在。

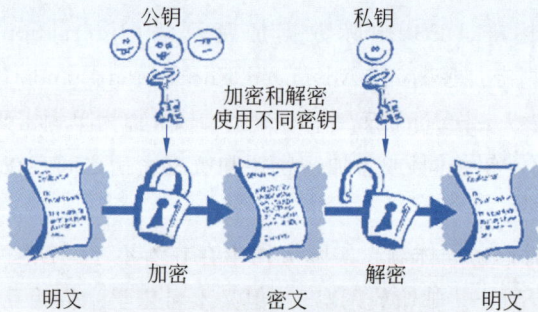

图 8.6　非对称密码体制的加解密流程

还是交作业这个例子,老师可以采用非对称密码体制的算法生成自己的一对密钥。然后在课堂上或者网络上公布自己的公钥,学生们可以使用老师的公钥对作业进行加密并上传到公共邮箱或网盘中。显然,学生们无法通过登录公共邮箱或网盘抄袭别人的作业(用老师的公钥加密的文件是不能用公钥解密的)。而老师则可以下载学生们的作业,用自己的私钥解密并批改。这样,只需要一对密钥就解决问题了,比对称密钥要方便多了。

如果老师和学生两两之间进行通信,可以每个人都事先生成自己的一对密钥。然后都把自己的公钥发布出去,就像把自己的电话号码公开在电话号码簿或班级主页上一样。任何一位学生或老师要与某人(如张三)通信,只要查到张三的公钥,用此公钥将明文加密为密文,然后把密文传送给张三。在此过程中,只有张三可以用自己的私钥对收到的密文进行解密,恢复出明文。

有人可能产生疑问,既然非对称密码技术那么好,不仅可以很方便地发布公钥进行通信,而且需要管理的密钥数量更少,那么对称密码技术还有什么用呢?这就涉及两类技术的优缺点对比了。从算法速度上看,对称密码技术是非常快的,而非对称密码技术太慢。如果进行大规模数据的加密和解密,那么采用非对称密码不仅计算复杂度高,而且影响通信的时效性。所以,我们一般利用非对称密码处理小规模的数据,如密钥。

如图 8.7 所示,如果 A 向大洋彼岸的 B 传送原文明文(一批规模较大的数据),为了保密起见,A 采用了对称密码技术(如 DES)生成了会话密钥,并使用会话密钥将原文明文加密成了原文密文,再进行传送。但是 B 要想解密原文密文,必须知道 A 生成的会话密钥。这个会话密钥的传输就成了关键问题,显然不能直接发送过来(一旦被第三方截获,那么对原文的加密就毫无意义了)。这时非对称密码技术就发挥作用了,只要 B 把自己的公钥发布在网上,A 用 B 的公钥把会话密钥加密为密钥密文,发送给 B 即可。B 接收到 A 发送来的密钥密文,用自己的私钥解密获得了会话密钥,再用会话密钥解密原文密文,最终就读取到了原文明文,完成了本次保密通信。

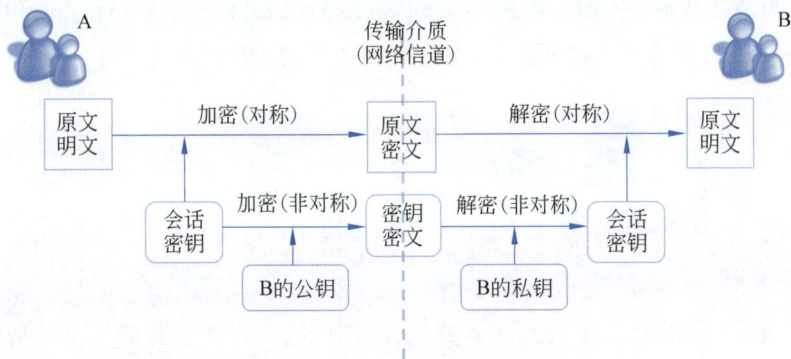

图 8.7 混合加密的通信方案

8.2 完整性技术

在日常生活中,人们很多时候的通信并不需要保密。例如,政府机关在网站上发布公告,在网上下载应用软件,通过社交工具给朋友送去祝福的话语⋯⋯但是,人们还是会担心这些信息在传递的过程中发生变化——丢失了一部分或者被替换了一段儿,也就是说信息被篡改了,即数据完整性受到了破坏。

如何才能发现接收的信息已经被"篡改"了呢？一种简单的方法就是把文件的大小(多少字节)、格式(.txt 还是.exe)、生成日期等特征编辑成额外的信息发送给接收方。接收方通过信息描述的这些特征来验证文件的完整性。但这种方法还是过于简单,在一些情况下很容易失效。例如,文件在传送的过程中被替换成了同等大小的其他文件,而且格式、生成日期也都一模一样。或者在文件中插入了一些恶意代码,同时删除了和代码同等大小的文件内容,并且修改生成日期和格式,使其保持不变。

参照判断论文抄袭的情形,可以找到一种更为实用的方法。设想一下,我们要看两篇文章是否一样,没有必要从头到尾一字一字地对照。只需要从每一段中,尤其是开头、结尾和中间几段,各自找到一些关键的词句对比一下,就大体能够看出文章是不是一样了。这些关键词句合在一起,就很类似一篇文章的摘要,只不过是按照固定的方法自动生成的文章摘要。只要自动生成的文章摘要相同,就可以认定文章是完全一样了。

把上面的思路推广到网络消息的传递中。如图 8.8 所示,通信双方 A 和 B 都使用同一个软件,也就是同样的算法 $H()$。A 先用算法 $H()$ 生成了消息 M 的摘要 h,并将其与消息 M 都发送给了 B。B 接收之后,也用算法 $H()$ 对接收到的消息 M 进行处理,生成了摘要 h',通过对比 h 和 h' 就可以判断消息 M 在传输过程中是否被篡改。这一过程被称为消息认证,使用的算法 $H()$ 被称为散列函数,也称哈希(Hash)函数,算法生成的结果 h 和 h' 称为消息摘要,又称消息文摘或者数字指纹。

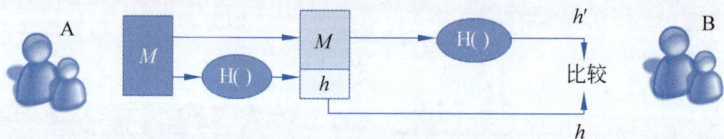

图 8.8 消息认证流程

哈希函数一般都是一个公开的函数,它的作用就是将任意长的信息映射为一个固定长度的信息。最简单的例子,就是抽取关键的一部分即后 4 位,就能区分出大多数的手机号,如果两个手机号后 4 位正好相同,这种现象就称为冲突,需要另外想办法了(如抽取前 3 位和后 4 位一起作为摘要)。还有一种简单的哈希函数就是平方取中法,其思想就是把一个数字的平方掐头去尾。例如,1234 取平方就是 1522756,掐头去尾保留中间 3 位就是 227;而 2061 取平方就是 4247721,掐头去尾保留中间 3 位就是 477。

当然,真正实用的哈希函数要复杂得多,生成的消息摘要也要长一些。例如,消息摘要算法第五版(Message Digest Algorithm 5,MD5)就可以把任意长度的消息变为128 位的二进制串。而安全散列算法(Secure Hash Algorithm,SHA)输出的消息摘要长度为 160～512 比特,这主要是由于版本的不同造成的[①]。总之,采用同样的算法,无论输入的消息有多长,计算出来的消息摘要的长度总是固定的。但是,只要输入的消息稍有不同,产生的消息摘要就肯定不同(完全相同的输入必会产生相同的消息摘要)。

使用哈希函数进行消息认证已是比较常见的应用了。一般情况下,在网站上发布软件的同时也公布了软件的消息摘要,即 MD5 码。用户下载软件之后,可以用 MD5 生成器对软件重新生成一遍消息摘要,然后和网站公布的 MD5 码进行对比,如图 8.9 所示。如果两个 MD5 码的值完全一样,则说明这个软件是完整的,没有被篡改过。

图 8.9　通过 MD5 验证文件的完整性

8.3　身份认证

计算机是通过身份认证来保证资源的合法访问,进而消除伪造这类安全隐患的。例如,你去自助取款,ATM 机需要先核实你的身份,才能授权你继续操作;你出入高档公寓,门禁会放行住户,把其他闲杂人等挡在外面;你去单位上班,打卡机都要验证你是真的来过,还是其他人冒名顶替。由此可以看出,作为自然人,你能够被计算机所辨识需要基于:①你知道什么? ②你具有什么? ③你是谁? 下面分别介绍它们的区别和联系。

8.3.1　用户所知道的

在互联网和电子设备上遇到的密码或者 Password,从严格意义上讲都应该称为"口令",利用的就是"用户所知道的信息"来判断其身份。这个信息只有被验证的人自己知道,并且其他人都无法猜出来。也就是说,越是难猜的就越是理想的安全口令。

---

① 除了 SHA-1 之外,还有 SHA-256、SHA-384 和 SHA-512。

常见的不安全口令如下。

(1) 使用用户名(账号)或变换形式作为口令。很明显这种方法在便于记忆方面有着相当的优势,可是在安全方面简直不堪一击——几乎所有的黑客都会首先尝试将用户名作为口令先试一试。有的用户自以为聪明,将用户名颠倒或者加个前后缀作为口令,既容易记住,又可以防止被别人直接猜到。不过,这难不倒计算机程序,例如专门的黑客软件 John the Ripper,如果你的用户名是 fool,那么它在尝试使用 fool 作为口令之后,还会试着使用如 fool123、123fool、loof、loof123 等口令。只要你想到的变换方法,它也会想到,几乎不需要多少时间。

(2) 使用自己或亲友的生日作为口令。这种口令有着很大的欺骗性,因为位数的增加,理论上有了成千上万的可能性。其实口令中表示月份的两位数字只有 1~12 可以使用,表示日期的 2 位数字也只有 1~31 可以使用,表示年份的 4 位数字只能是 $19\times\times$ 或 $20\times\times$ 年。实际有用的 8 位口令只有 $12\times31\times100\times2=74400$ 种可能。即使考虑到年月日三部分有 6 种排列顺序,那一共也只有 $74400\times6=446400$ 种。软件每秒搜索上万个不在话下,所以试出正确口令仅需几分钟。

(3) 使用学号、员工号码、身份证号等作为口令。对于完全不了解用户情况的人来说,很难猜出口令来。但是如果是熟人或者掌握了一些用户信息的人来说,猜出口令就不那么难了。身份证号虽然有 18 位,但很有规律,取值范围极其有限:前 6 位是最早落户地的行政区划代码;接着 8 位就是出生日期;再后面 3 位一般男性是奇数,女性是偶数;最后一位是 0~9 或 X。

(4) 使用常用的英文单词作为口令。这种方法比前几种都要安全一些。但是,黑客软件一般都会配备一个很大的词库,一般有 10~20 万个常用英文单词、词组和短语。而你选择的词句十之八九可能在这个词库里面。就算软件每秒只尝试上千个单词,几分钟也能把词库搜完。

如图 8.10(a)所示,网上评出了十大最烂的口令,大家可以看看自己是不是也犯过同样的错误。而图 8.10(b)则展示了 CSDN[①] 的用户设置的复杂口令。当然,他们在拼音或英文中混杂使用了一些程序设计语言的符号,其绝妙之处恐怕只有专业人士才能体会得出来。

那么,究竟怎样的口令才是安全的呢? 一般认为,安全口令应该具有以下 4 个特征:

(1) 8 位长度或更长。如果只是使用口令一种认证手段,建议在 12 位以上。

---

① CSDN(Chinese Software Developer Network)创立于 1999 年,是中国最大的 IT 社区和服务平台。2011年 12 月,由于黑客攻击,CSDN 网站数据库中超过六百万用户的登录名和口令遭到泄露。这也促使了众多网站开始对用户信息进行加密存储。

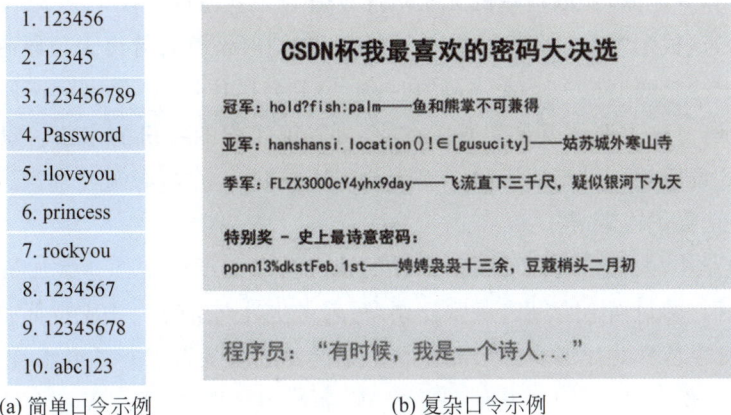

(a) 简单口令示例   (b) 复杂口令示例

图 8.10 简单口令与复杂口令

（2）必须包括大小写字母和数字字符,如果有控制字符①更好。

（3）不要太常见。不要使用常见的单词,更不要沿用系统指定的口令。

（4）设置一定的使用期限。就像部队的口令一样,经常更换才能保障安全。

当然,口令设置得再好,也得小心维护才行。只有执行严格的管理措施,才能让安全更有保障。下面是注意事项:

（1）不要将口令告诉其他人,不要几个人共享一个口令,也不要把口令记在本子上或计算机周围。

（2）最好不要用电子邮件等网络工具传送口令,如果一定需要这样做,要对电子邮件进行加密处理。

（3）如果账户长期不用,应将其暂停。如果雇员离开公司,应及时把他的账户消除。不要保留一些不用的账号,这是很危险的。

（4）限制登录次数。这样可以防止有人不断地尝试使用不同的口令和登录名。

（5）限制用户的登录时间。例如,只有在工作时间用户才能登录计算机。

8.3.2 用户所拥有的

根据"用户所知道的"来认证用户的身份,存在诸多显而易见的问题。例如,安全的口令太过复杂,不容易记住;容易记住的口令一般都很简单,极不安全;面对多个应用场景需要很多口令,口令全都不一样的话,用户很快就忘记了;口令如果都设置一样,那么

---

① 控制字符(Control Character)是出现于特定的信息文本中,表示某一控制功能的字符。例如,LF(换行)、CR(回车)、FF(换页)、DEL(删除)、BS(退格)、BEL(振铃)等。

一旦有一个口令泄露,获取口令的人很可能拿着它去其他场合挨个尝试。

相对而言,根据"用户所拥有的"来认证用户的身份,就有着得天独厚的优势了。想想我们出入校园、政府机关或者公司的时候,门卫会拦住你,让你出示证件(学生证、身份证、通行证)。这个证件就是你所拥有的,可以证实你的身份的东西。只要你随身携带,在相应的场所就可以畅通无阻。而无须像记住口令一样,必须经常"温习",一着急,还是很容易记混了或者忘了。

早期的证件,大都是类似证明信那样的盖有公章的纸质文件。参加科举考试的时候,在报考材料的封面上会贴有一张浮票,写着考生姓名、座次、体貌特征。考生交卷的时候,准考官会认真对比考生外形和浮票上描述的细节是否统一。当然,仅凭文字说明不足以确认身份,所以还需要其他保障措施,如结保证明①。后来,随着科学技术的发展,有了照相技术,这样就可以通过照片结合相应的文字描述一起认证身份了。

纸质证件不容易保存,带在身上时间一长,难免字迹模糊,影响辨认。而且只能依靠人工识别,不利于信息系统的自动处理。于是就出现了带有磁卡的证件,例如大楼的通行卡片,只要在扫描器上划卡通过验证,就可以打开大门进入大楼。如图 8.11(a)所示,卡片携带方便,可以长期保存,而且背面的磁条中可以存储更多的信息。但是,像这样的磁卡最大的缺点是它只有数据存储能力,没有数据处理能力,也就没有对记录的数据进行安全保护的机制。因此,对于专业人员来说,伪造和复制磁卡是比较容易的。

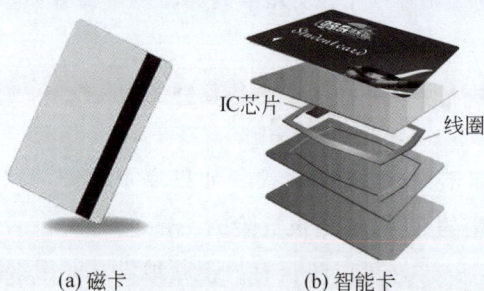

IC芯片

线圈

(a) 磁卡　　　　　　(b) 智能卡

图 8.11　用于身份认证的卡片

随着计算机技术的发展,尤其是微处理器的不断推陈出新,又出现了 IC 卡②。如图 8.11(b)所示,所有的 IC 卡中都包含一块微电子芯片,存储了持卡人的个人信息。当

---

① 一般结保有两种形式:一种是考生互相担保,5 个同时参加考试的考生互相担保,也称为"五童结";另一种形式是由官学的廪膳生来充当证明人,并在结保证明,即"结状"上签字,称为"认保"或者"派保"。这样,考生在报考和考试中有任何舞弊行为,结保者、认保或者派保的廪膳生都要受到牵连,轻则收到降等的处分,重则会有牢狱之灾。

② IC 卡(Integrated Circuit Card,集成电路卡),又称智能卡(Smart card)、智慧卡(Intelligent card)、微电路卡(Microcircuit card)或微芯片卡等。

需要某种服务时,持卡人在读卡设备上进行认证。IC卡可以说是最小的个人计算机,在它的芯片上包含有CPU、存储器和I/O接口,而且还有操作系统的软件支持。与磁卡相比,IC卡不仅使用寿命长、存储容量大,而且安全保密性能高(具有数据处理能力)。所以,IC卡得到了越来越广泛的应用。例如,二代身份证、银行的电子钱包、手机SIM卡、公共交通的公交卡、地铁卡以及高档会所用于收取停车费的停车卡等,都在人们日常生活中扮演了重要的角色。

无论是介绍信、磁卡、IC卡,它们都属于根据"用户所拥有的"来认证用户的身份。这种方式避免了像口令那样不方便记忆和管理的问题,但是其必需的物理材料导致成本也比较高,而且整个流程相对复杂一些。最大的不足之处,就是如果相关证件一旦丢失,那么用户就无法证实自己的身份,而捡到证件的人就可以假冒真正的用户。

双因素认证

任何身份认证方法,如果需要三种"东西"(你知道什么?你具有什么?你是谁?)中的两种,就被称为是双因素认证。例如,你在 ATM 机上取款,一方面需要插入银行卡,这是通过"你具有什么?"来证实你的用户身份;另一方面还需要你输入口令,这是通过"你知道什么?"进一步核实你的身份。通过双因素认证,可以避免因为银行卡丢失而造成损失。

USB Key,即网上银行的 U 盾,也是双因素认证的一个例子。USB Key是一种 USB 接口的硬件设备,它内置的智能卡芯片上存储了用户的密钥或数字证书,并通过加密算法实现了对用户身份的认证。每个 USB Key 都有一个硬件 PIN 码(可以理解为用户口令)保护,所以用户只有同时拥有 PIN 码和USB Key,才能登录系统。即使用户的 PIN 码泄露,只要 USB Key 不被盗取,合法用户的身份就不会被仿冒;同样,如果用户的 USB Key 遗失,拾到者由于不知道用户的 PIN 码,也无法假冒真正的用户。

8.3.3 用户生物特征

8.3.2节提到,科举考试用的浮票就是古代读书人的身份证(上面写着考生姓名、座次、体貌特征)。交卷时,准考官会认真对比考生外形和浮票上描述的细节是否统一。这其实就是在通过"你是谁",即"生物特征"来认证考生的身份。当然,文字描述的生物特征是非常笼统的,只要体貌差距不大就很容易蒙混过关。直到有了照相技术,才让这种方式更加实用,这也算是我们的学生证、工作证和身份证的演变历程。

如图 8.12 所示,随着信息技术的发展,如何使用计算机进行人脸的自动识别已经提上了日程。从技术角度上讲,人脸识别技术主要涉及两个核心工作:在输入的图像中定位人脸(人脸检测)和提取人脸特征(如各个局部特征之间的几何关系)进行匹配识别。目前的人脸识别系统中,图像的背景通常是可以控制的(如比较容易区分的纯色背景),因此人脸的定位比较容易解决,但实际应用中的背景很可能比较复杂且不可控。何况,由于表情、位置、方向以及光照的变化都会让人脸的表象产生很大的差异,这就让人脸的特征提取比较困难。虽然存在着巨大的挑战,但由于通过人脸识别进行身份认证是最为友好(可以做到让用户几乎没有觉察)和最为直接的方式,所以一直是模式识别研究和生产应用的热点。

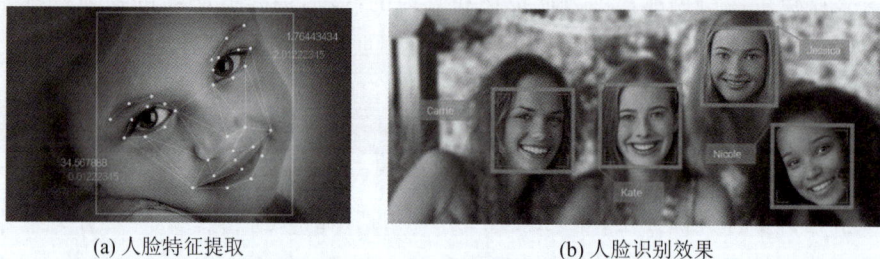

(a) 人脸特征提取

(b) 人脸识别效果

图 8.12 人脸识别示例

应用最为广泛且最为成熟的还是指纹识别技术。在古代,人们很早就发现每个人的指纹纹路都是独一无二的,虽然手指随着身体的长大而长大,但指纹的几何形状是不会变化的。所以指纹就作为一种身份的凭证登上了历史的舞台,例如在契约上"按手印"。计算机识别指纹就是通过其纹路的几何形状特征(比较 20 个微小特征就可以正确识别一个指纹),而每个手指上通常都有 50~200 个微小的特征。

读取用户指纹时,需要手指紧密接触指纹采集头,以获取稳定可靠的图像。由于指纹采集头体积小、价格低廉,而指纹识别的速度快、比较方便,这就让这种身份认证方式迅速推广开来。如图 8.13 所示,掌纹识别是指纹识别的升级版,获取的特征比指纹更加丰富。但是它们有着共同的缺点:一是有些场景下不方便,例如医生护士经常需要洗手消毒,矿工、泥水匠这类技术工人的手上常年积攒污垢;二是指纹采集时在采集头上留下印痕也使得复制指纹成为可能。

相对于指纹识别在日常生活中的普及,虹膜[①]和视网膜扫描更多出现在影视作品中,被认为是针对身份认证应用的终极生物特征识别技术。如图 8.14 所示,人的眼睛结构由角膜、虹膜、瞳孔、晶状体、视网膜等部分组成。其中,虹膜和视网膜的结构特征因人而异,即使是同卵双胞胎或者同一个人的左右眼,都不会相同。而且不可能在对视

---

① 虹膜是位于黑色瞳孔和白色巩膜之间的圆环状部分,其包含有很多相互交错的斑点、细丝、冠状、条纹、隐窝等的细节特征。而且虹膜在胎儿发育阶段形成后,在整个生命历程中将是保持不变的。

(a) 指纹识别　　　　　　　　　　　　　　(b) 掌纹识别

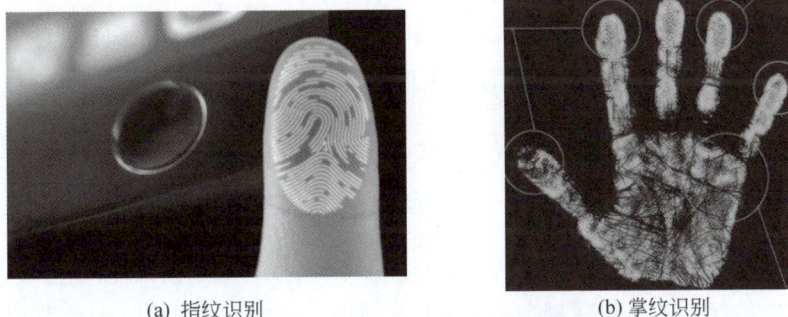

图 8.13　通过指纹和掌纹进行身份认证

觉无严重影响的情况下,用外科手术改变其特征,更不可能将一个人的特征改变得和某个特定对象一样。

虹膜可以直接看到,用通用摄像设备就可以获取图像,但很多情况下图像的纹理不清晰会造成识别困难(黑眼睛人群成像效果不好),而特殊的虹膜扫描装置仍然有着价格和操作等方面的高门槛。视网膜位于眼底,取像难度较大,很难降低其成本,虽然其检测结果更加稳定可靠,但可能会给使用者带来健康方面的损害。

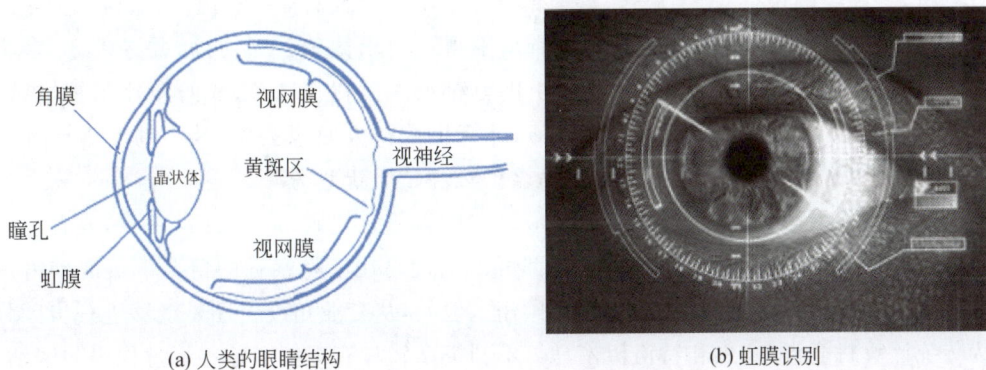

(a) 人类的眼睛结构　　　　　　　　　　　　(b) 虹膜识别

图 8.14　虹膜的位置与识别技术

总而言之,能够认证身份的理想的生物特征应该具备以下特点:

(1) 广泛性——每个人都应该具有这种特征。实际上,没有哪个生物特征能够应用于所有的人。例如,存在小部分人并不具有可读取的指纹。

(2) 唯一性——每个人的具体特征各不相同,有相当大的实际可区分度。在理论上,有些特征的检测可以做到较高的区分度,非常低的错误率。但在现实中,不可能期望 100% 的确定性。

(3) 稳定性——理想情况下,这些可测量的生物特征应该是永久不变的。在实践中,如果能够在相当长的时间内保持稳定就足够了。

（4）可采集性——所选择的特征应该容易获取,并且不会给认证的对象带来任何潜在的伤害。实际上,可采集性往往严重依赖于认证对象是否愿意合作。

8.4 网络攻防

近年来,任何规模化的网络攻击都可能使成千上万的信息系统面临危险,造成的潜在损失数以亿计。随着物联网的普及,手表、眼镜、皮带、座椅都嵌入了芯片,电视、冰箱、热水器、汽车都连接了网络。这些日常用品如果被攻击了,带来的威胁会涉及人身安全。按照这种情况发展下去,未来网络攻击的影响力和后果将会更加严重。

8.4.1 计算机病毒

提到计算机病毒(computer virus),人们都会谈虎色变。它像一个幽灵,暗中滋生并快速传播蔓延,使众多信息系统受到侵袭,甚至造成整个网络的瘫痪。从 2012 年 1 月起的一年半时间,一个被称为"要塞"的僵尸网络①侵犯了全球范围内 500 万台个人计算机,并在美国银行、汇丰银行、富国银行等数十家金融机构肆意出入,盗窃资金超过 5 亿美元。为了侦破此案,美国联邦调查局不得不请求微软公司协助,并寻求 80 多个国家的支持。2010 年 7 月的一天,在伊朗首都德黑兰以南 100km 的布什尔核电站,8000 台正在工作的离心机突然出现故障,计算机数据大面积丢失,其中的上千台计算机被物理性损毁。入侵者正是后来被命名为"震网"的新型病毒。

严格意义上讲,这些计算机病毒更应该统称为恶意代码(malicious code)或者恶意软件(malicious software)。虽然,它们都可以把代码在不易察觉的情况下镶嵌到另一段程序中,进行具有入侵性或破坏性的操作。但是,从专业角度上还是能够进一步区分为传统计算机病毒、蠕虫和特洛伊木马等不同类型。只有理解了这些恶意代码的区别,才能进一步搞清楚如何有效地实施防御。

计算机病毒的起源

计算机病毒最早大约出现在 20 世纪 60 年代,关于它的起源有着不同的说法。有人认为它起源于人们的恶作剧心理。希望展示自己天分的技术人员设计开发出一种隐藏在计算机内部的程序,通过各种载体传播出去并在一定

---

① 僵尸网络(botnet)是指采用一种或多种传播手段,使大量主机感染僵尸程序,从而在控制者和被感染主机之间形成的一个可一对多控制的网络。

条件下激活。也有人认为它起源于业余时间的消遣。据说,在完成任务后的工作时间,麻省理工学院的一些青年研究人员尝试着在各自的计算机上编制一段小程序,看看谁能够"吃掉"(销毁)对方的程序。这很接近于今天所讲的计算机病毒了,可以看作病毒的雏形。

另一种说法认为,计算机病毒起源于人们的科幻意识。1975 年,美国科普作家约翰·布伦纳出版了一本科幻小说《震荡波骑士》,描述了代表正义与邪恶的双方——Worm 和 Virus,利用计算机进行斗争的故事。此后,另一位科普作家托马斯又出版了名为《P-1 的青春》的科幻小说。描写了一种特殊的计算机程序,能够自我复制并传播到其他计算机中,最后控制了 7000 多台计算机,造成了巨大的灾难。在这本书中,作者就将该程序称为计算机病毒。

此外,还有一种说法认为,计算机病毒是软件制造商为了保障自己的合法权益,为了防止和惩罚非法复制行为,在自己的软件中加入了破坏性程序。著名的巴基斯坦病毒就是为了惩罚盗版者而设计的,后经多次修改,具有极强的破坏性。

1. 传统计算机病毒

从生物学角度上讲,"病毒"是一种没有完整细胞结构的微生物,必须寄生在活细胞内。传统的计算机病毒也是类似的,它不能作为独立的可执行程序运行,而是寄生在宿主(其他计算机程序)之中[①]。这些宿主可以是一个标准的软件(严格地说是可执行程序),也可以是一些数据文件,如 Word 文档。这种"隐藏性"使得计算机病毒不容易被用户察觉,一旦发现,就表明资源及数据已经被损坏。

计算机病毒的一个核心特征是感染性,也就是和生物病毒一样具有自我复制并快速传播的功能。这使得它不需要像常规软件一样依靠人类的手动复制,一旦侵入系统,就能从一个程序感染另一个程序,从一台机器感染另一台机器,从一个网络感染另一个网络。同时,其分布却是以几何级数增长的。当然,很多计算机病毒的发作是有一定条件(特定的日期、特定的标识符、使用特定的文件等)的。只要满足了这些特定条件,病毒就会立即被激活,开始破坏活动。

2. 蠕虫

1988 年冬天,正在康乃尔大学读书的罗伯特·莫里斯把一个被称为"蠕虫"的代码上传到互联网上。它每袭击一台机器就会获取其控制权,然后耗尽所有资源,并继续感染其他系统。用户目瞪口呆地看着这些不请自来的神秘入侵者迅速扩大战果,充斥计

---

① 在《中华人民共和国计算机信息系统安全保护条例》中,计算机病毒被定义为:"编制或者在计算机程序中插入的破坏计算机功能或者破坏数据、影响计算机使用并且能够自我复制的一组计算机指令或者程序代码。"

算机内存,使计算机莫名其妙地"死掉"。当晚,从美国东海岸到西海岸,互联网用户陷入一片恐慌。当加州伯克利分校的专家找出阻止其蔓延的办法时,短短 12 小时内,已有 6200 台采用 UNIX 操作系统的 SUN 工作站和 VAX 小型机瘫痪或半瘫痪,不计其数的数据和资料毁于这一夜,造成一场损失近亿美元的空前大劫难。

和传统的计算机病毒不同,蠕虫是一种无须计算机使用者干预即可运行的独立程序。但是又和病毒在本质上一样,都是通过自我复制进行传播。因此,也可以把蠕虫看作广义上的病毒,新闻媒体上往往称之为蠕虫病毒,例如"尼姆达"(Nimda)、"震荡波"、"熊猫烧香"及其变种。

3. 特洛伊木马

古希腊传说中有一个"木马屠城"的故事。说的是希腊人远征特洛伊城,久攻不下之时,将领奥德修斯献计,在巨大的木马内埋伏一批勇士,然后佯装退兵。特洛伊人以为得胜,把木马作为战利品搬入城中。到了夜间,木马内的伏兵出来打开城门,希腊将士一拥而入攻下城池。所以,后世称这只大木马为特洛伊木马。

网络中的特洛伊木马并没有庞大的体积和酷似马匹的外形,它们是和正常程序捆绑在一起的精心编写的代码。如图 8.15 所示,与传说中的木马一样,它们会在用户安装正常程序时跟着悄悄进入用户的系统中,在用户毫不知情的情况下打开后门,窃取机密,甚至控制整个系统。

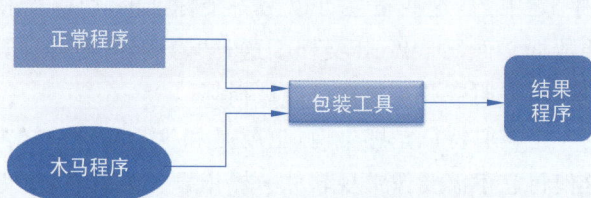

图 8.15 带有"伪装"的后门程序——特洛伊木马

早期的木马和传统计算机病毒最明显的区分就在感染性上。这主要是由于病毒的创造者为了炫耀天赋和创意,编制出的代码一方面可以不断自我复制,另一方面要做出不可思议的效果(花屏、死机甚至一些恶搞画面)。与之相反,木马的创造者大多是有目的地获取各种敏感信息甚至系统的控制权限,希望最好永远不被察觉,所以要低调伪装自己,采用和正常程序捆绑在一起的方式进行传播。

木马和病毒的区别正在逐渐变淡并消失。这是因为随着互联网的发展和信息技术的进步,木马为了入侵并控制更多的系统,进而获取更丰富的信息,也开始糅合病毒的编写方式。所以,现在的木马也被称为木马病毒。

8.4.2 黑客技术

虽然不同的网络攻击者采取不同的攻击手段,但在行动之前一般都要做好充分的调查和计划。攻击者往往先通过网络查找相关目标尽可能多的资料,做到知己知彼、有的放矢。这里用到的技术手段就是扫描,即通过固定格式的询问试探主机的某些特征的过程,相应的工具就是扫描器。扫描主要分为端口扫描和漏洞扫描两类。

如果把网络中的每台计算机比喻成一座城堡,那么计算机的端口就类似这些城堡的城门。就像城堡通过不同的城门来进出人、畜、家具、车队等,计算机正是通过不同端口来开放各种服务和接收不同的数据……如果想攻打一个城堡,拉开阵仗、强行攻击往往是效果最差的方法。一般都是先派人观察有多少城门、水道等出入口,摸清楚开关规律,趁其不备,从出入口一拥而入。再不济,也要像"木马屠城"一样,渗入间谍,找准机会打开城门,里应外合。网络攻击者正是学习了军队攻打城池的方法,先侦察,再寻找机会。他们进行端口扫描主要就是探测目标计算机开放了哪些端口、提供了哪些服务,这样后面的攻击才能省时省力、效果更好。

由于技术人员自身的各种局限性,软件系统在开发过程中不可避免地会留下很多缺陷。在各种各样的缺陷中,有一部分会引起非常严重的后果,人们称之为漏洞。就好比城堡的城墙非常坚固,城门等出入口也守卫森严,但是有一个无人看管的暗道可以从城外进入城内。一旦攻城一方利用了这个暗道,城堡的所有防守都会形同虚设。漏洞扫描正是通过专门的工具寻找系统的漏洞,然后利用找到的漏洞进行下一步的攻击。所以,防范漏洞的最好办法是及时为操作系统和各种应用服务打补丁(是软件公司为已发现的漏洞所做的修复行为)。

"千年虫"

"千年虫",又称"千年危机"或"计算机2000年问题",缩写为"Y2K"。"千年虫"问题的根源始于20世纪60年代。当时计算机存储器的成本很高,如果用4位数字表示年份,就要多占用存储器空间,进而增加成本,所以为了节省起见,技术人员采用两位数字表示年份。随着科学技术的发展,存储器的价格迅速降低,但在计算机系统中使用两位数字来表示年份的做法却由于思维上的惯性势力而被沿袭下来。所以,从本质上将,"千年虫"是一个严重的bug,也就是漏洞,而非病毒。

直到21世纪即将来临之际,计算机领域的专家们突然意识到用两位数字表示年份将无法正确辨识公元2000年及其以后的年份,这个漏洞将会造成极为可怕的灾难。例如,我1982年在银行里存了一笔钱,到2000年取款的时候,结息应该按照 2000 减去 1982 来计算。但是由于年份只保存后两位数字,就成了 00 减去 82 了,即 1900 减去 1982,结果显然是错误的。所有医疗、工业、交通、军事相关的计算机都会出现类似问题,进而引发各种各样的系统功能紊乱甚至崩溃。于是自 1997 年起,信息界开始拉起了"千年虫"警钟,并很快引起了全球关注。随着信息系统软硬件的及时升级和批量更换,人们成功地解决了"千年虫"问题,顺利地度过了 2000 年。

网络上还有一种比较常见的攻击手段就是欺骗攻击,例如钓鱼网站(见图 8.16)。它一般通过电子邮件(或者弹出页面)传播,此类邮件中一个经过伪装的链接将收件人引诱到一个通过精心设计的与目标银行、电商网站非常相似的页面上,并要求访问者提交账号和密码(口令),进而获取收信人在目标网站上登记的所有个人敏感信息。通常这个攻击过程不会让受害者警觉,而这些个人信息使得钓鱼网站的拥有者可以假冒受害者进行欺诈性金融交易,从而获得经济利益。

图 8.16 钓鱼网站的欺骗攻击

另一种非常彻底的网络攻击手段就是拒绝服务攻击了。2007 年,爱沙尼亚,这个波罗的海沿岸的国家,因为一次网络攻击受到全世界的瞩目。当时,这个从苏联独立出来的国家,试图将首都中心广场上的一尊红军的"青铜战士"塑像移走。突然间,全球超过 100 万台计算机瞬间前来登录网络,这让整个国家的网络陷入瘫痪。所有政府机关、公司、个人都中断了及时获取信息的渠道,生产、教育、军事、医疗活动都无法有效地组织起来。这种分布式拒绝服务,其基本原理就是联合多台计算机,进一步操纵更多的分布在世界各地的"傀儡"计算机,一起冲击某台主机或某一网络,将其可用的带宽、存储空间、计算服务等资源消耗殆尽,使其无法正常工作。

8.4.3　网络安全防御

保障网络安全是一个系统工程,仅仅依靠一种或几种安全技术是无法完成的。一个高可靠性的网络安全防御系统在管理上要具备完善的制度,在技术上则是一个包含各种安全技术的合理组合,包括防病毒系统、入侵检测/防御系统、防火墙系统等。让我们耳熟能详的往往是个人计算机上网必备的防火墙软件,例如天网、金山、瑞星、360,还有 Windows 自带的防火墙。

在建筑学领域里,防火墙(Firewall)被设计用来阻止火势从建筑物的一部分蔓延到另一部分。如图 8.17 所示,网络防火墙位于两个(或多个)网络之间,防止外部网络的损失波及内部网络。也就是说我们认为内部网络是"可信任网络",而外部网络是"不可信任网络"。于是我们就在内部网络的边界处修了一堵"城墙",在唯一的入口处装上"城门",设置了安全哨所,进入的所有数据都要接受安全检查。

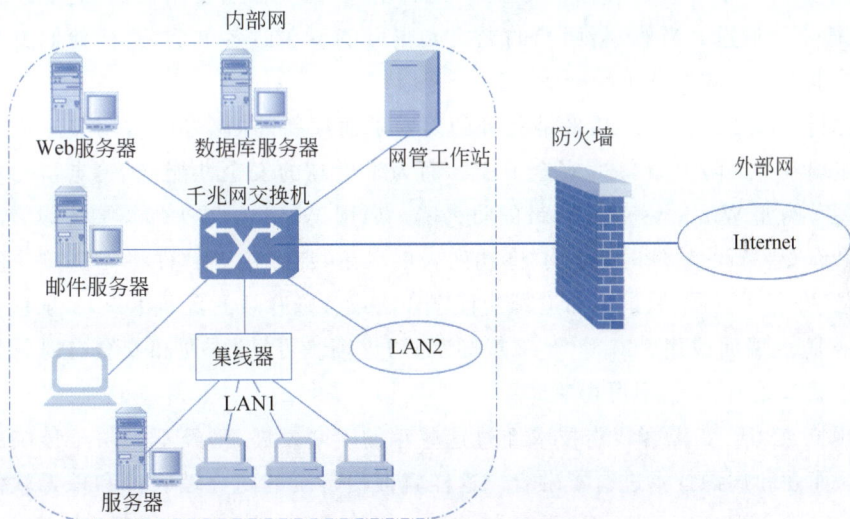

图 8.17　装备防火墙的网络结构

广义上讲,防火墙是内部网络和外部网络之间的一个缓冲,可以是一台有访问控制策略的路由器,或一台多个网络接口的计算机,也可以是安装在某台特定机器上的软件。因为通常牵扯到不止一种技术和不止一台设备,所以防火墙应该理解为一个软硬件结合的系统,或者一整套解决方案。从原理上,防火墙系统一般要满足下面三个条件:

(1) 内部和外部之间的所有网络数据流必须经过防火墙。

(2) 只有符合安全政策的数据流才能通过防火墙。

（3）防火墙自身能抗攻击。

对于防火墙的工作策略（应该怎样工作），尤其是其默认行为，用户、开发者和安全专家存在着明显的意见分歧。对此，可以归结为两种学术思想：一种是"Yes 规则"，即一切未被禁止的就是允许的，也就是默认允许；而另一种则是"No 规则"，即一切未被允许的就是禁止的，也就是默认拒绝。

"Yes 规则"要确定哪些被认为是不安全的服务，禁止其访问，其他服务则被认为是安全的，允许访问。这就好比大家都要出入城门，而安全哨所的士兵手里有一个罗列了所有破坏分子的"黑名单"。只要黑名单里面有的，一律不予通过，其余人等全部放行。当然，新出现的破坏分子很可能不在"黑名单"上（陈旧的数据），这样他们就漏网了，但是也避免了误抓了老实人。

"No 规则"恰恰相反，它要确定所有可以被提供的服务以及它们的安全性，然后开放这些服务，并将所有其他未被列入的服务排除在外，禁止访问。也就是说，安全哨所的士兵手里有一个罗列了所有老实人的"白名单"。只要白名单里面有的就放行，其余人等一律不予通过。当然，新面孔的老实人很可能不在白名单上，这样他们就被误抓了，但是也避免了破坏分子漏网。

这两种策略各有优劣，几乎是互补的。为了使用新的服务方便，用户通常喜欢前者，例如瑞星个人防火墙、360 安全卫士。而为了更高的安全性能，经验丰富的专家更推荐后者，例如 Windows 系统自带的防火墙。启用 Window 防火墙需要先设置好白名单，如果你安装新的软件时忘记了将其列入白名单，那么这个软件将无法接受网络服务。虽然安全性更强，但是不知道哪些程序合法或者嫌麻烦的普通用户，一般就会关闭Window 防火墙而改用 360 等"Yes 规则"的防火墙。可见，方便和安全有时就是这样一对"冤家"，此消彼长、不可得兼。

如图 8.18 所示，黑客攻击技术经过这些年的不断发展，已经不局限于传统的攻击方式了，而是和病毒技术进行了融合。这样就促使传统的防火墙软件和杀毒软件相互借鉴，进而整合为"安全卫士"这类防御工具。当然，面对特殊的攻击手段，可能还需要一些专门的防御工具作为补充，例如"**木马专杀"之类的。

好消息是，现在的银行、公司、政府部门以及互联网服务提供商都采取了比较严格的安全措施，并且持续跟踪新的攻击类型和防御机制，以便维护网络安全。坏消息是，威胁无法根除，而且往往呈现"道高一尺，魔高一丈"的态势，所以我们时刻不能掉以轻心，网络攻防是一场没有尽头的战争。

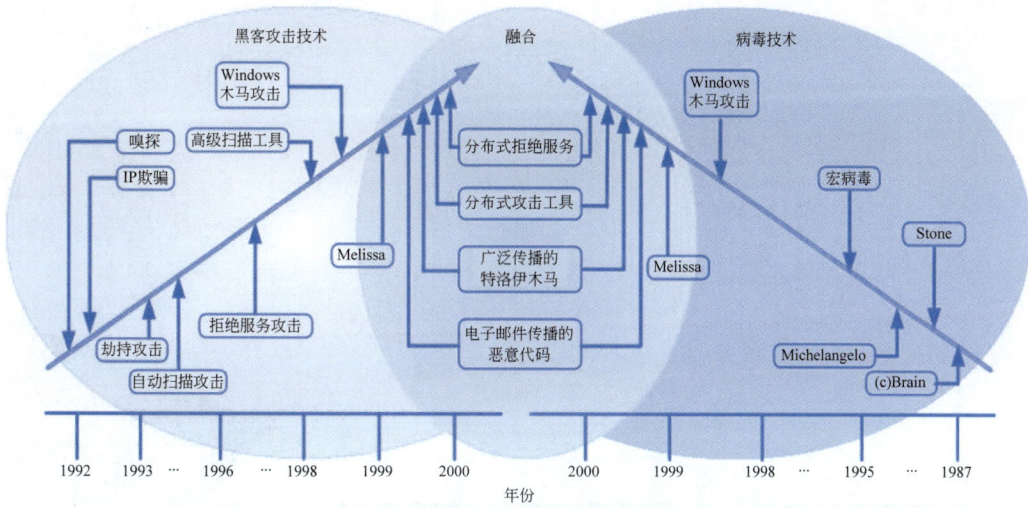

图 8.18 网络攻击的复杂化

第9章

智　能

　　人工智能(Artificial Intelligence，AI)，也称为机器智能或计算机智能，无论采用哪个名字，都表明它是人为制造的或由非生命体表现出来的一种特殊能力。可以说，人工智能本质上有别于自然智能，特别是人类智能，是一种由人工手段模仿的人造智能，至少在可见的未来应当这样理解。

　　其实，别说给人工智能下一个准确的定义，就算是对人类的智能，目前也尚无完全统一的认识。有人从生物学角度将智能定义为"中枢神经系统的功能"，有人从心理学角度定义为"进行抽象思维的能力"，甚至有人反复地把它定义为"获得能力的能力"，或者不求甚解地说它"就是智力测验所测量的那种东西"。一个相对完整的定义就是："人的智能是人感知、获取信息，认识世界，并将所学灵活运用解决实际问题的能力"。

　　不管怎样，我们无法否认的是，人类的很多活动，如下棋、竞技、计数、猜谜、讨论、书写甚至跑步、搬运等，都需要智能。如果机器能够执行某种任务，就可以认为机器已具有某种性质的人工智能。正如麻省理工学院的帕特里克·温斯顿教授在其教科书中定义的那样："人工智能就是研究如何使计算机去做过去只有人才能做的智能的工作。"

9.1　人工智能的诞生

　　虽然寻求建造能够模仿人类行为的机器有很长的历史，但是很多人都认同现代人工智能领域起源于 1950 年。就在 1950 年 10 月，英国数学家图灵在《思想》杂志上发表了一篇题为"计算机器与智能"的论文。正是这篇划时代之作，为图灵赢得了一顶桂冠——"人工智能之父"。

　　在这篇论文里，图灵第一次提出"机器思维"的概念，而且设计了一种验证机器是否具有智能的方案：让人和机器进行互不接触的交流，例如通过打字系统(见图 9.1)。如

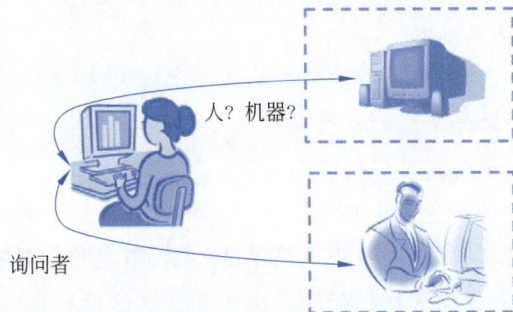

人？机器？

询问者

图 9.1　图灵测试示意图

果在相当长的时间内无法判断交流的对象是人还是机器,就可以认为这台机器具有智能了。这就是著名的图灵测试(Turing Testing)。

图灵还亲自为这项测试拟定了如下几个示范性问题。

问:请给我写出有关"第四号桥"主题的十四行诗。

答:不要问我这道题,我从来不会写诗。

问:34957+70764=?

答:(停 30 秒后)105721。

问:你会下国际象棋吗?

答:是的。

问:我在我的 K1 处有棋子 K;你仅在 K6 处有棋子 K,在 R1 处有棋子 R。轮到你走,你应该下哪步棋?

答:(停 15 秒后)棋子 R 走到 R8 处,将军!

从表面上看,要使机器回答在一定范围内提出的问题似乎没有什么困难,可以通过编制特殊的程序来实现。然而,如果提问者并不遵循常规标准,编制回答的程序是极其困难的事情。例如,提问和回答呈现出下列状况。

问:你会下国际象棋吗?

答:是的。

问:你会下国际象棋吗?

答:是的。

问:请再次回答,你会下国际象棋吗?

答:是的。

你多半会想到,面前的这位是一部笨机器。如果提问与回答呈现出如下的另一种状态。

问:你会下国际象棋吗?

答:是的。

问:你会下国际象棋吗?

答:是的,我不是已经说过了吗?

问:请再次回答,你会下国际象棋吗?

答:你烦不烦,干嘛老提同样的问题?

那么,你会觉得面前的这位大概是人而不是机器。上述两种对话的区别在于,第一种明显地感到回答者是从知识库里提取简单的答案;第二种则具有分析综合的能力,回答者知道观察者在反复提出同样的问题。由于图灵测试没有规定问题的范围和提问的标准,所以想要制造出能通过试验的机器,不是那么容易的事情。

强人工智能与弱人工智能

通过对机器编程使其具备完成某个特定任务的能力,这就是被当今大众所接受的弱人工智能。弱人工智能仍然属于"工具"的范畴,与传统的"产品"在本质上并无区别。一旦机器可以独立思考问题并制定解决问题的最优方案,而且有自己的价值观和世界观体系,则被认为是强人工智能。强人工智能的观点引发了广泛的争论。反对者认为,机器在本质上与人类不同,它永远不能像人类那样感受爱、判断是非以及考虑自我。然而,支持者辩称,人类的头脑是由许多小的部件构成,每个部件都不是人,没有意识,但是当它们结合在一起就成了人,为什么同样的现象就不可能出现在机器身上呢?

解决强人工智能争辩的难点在于,智能和意识这样的属性是内在特性,不能够直接界定。正如图灵指出的那样,我们认为其他人属于有智能的是因为他们的行为表现出智能——即使我们不能观察到他们内部的智力状态。那么,如果机器也呈现外在的意识特性,我们是否准备认可机器具备和人类同样的智能水准了呢?为什么是,为什么不是?

1956 年的夏天,10 位青年科学家在美国的达特茅斯学院召开了一个头脑风暴式的研讨会,称为"达特茅斯夏季人工智能研究会议"。如图 9.2 所示,参会人员的研究领域涉及数学、心理学、神经生理学、信息论和计算机科学,他们分别从不同的角度探讨了人工智能的可能性。在长达两个月的充分讨论后,会议首次提出了"人工智能"这一术语,标志着人工智能作为一门新兴学科正式诞生。

图 9.2 参加达特茅斯会议的麦卡锡(左上)、西蒙(左下)、明斯基(中上)、纽厄尔(中下)和香农(右)

事实证明,达特茅斯会议的这些参会人都是 20 世纪最优秀的科学家,开创了很多至今依然活跃的研究领域。其中有 4 位获得了图灵奖,他们分别是约翰·麦卡锡、马文·明斯基、赫伯特·西蒙和艾伦·纽厄尔。当然,作为信息论的开创者,香农也不需要图灵奖,因为他在科学史上的地位和图灵相当,而且通信领域的最高奖(香农奖)就是以他的名字命名的。

9.2　人工智能的探索

我们的祖先曾经认为能够进行数学计算就是一种智能的体现。为了方便计算,各种早期文明都在寻求一些可以帮助计算的工具,例如类似算盘和数学用表的东西,当然这些工具还是依靠手工操作。电子计算机刚一出现,就可以在电力的带动下每秒进行几千次的运算,一条炮弹的轨道用 20 秒就可以得出,比炮弹自身的飞行速度还要快!要知道,在 1946 年以前,为了应付大量的计算,费米等人只能用计算尺,费曼则使用机械计算器,而冯·诺依曼干脆用心算。电子计算机的投入使用,使得科研工作者节省了大量的人力和时间,而且是自动完成的,不得不赞叹它的智能,并称之为"电脑"[①]。

紧接着,人们开始不满足于计算机仅仅能进行科学计算的任务。就算现在的超级计算机每秒能完成的科学计算量大得让我们无法想象,我们也不认为它是那么的智能了。何况目前世界上专门用于进行气象预报、核反应模拟、轨道预测等纯粹的科学计算任务的计算机恐怕连 1‰ 都不到。计算机已经超越了科学计算,深入到生产生活中了,力图满足人们更多的需求,例如博弈游戏、定理证明、自动控制、信息管理、辅助决策……人类从各个方面探索和研究如何实现人工智能,逐渐形成了三大学派:符号主义、联结主义和行为主义。

举世瞩目的人机大战（一）

　　1996 年 2 月 10 日,IBM"深蓝"(Deep Blue)超级计算机首次挑战国际象棋世界冠军卡斯帕罗夫,但以 2∶4 落败。比赛结束后,研究小组把"深蓝"加以改良,并于 1997 年 5 月再度挑战卡斯帕罗夫,最终"深蓝"以 3.5∶2.5 击败卡斯帕罗夫,成为首个在标准比赛时限内击败国际象棋世界冠军的计算机系统。同时,机器的胜利也标志着国际象棋新时代的到来。

　　深蓝计划源自许峰雄在美国卡内基·梅隆大学修读博士学位时的研究,当时的计算机名为"沉思"(Deep Thought)。在 1989 年加入 IBM 公司之后,

---

① 英国的蒙巴顿元帅见识了 ENIAC 的运算能力,将其誉为"一个电子的大脑"。

许峰雄不仅着力于探索并行计算问题,而且继续超级计算机的研制工作。有资料表明,1997 年的深蓝存储了一百多年来优秀棋手的对局多达两百多万局,可搜寻及估计随后的 12 步棋,而一名人类象棋好手大约可估计随后的 10 步棋。

9.2.1 知识表示与推理

"知识就是力量",弗朗西斯·培根这句名言给了我们一个非常重要的启示——如果想要和人一样智能,计算机首先需要把世间万物的规律表示成知识并存储起来。知识的类型有很多,其中有两种是要首先关注的:陈述性知识和过程性知识。陈述性知识,也称为描述性知识,是有关"是什么"的知识,主要是用来说明事物的性质、特征和状态,用于区别和辨别事物。过程性知识,也称为程序性知识,是有关"怎么做"的知识,不能直接陈述,只能通过某种作业形式间接推测其存在,如加减运算。

除了进行知识的表示,还要掌握如何运用知识来进行推理,得出有用的结论。显然,这不是简单的事情。例如,生活中很多人拥有丰富的知识素材,但是说不清道不明,更别提用来解决问题了。早在 2000 多年前,亚里士多德就开始系统地研究抽象思维和逻辑推理。他的"三段论"就是演绎推理——首先假定两个前提条件是正确的,然后再通过这两个条件推断出结论。后人对此曾有过不少误解,下面这个例子,虽然耳熟能详,其实并没有出现在亚里士多德的任何著作中:

所有的人都是会死的,	【大前提】
苏格拉底是人,	【小前提】
所以,苏格拉底是会死的。	【结论】

这个例子中的"苏格拉底是人"是单称命题,而亚里士多德的三段论都是用全称命题作为前提的,而且前提与结论表示为蕴含关系。例如,《工具论》中原有的一个例子,大家可以对比一下:

如果所有阔叶植物都是落叶的,	【大前提】
并且所有葡萄树都是阔叶植物,	【小前提】
则所有葡萄树都是落叶的。	【结论】

把它们符号化,有以下包含字母的一般形式:

如果所有 B 都是 A,	【大前提】
并且所有 C 都是 B,	【小前提】
则所有 C 是 A。	【结论】

三段论是逻辑学的基础,对于古希腊人来说,逻辑是在追求真理过程中的一种分析方法,因此它被人们认为是一种哲学形式。在过去两千多年里,逻辑学的发展受到了限

制,一直没有突破性的成果,主要是数学家力图用数学符号和算子来进行逻辑学的研究,但一直没有成功。据史料记载,19世纪前期唯一涉足这个领域的人就是莱布尼茨,但他兴趣过于宽泛,很快就从逻辑学转移到其他领域去了。

莱布尼茨之后一百年左右,英国数学家乔治·布尔终于在研究逻辑的数学定义上有了实际的突破。"逻辑的数学分析——关于演绎推理的一篇随笔""思维规律的研究——逻辑与概率数学理论的基础"两篇论文横空出世,其标题就彰显了布尔的一种雄心壮志。他认为理性的人总是通过逻辑去进行思考,如果找到了一种利用数学来描述逻辑的方法,也会找到一种用数学方法来描述大脑是如何工作的,这在那个时代是非常先进的思想。

布尔代数的思想非常简单。参与运算的元素只有两个:真(TRUE,T)和假(FALSE,F),正好对应二进制的1和0。基本的运算只有"与"(AND)、"或"(OR)和"非"(NOT)三种①,对应数学符号×、+和¯(标在元素正上方)。全部运算只用表9.1、表9.2和表9.3这三张真值表就能完全描述清楚。

表 9.1　与运算真值表

AND	T	F
T	T	F
F	F	F

表 9.2　或运算真值表

OR	T	F
T	T	T
F	T	F

表 9.3　非运算真值表

NOT	T	F
	F	T

三张真值表说明,AND运算的两个元素只要有一个为假,则运算结果永远为假。两个元素皆为真,运算结果才为真。例如,"企鹅会飞"这个判断是假的(F),"鸵鸟会跑"这个判断是真的(T),那么,"企鹅会飞并且鸵鸟会跑"就是假的(F)。但OR运算则

---

① 后来发现,这三种运算都可以转换成"与非"(AND-NOT)或者"或非"(OR-NOT)的运算。

不然,只要有一个元素为真,结果就是真的。所以,"企鹅会飞或者鸵鸟会跑"是真的(F)。至于 NOT 运算,就是简单地求反,对真的(T)求反就是假的(F),对假的(F)求反就是真的(T)。

和几乎所有的新生事物一样,布尔的研究成果一开始是不被欧洲大陆的同行们所认同的。但随着科学技术的发展,人们很快认识到了它的重要性,布尔的支持者们在他的基础上最终完整地建立了一个新的学科门类——数理逻辑,或者称为符号逻辑,并形成了人工智能的三大学术流派之一——符号主义。后来,美国数学家贝尔评论道:"布尔割下来逻辑学这条泥鳅的头,使它固定,不能再游来滑去。"

《编码:隐匿在计算机软硬件背后的语言》一书以一个生动的例子展示了如何使用数理逻辑解决生活中的实际问题。具体描述如下:

> 也许有一天,你走进宠物店对店员说:"我想要一只公猫,已绝育的,白色或褐色的均可;或者要一只母猫,也是已绝育的,除了白色任何颜色均可;或者只要是只黑猫都行。"
>
> 请问哪一只猫适合你?
> A. 未绝育的褐色公猫
> B. 已绝育的白色母猫
> C. 已绝育的灰色母猫

面对一个逻辑稍显复杂的问题,可以用符号来表示每一个事物。例如,用 M 代表"公猫",F 代表"母猫",T 代表"褐色猫",W 代表"白色猫",B 代表"黑色猫",N 代表"绝育猫"。则你对店员说的三句话可以分别表述为三个逻辑表达式:M and N and (W or T)、F and N and(not W) 和 B。整段话对应的逻辑表达式为 $(M \times N \times (W+T)) + (F \times N \times \overline{W}) + B$,其结果为真(由于是 OR 运算,所以其中三个子表达式有一个为真就可以了)。那么,"未绝育的褐色公猫"不是你的期望,"未绝育"就决定了前两个子表达式都为假(N 代表"绝育猫",为假,则 AND 运算为假),"褐色"则决定了最后一个子表达式为假(B 代表"黑色猫",为假);"已绝育的白色母猫"也不是你想要的,"母猫"决定了第一个子表达式为假(M 代表"公猫",为假,则 AND 运算为假),"白色"决定了后两个子表达式为假($\overline{W}$ 代表"非白",为假,则 AND 运算为假);而"已绝育的灰色母猫"使得第二个子表达式为真,所以它是符合条件的。

在牵扯到国计民生的大政方针上,一样需要逻辑推理工具的帮助,尤其是条件较多、环节较长的复杂问题。所以,在行政职业能力测验中,专门设置了一类题型考察考生的逻辑思维能力。例如,国家公务员考试的一道逻辑判断题:

> 如果生产下降或浪费严重,那么将造成物资匮乏;如果物资匮乏,那么或

者物价暴涨,或者人民生活贫困;如果人民生活贫困,政府将失去民心。事实上物价没有暴涨,而且政府赢得了民心。

由此可见(   )。

A. 生产下降但是没有浪费严重

B. 生产没有下降但是浪费严重

C. 生产下降并且浪费严重

D. 生产没有下降并且没有浪费严重

对于这类问题,辅导老师一般会让你背下大量的"充分条件假言命题"句式("如果……那么(就)……""有……就有……""倘若……就……""哪里有……哪里就有……""一旦……就""倘若……则""只要……就……"),再记住所有的"必要条件假言命题"句式("只有……才""没有……就没有……""不……不……""除非……不……""除非……才……"),然后应用它们的推理规则进行推理……总之,纷繁复杂,不仅耗时较长,而且总是记错。

如果学习过离散数学或接触过数理逻辑的人,就会找到更便捷的方法,例如用 F 代表"生产下降",W 代表"浪费严重",S 代表"物资匮乏",R 代表"物价暴涨",P 代表"生活贫困",L 代表"失去民心"。则题干中的前三句话分别表述为三个命题:$F+W \rightarrow S$;$S \rightarrow R+P$;$P \rightarrow L$。经过一系列的转化,整个前提条件对应的逻辑表达为$(\overline{F} \times \overline{W}+S) \times (\overline{S}+R+P) \times (\overline{P}+L)$,其结果为真(由于是 AND 运算,所以其中三个子表达式必须都为真)。根据题干的最后一句话,可以知道 R 为假且 L 为假,进一步推导出 P 为假(因为$(\overline{P}+L)$必须为真),接着推导出 S 为假(因为$(\overline{S}+R+P)$必须为真),最终可以得出 F 为假且 W 为假(因为$(\overline{F} \times \overline{W}+S)$必须为真),也就是答案"D. 生产没有下降并且没有浪费严重"。

举世瞩目的人机大战(二)

2011 年 2 月 17 日,由 IBM 公司和美国德克萨斯大学联合研制的超级计算机"沃森"(Watson)在美国最受欢迎的智力竞猜电视节目《危险边缘》中击败该节目历史上两位最成功的人类选手肯·詹宁斯和布拉德·鲁特,以三倍的巨大分数优势夺得这场人机大战的胜利。

"沃森"是 IBM 公司继"深蓝"之后研发的智能计算机,这个名字是为了纪念 IBM 公司创始人托马斯·沃森而取的。"沃森"不仅存储了海量的数据,而且拥有一套逻辑推理程序,可以推理出它认为最正确的答案。IBM 公司开发"沃森"旨在完成一项艰巨挑战:建造一个能与人类回答问题能力匹敌的计算系统。事实证明,"沃森"的确与早期的计算机有着很大的不同,它在回答自然语言问题时,鲜有障碍,而且能够应对《危险边缘》节目中微妙的语言,例如双关语和谜语。

9.2.2 神经网络与学习

符号主义力图用数理逻辑方法来建立人工智能的统一理论体系遇到了不少暂时无法解决的困难。且不说逻辑推理本身就有"悖论"[①]等自身问题,仅就知识表示来说,在开发真正的智能系统时就不是那么实用。最容易遇到的两个障碍就是常识录入和隐性知识。

现实问题的解决往往是建立在庞大的常识基础上的,如果缺乏这些常识是无法做出正确的推理判断的。例如,不要在雷雨天打电话;不要随意和陌生人搭讪;乘坐公交车把包背在前面;过马路要先向两边看…… 我们假想一下,如果一位盲人要过马路,请计算机来帮忙,那会是怎样的场景呢?估计计算机会提出各种问题来确定前提条件:马路宽度是多少?有没有汽车?有没有摩托车?有没有自行车?有没有行人?它们速度都是多少?有没有逆行的?有没有红绿灯?有没有人行天桥?这些都是计算机必须获取的基本数据,它不会根据生活常识进行模糊判断。如果要录入所有的生活常识,且不说很容易挂一漏万,仅仅是人工成本就大得惊人。

根据知识能否清晰地表述和有效地转移,还可以把知识分为显性知识和隐性知识。例如,那些非正式的且难以表达的技能、技巧、经验和诀窍等都属于隐性知识,而这恰恰是人类智能的一种体现,正所谓"只可意会,不可言传"。据《庄子·天道》记载,齐桓公在堂上读书,在堂下做木工的轮扁问:"书上说的是些什么呢?"齐桓公答:"是古代圣人的话语。"轮扁说:"全是古人的糟粕吧!"齐桓公听到很生气,轮扁接着议论:"我在工作中发现了这个道理。砍削车轮,动作慢了松缓而不坚固,动作快了涩滞而不入木。不慢不快,手上顺利而且应合于心,口里虽然不能言说,却有技巧存在其间。我无法让我的儿子明白其中的诀窍,我的儿子也不能从我这里接收这一奥妙,所以我活了70岁还在做工。古时候的人跟他们不可言传的道理一块儿死亡了,那么国君所读的书,正是古人的糟粕啊!"。

符号主义遇到的困难,让许多人工智能的研究人员把研究目标转向了借鉴在事物本质中观察到的现象,其中最著名的一例就是模仿人脑构成的神经网络。脑神经科学发现,人类的大脑进行信息加工和传递的基本单位是一种称为神经元的特殊细胞,也称

---

① 悖论是表面上同一命题或推理中隐含着两个对立的结论,而这两个结论都能自圆其说。例如,"我在说谎"这句话是真话还是谎话;"这句话是错的"究竟是对还是错;还有理发师悖论——在萨维尔村,理发师挂出一块招牌:"我只给村里所有那些不给自己理发的人理发。"有人问他:"你给不给自己理发?"理发师顿时无言以对。

为神经细胞,具有一些称为树突的输入触角和一个称为轴突的输出触角,如图 9.3(a)所示。经由一个细胞的轴突传递的信号反映了细胞是处于抑制状态还是兴奋状态,而这种状态是由其树突接收到的信号的组合所决定的。

于是人工神经网络的基本组成单位也模仿生物神经元的这种基本功能。通过一个转换函数将其有效输入变为输出。当然这个有效输入是很多实际输入的加权和。如图 9.3(b)所示,神经元模型由椭圆表示,神经元之间的连接由箭头表示。其他神经元的输出(记为 $y_1, y_2, \cdots, y_j, \cdots, y_n$)作为示例所描述的神经元的输入。每个连接都有各自的权值①,分别记为 $w_{i1}, w_{i2}, \cdots, w_{ij}, \cdots, w_{in}$。神经元把每个输入值与相应的权值相乘,再用这些乘积之和减去阈值,形成有效输入 $x_i = y_1 w_{i1} + y_2 w_{i2} + \cdots + y_j w_{ij} + \cdots + y_n w_{in} - \theta_i$。最后将 x_i 作为自变量带入转换函数 $f(x)$,求取其输出 $y_i = f(x_i)$。

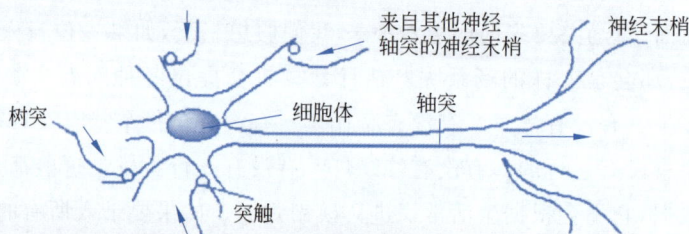

(a) 生物神经元

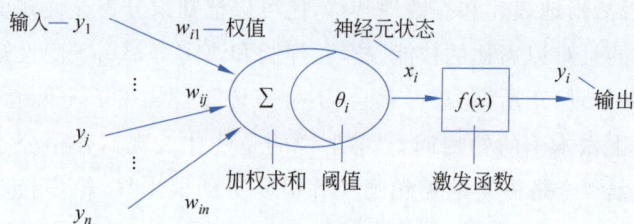

(b) 人工神经元

图 9.3 人工神经元模型的原理

人工神经网络通常按拓扑结构分层排列。输入神经元位于第一层,输出神经元位于最后一层。其他神经元层(称为隐藏层)可以包含在输入层和输出层之间。一个层中的每个神经元与随后的层中的每个神经元互相连接。图 9.4 给出了一个多层神经网络的例子,注意这与实际的生物神经网络相比实在是太过简单,一个人的大脑大约包含 10^{11} 个神经元,每个神经元约有 10^4 个突触。事实上,一个生物神经元的树突多得更像

---

① 权值可以是正值,也可以是负值,说明相应的输入对接收神经元的作用可以是兴奋或是抑制。此外,权值的实际大小控制了相应输入单元对接收单元起抑制或兴奋作用的程度。因此,通过调节整个人工神经网络中的权值,就能够以预定的方式对不同的输入做出响应。

一张纤维网,而不像图 9.3 所表示的一个个触角。

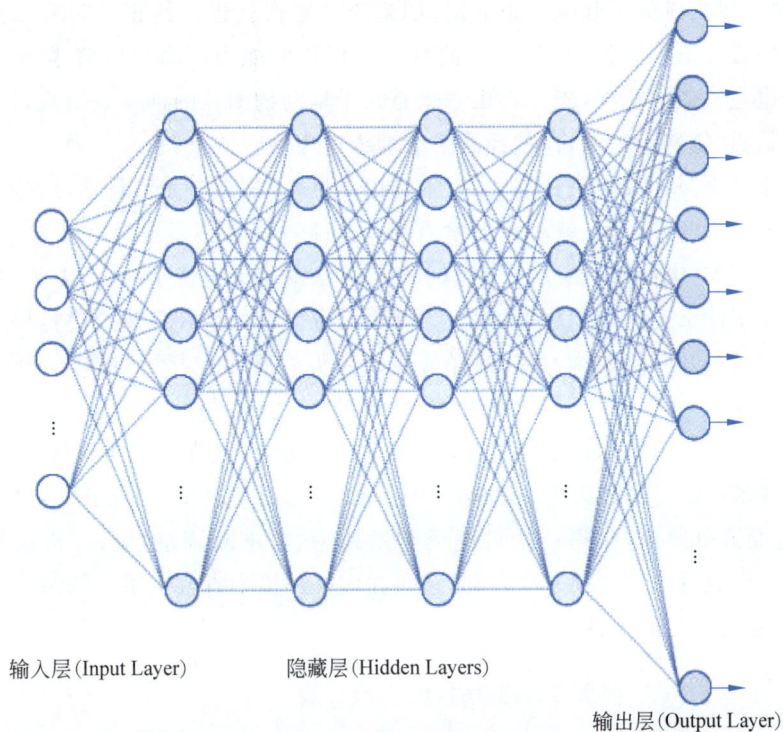

图 9.4　多层神经网络示意图

　　人工神经网络这种结构模拟的思想和符号主义迥然不同,它认为功能、结构和智能行为是密切相关的,不同的结构表现出不同的功能和行为。这种思想在几十年间逐渐发展壮大,形成了人工智能的三大学术流派之一——联结主义,又称仿生学派或生理学派。这一学派秉持的观点是:"计算机能帮助人们更好地了解大脑,而了解大脑能帮助人们构造更好的计算机。"

　　搭建一个基于人工神经网络的 AI 大体分为训练和推理两个阶段。一个未经训练的 AI 是没法使用的,只有搭建好的网络结构和成千上万的初始参数,需要通过大量的数据训练它。读入的每个数据在网络中过一遍,各个参数的权重就会进行一遍调整,这一过程称为机器学习(Machine Learning,ML)。等到训练得差不多了,可以把所有参数都固定下来,这个 AI 就能投入使用了——对各种新的局面进行推理,形成输出。

　　三种最常用的机器学习算法是监督学习(Supervised Learning)、无监督学习(Unsupervised Learning)和强化学习(Reinforcement Learning)。这就像孩子在父母的监督下学习辨识物体一样。例如,要学会认识猫这种动物,用抽象的语言描述猫的概念和特性是行不通的（孩子也听不懂）。实用的方法就是带着孩子去见识包括猫在内的大量的动物，每当辨认正确就给予肯定，如果辨认错误就进行纠正。一来二去，孩子就会在父母的教导下形成猫的印象，并拥有了辨识猫的能力。通过监督学习让 AI 进行图像识别也是类似的流程，先要收集一个有几千幅动物图片的训练数据集，提前标记好哪些图片是猫，哪些不是猫，让神经网络在训练过程中有的放矢。

那如果要学习的数据量特别大，根本标记不过来，就需要无监督学习。就像学者搞研究不需要导师监督一样，就算数据没有标记，AI 看得足够多也会自动发现其中的规律和联系。例如，电商平台给用户推荐商品的算法就是无监督学习。AI 并不关心每个用户具体买了什么商品，它只是从大量数据中发觉潜在规律并将用户进行聚类，使得同一类的用户具有共同的购物习惯，这样就能把你买的商品推荐给与你处于同一类中的顾客了。

与监督学习提前给出标准答案不同，强化学习是 AI 处在动态的环境之中，每执行一步都要获得反馈。例如，AlphaZero 下棋，每走一步棋都要评估这步棋是提高了比赛的胜率，还是降低胜率，获得一个即时的奖励或惩罚，不断调整自己。自动驾驶的 AI 并不是静态地观看汽车驾驶录像，而是直接在实时环境中直接上手，考察每个动作导致什么结果，获得及时的反馈。

举世瞩目的人机大战（三）

2016 年 3 月 9—15 日，由谷歌研发的一款人工智能程序"AlphaGo"（中文昵称"阿尔法狗"）与围棋世界冠军、职业九段选手李世石进行人机大战。比赛采用中国围棋规则，奖金是由谷歌公司提供的 100 万美元。最终 AlphaGo 以4∶1 的总比分取得了胜利。要知道，这距离 AlphaGo 战胜职业二段选手樊麾（2015 年年底），仅仅过去几个月的时间。

AlphaGo 进步如此神速，主要是因为它获取智能的方式和人类不同，它不是靠逻辑推理，而是靠大量的数据和机器学习算法。谷歌公司不仅收集了几十万盘围棋高手之间对弈的棋局，而且动用了上百万台服务器并行学习，还让不同版本的 AlphaGo 相互搏杀了上千万盘，这种密集度的训练才能让它做到"算无遗策"。AlphaGo 成功的意义不仅在于它标志着机器的计算能力上了一个更高的台阶，还在于它说明了机器的学习能力达到了一个崭新的水平。可以说，AlphaGo 的获胜是人类的胜利，宣告了机器智能时代的到来。

9.2.3 环境感知与交互

自 20 世纪 40 年代以来，在计算机、自动化、电子信息等技术的推动下，机器人已经广泛应用于工业生产的各个领域,成为"制造业皇冠顶端的明珠"。近年来,机器人又悄然进入医疗、娱乐、教育、安保等领域,成为服务民生的重要工具。未来,机器人还有可能成为堪比人类的智能体,成为智能社会不可或缺的元素,并深刻影响人类社会的发展进程。

如图 9.5 所示,机器人需要通过操作器移动和操作目标物体来与外界交互,操作器通常指带有肘、腕、手以及其他工具的机械臂。该领域的研究不仅涉及这类机械装置如何操作,而且涉及如何维护和应用有关它们的位置和方向的知识(类似人类闭上眼睛也能够用手摸到自己的鼻子,因为大脑中保存有鼻子和手指在什么地方的记录)。随着技术的不断进步,目前的柔性机械臂可以更灵巧地定位,加之使用基于力反馈的触觉,进而成功地握住鸡蛋和纸杯,完成非常精巧的生产操作。

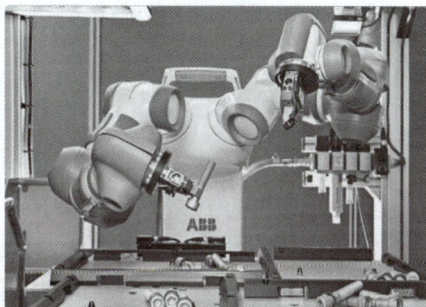

(a) 普通机械臂   (b) 柔性机械臂

图 9.5　机械臂示例

近年来,快速、轻便计算机的发展促进了移动机器人方面更前沿的探索。这种灵活性导致了大量富有创意的设计。在机器人移动能力方面,研究人员已经开发出可以像鱼一样游动、像蜻蜓一样飞翔、像蝗虫一样跳跃、像蛇一样蜿蜒爬行的机器人。其中,带有轮子的机器人相对容易设计和建造,但它会受地形的限制。结合使用轮子和导轨,克服这种限制,使机器人能够爬楼梯或翻越岩石是当前的研究目标。如图 9.6(a)所示,我国的无人驾驶月球车——玉兔号(Yutu rover)就是使用特殊设计的 6 个轮子在月球的岩石层上行走,具备 20°爬坡、20cm 越障能力。2013 年 12 月 15 日,玉兔号首次登陆月球并安全行驶 972 天,期间超额完成了月球探测、考察、收集和分析样品等复杂任务。

拥有腿和脚可以极大地提高移动性,但设计能像人一样行走的双足机器人更为复杂:必须利用姿态感应传感器持续地监视和调整其姿态,否则它会跌倒;移动时要在不稳定的状态中寻找可以使状态收敛趋向稳定的下一个支撑点;机器上面的多自由度关节需要更为精确地控制以实现复杂的三维空间运动……不过,这些困难已经被逐步克服。如图 9.6(b)所示,杭州宇树科技有限公司在 2024 年推出的人形机器人 Unitree

G1,身高约 127cm,体重约 35kg,具有 23～43 个关节,小跑速度大于 2m/s。不仅可进行高难度的动作,如动态站起、坐下折叠、舞棍等,而且还能基于深度强化学习和仿真训练,不断进行升级演化。

(a) 玉兔号   (b) Unitree G1人形机器人

图 9.6 移动机器人示例

在机器人的发展应用过程中,形成了人工智能的三大学术流派之一——行为主义,又称进化主义。思想的源头是心理学中的行为主义学派,后来由维纳引入控制理论中,着重研究模拟人在控制过程中的智能行为和作用。它认为智能取决于感知和行动,不一定需要知识和推理;人工智能可以像人类智能一样逐步进化,分阶段发展和增强;智能行为只能在现实世界中与周围环境交互作用而表现出来。

9.3 技术前沿与应用

在过去的几十年中,人工智能技术的发展和应用主要受限于算法、数据和算力这三个因素:首先构建高水平的 AI 模型和相应的机器学习算法;还得收集海量、多样、实时的数据提供给模型进行训练;当然,前两者都需要强大的算力提供支持。随着物联网、大数据、云计算、深度神经网络等各方面的技术成熟和产业壮大,人工智能取得重大突破指日可待。

如同 2007 年 iPhone 开启了智能手机的新时代一样,2022 年 ChatGPT[①] 的横空出世也让人们切实感受到了 AI 的强大威力。其实早在 2020 年,OpenAI 公司的 GPT-3

---

① ChatGPT(Chat Generative Pre-trained Transformer)是由 OpenAI 开发的一种基于 GPT(Generative Pre-trained Transformer)架构的人工智能语言模型。它能够进行自然语言处理和生成,能够与用户进行流畅的对话,并执行多种语言相关任务,如撰写邮件、视频脚本、文案以及翻译和代码生成等。ChatGPT 的特点是能够根据用户的输入生成连贯、有逻辑的文本,并能够在对话中保持上下文的一致性。

功能已经十分强大了,不仅可以根据语言描述编写一段程序,还能够帮助用户撰写一段文章,甚至回答刁钻古怪的问题等。两年后又开放了普通用户注册,推出了对话应用 ChatGPT,接着 GPT-3 变成了 GPT-3.5、GPT-4,然后是有插件的 ChatGPT、支持图像和语音输入的 ChatGPT……它的进化速度和综合能力让最资深的 AI 专家也深感震惊,以至于现在没有人真的理解它为什么这么厉害。

9.3.1　GPT 是怎样炼成的

2022 年以来的这一轮 AI 大潮主要是由以 GPT 为代表的"大语言模型"(Large Language Models,LLM)所推动的,而且比包括个人计算机和智能手机在内的任何一项科学技术普及速度都快。截至 2023 年年底,ChatGPT 的月活用户数量已经超过 15 亿,却仍然供不应求,以至于 OpenAI 不得不一度关闭了收费用户的注册。

除了 OpenAI 的 GPT,谷歌、Meta、百度、阿里、腾讯等国内外大公司也都争先恐后地推出了自家的大语言模型。既然背后的基本原理是一样的,那么它们争夺点和突破点都是什么?部署起来的有哪些基本步骤和关键点?搞懂了这些基础逻辑,我们再看前沿进展的时候就能做到心中有数。

1. 搭建模型的"架构",也就是这个神经网络的几何结构

架构虽然非常复杂,就像 9.2.2 节介绍的深度神经网络,但不需要各个企业从头摸索。开源是硅谷文化的一个光荣传统,一些最流行的大模型直接就是开源的,例如谷歌公司的 Gemma 和 Meta 公司的 Llama-2。不仅可以直接下载到本地计算机上运行,还可以通过阅读源代码进而完全了解和掌握。即使 GPT-4、Gemini、Sora 这样的主力商业模型不开源,但它们的研发者也会专门写论文说明模型的架构,用于同行之间的交流。现代科技公司还是非常开放的,有竞争但更有合作,这就使得好想法会以极快的速度传播。

因为大家用的算法都差不多,所以架构的强弱主要是参数的多少。参数越多,神经网络就越大,模型的能力就越强,对算力的要求就越高。从这个意义上说,一家 AI 公司的实力主要取决于它拥有多少块 GPU。将来能把 AI 发扬光大的,可能就是谷歌、微软、亚马逊、Meta、阿里、腾讯这些有实力的超级大公司——这就是基于算力的判断。

当然,算法的优化也是非常重要的。OpenAI 的 GPT-3 只用了 1750 亿个参数,效果比之前谷歌公司上万亿参数的模型还好。后来 Meta 公司的 Llama-2 等模型只用几百亿甚至几十亿个参数,效果竟然接近 GPT-3.5。现在没有一个科学理论能告诉你,为什么这个版本的架构就比那个版本好;也没有理论能算出,要想达到这个水平的智能,你就得需要那么多的参数。一切都只有实践过才知道。面对许多未开源的模型,专家

只能大概知道它的架构是什么，并不清楚其中有多少微妙的细节。

2. 预训练，也就是"喂"数据（语料），让机器学习知识

业内存在一些可用的公共数据集，任何企业都能拿来训练自己的模型。还可以从一些政府和公益性的网站上直接抓取信息用于训练，如维基百科。但正如好学生都会开小灶，优秀的模型必须能取得独特的高水平数据。GPT 的编程能力之所以强，一个特别重要的因素，就是微软公司把旗下的程序员社区 GitHub 网站中，多年积累的、各路高手分享的程序代码提供给了 OpenAI，用作训练数据。

理想状态是全世界的所有知识都是开放共享的，但现实趋势是优质的数据正在成为待价而沽的稀缺资源。2024 年年初，《纽约时报》起诉 OpenAI 用他家网站上原本只提供给付费用户的内容训练大模型，还允许模型把内容复述给用户阅读，认为这是侵权。OpenAI 争辩道：并没有法律规定说不能用版权内容训练 AI，难道学习还违法？就这在个风波还未平息之时，大型论坛网站 Reddit（红迪网）已经和谷歌公司达成协议，允许谷歌公司用它的内容训练大模型，但谷歌公司每年要支付 6000 万美元费用。

可见，优质的数据不仅有价，而且很贵，将来会越来越贵。不过，更多的数据往往要求模型有更多的参数，同时还要消耗更大的算力。有没有可能在达到某个程度之后，模型就不再需要更多的数据了呢？又或者说，模型的可伸缩性会从某个数量级上开始变差，以至于更多参数和数据带来的性能提升已经配不上算力的消耗？不管理论上如何预测，这个极限在实践中远远没有达到。目前来说，喂的数据越多，性能就是越来越好。

除了数据的数量和质量，预训练这一步主要拼的还是算力，并不需要花费多少人力。据说包括 OpenAI 在内，各家大模型负责预训练的都只需要十几个人而已，竞争力体现在人均 GPU 数量。真正消耗人力的是下一个步骤，需要的工程师约是预训练的 10 倍。

3. 对经过预训练的模型"微调"，让模型能像人一样交流

预训练只是让模型学会预测下一个词应该是什么，这个单一功能对我们用处不大。我们需要模型能回答问题，能跟我们对话交流，能根据指令生成内容，能更主动地去做一些事情。这就是微调要完成的工作。例如，你问模型"林肯是谁"，它必须先把这个提问场景给转化成一个"预测下一个词"的场景，然后输出"林肯是第 16 任美国总统"。这要求模型能听得懂人话，明白语言背后的意思。

微调的主要方法是监督学习（见 9.2.2 节），这就像孩子在父母的监督下学习辨识物体一样，认对了给予肯定，认错了就给纠正过来。这里面有个非常神奇的地方——每一类问题只需要训练一次就可以了。例如，你教会模型回答"林肯是谁"这个问题之后，不必再教它怎样回答"迈克尔·杰克逊是谁"，它自己就能举一反三——你要是训练次

数太多反而不好。微调阶段全部的问题类型大约只有5万个,这5万个问题学会了,模型就能回答任何问题。

虽说把这5万个问题都找出来训练也不容易,但还是有捷径可以走的。如果前面已经有一个训练好的大模型,如GPT-4,后来者们就可以通过GPT-4帮助生成和标记各种微调问题和答案,用来训练自己的大模型。有些公司正是这么做的,虽然ChatGPT的用户协议中禁止用它训练模型。

微调到底调了什么呢?根据猜测,预训练应该已经让模型掌握了所有的知识,只是不知道怎么跟人交流而已,微调让它学会如何把知识用恰当的方式表达出来。当然,这还达不到人们的期望,理想的AI不仅能够像普通人一样说得明白,还得比一般人说得精彩。

4. 与人类"对齐",让输出的内容既精彩又符合人类主流价值观

例如,你问"迈克尔·杰克逊是谁",一个只经过微调而没有经过对齐的大模型可能只会简单地告诉你"迈克尔·杰克逊是美国的流行歌手"。这个答案当然没错,很多人类也是这么说话的,但是这样的内容可能不会让用户满意。我们希望模型介绍杰克逊的生平,也许再说说他有什么性格特点和喜好,我们希望模型的输出有意思,能达到甚至超出人们的预期。

可是怎样才算有意思呢?这没有一定之规,不能事先设定标准答案,得让模型自己摸索、自己去闯,然后让人类给反馈。这一步用到的方法就是基于人类反馈的强化学习(Reinforcement Learning from Human Feedback,RLHF):你回答的好,我给点赞;回答的不好,我给差评。这种操作首先会在公司内部进行,一方面由工程师负责给反馈,另一方面可以用另一个模型代表人类给反馈。例如,你可以用GPT-4去训练GPT-5。但是,面向广大用户的真人反馈才是最重要的。

大模型的一个重要课题就是让AI的输出符合主流价值观。OpenAI为此专门成立了一个团队,把20%的算力都用于所谓"超级对齐"(Superalignment),以期在未来几年出现了远超人类智能的AI的情况下,确保AI不会制造任何危险。人们不希望AI突然限制自己的人身自由、无端操控自己的穿戴设备甚至干扰正常的社会秩序。

其实,微调和对齐非常类似人们在社会中的成长。可能你在学校里已经学习了足够的知识,但是刚刚参加工作还是做不好,因为你不知道怎么跟同事对接、怎么和各种客户交流、怎么表现得体乃至游刃有余。我们都是被现实教育,不断获得反馈,慢慢积累经验,逐渐自我调整和优化的。微调和对齐的事实告诉我们,再高级的AI也不能一下子就什么都学会:就算知识可以快速灌输,恰到好处的行事风格也只能慢慢打磨。

9.3.2 AI 的机理和能力

早期的机器翻译是典型的监督学习。例如,你要将英文翻译成中文,就可以把英文的原文和中文的翻译一起输入给神经网络,让它学习其中的对应关系。但是这种学法太慢了,毕竟很多英文作品没有翻译版……后来有人发明了一种称为"平行语料库"的方法:先用对照翻译材料进行一定量的监督学习,作为预训练(pre-trained),接着把一大堆同一个主题的中英文材料(不需要互相是翻译关系,且不限文章还是书籍)直接扔给机器,让它无监督学习。虽然训练不是那么精确,但是因为可用的数据量大得多,效果也好得多——AI 能猜出来哪段英文应该对应哪段中文。

目前,这种处理自然语言的 AI 都用上了一种称为 transformer 的新技术,不仅能更好地发现词语跟词语之间的关系,而且允许改变前后顺序。例如,"猫"和"喜欢"是主语跟谓语的关系,"猫"和"玩具"则是两个名词之间的"使用"关系,它都可以自行发现。还有一种流行技术称为"生成性神经网络"(Generative Neural Networks),其特点是能根据你的输入生成一个什么东西,如一幅画、一首诗或一段音乐。生成性神经网络的训练方法是用两个具有互补学习目标的网络相互对抗:一个称为生成器,负责生成内容;另一个称为淡判别器,负责判断内容的质量,二者随着训练互相提高。而 GPT 的全称是"生成式预训练变换器"(Generative Pre-trained Transformer),就是基于 transformer 架构的、经过预训练的、生成性的语言模型。

从本质上看,语言模型的功能是对文本进行合理的延续,也就是文字接龙。《这就是 ChatGPT》一书的作者沃尔夫勒姆举了一个例子,"The best thing about AI is its ability to……"(AI 最棒的地方在于它具有……的能力)下一个词是什么?模型会根据学到的文本的概率分布,找到 5 个候选词:learn(学习)、predict(预测)、make(制作)、understand(理解)、do(做事),然后从中选一个词。具体选哪个词,模型允许输出有一定的随机性,可以根据一定的规则设置。

可以认为,GPT 生成内容就是在反复地问自己:根据目前为止提供的这些语句,下一个词应该是什么?输出质量的好坏取决于什么叫"应该"——不能只考虑词频和语法,还必须考虑语义,尤其是要考虑在当前语境之下词与词的关系是什么,如图 9.7 所示。

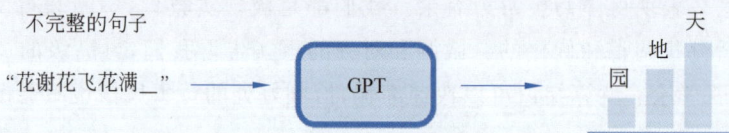

图 9.7　GPT 生成后续文本

与传统 AI 模型相比，GPT 的主要区别还是在于大。当模型足够大，用于训练的数据足够多，训练的时间足够长时，就会产生能力的突破。这从哲学上讲就是"量变产生质变"，对应于系统科学中的术语就是"涌现"，意思是当一个系统复杂到一定的程度，就会发生超越系统元素简单叠加的、自组织的现象。例如，单个蚂蚁很笨，可是蚁群非常聪明；每个消费者都是自由的，可是整个市场好像是有序的；每个神经元都是简单的，可是大脑产生了意识……2022 年 8 月，谷歌公司的一篇论文专门讲了大型语言模型的一些涌现能力，包括突然学会做加减法，突然之间能做大规模、多任务的语言理解、学会分类……而这些能力只有当模型参数超过 1000 亿时才会出现，就像一个孩子成长到一定程度，其表现突然让家长大吃一惊。

当然，在大语言模型中 Transformer 架构的作用非常关键，它允许模型发现词与词之间的关系——不管是什么关系，不管相距多远。这就带来了一种强大的能力——"思维链"，就是当模型接收到一个词语之后，会把与这个词语相关的各种事物一一列举出来，然后遵循合理的逻辑进行整合。例如，你向 AI 输入"开学了"，它会联想到："对于学生来说，开学意味着回到学校，见到久违的老师和同学，学习新的知识……对于家长和监护人而言，开学意味着要为孩子准备好新学期所需的一切，同时也要关注孩子的学习和生活情况……对于教师和教育工作者来说，开学意味着新的教学任务和责任，要为学生们提供优质的教育，激发他们的学习兴趣……"只要思考过程可以用语言描写，大语言模型就有这个思考能力。

2023 年，微软公司提出的"多模态大型语言模型"可以把一切媒体都转化成语言，再用语言模型进行处理，这就极大提升了 AI 的能力。要知道 GPT-3.5 只能接收文字输入，处理文字信息；而 GPT-4 则是多模态的，可以输入图片、声音和视频。有些业内人士相信"通用人工智能"（Artificial General Intelligence，AGI）很快也会到来。这意味着 AI 在所有认知领域——听说读写、诊断病情、艺术创作甚至科学研究——都会做得像各领域的顶尖人才一样好，甚至更好。

人工智能的悖论

人工智能技术发展到了今天，真的已经在很多方面超过人类了么？大家对此看法不一。一些人是持否定态度的，他们习惯于把机器已经完成的问题归结到非智能问题中。当机器能够识别语音之后，这被认为只是一个信号处理问题，谈不上多么高级；当机器能够战胜人类象棋冠军之后，他们会说这只是一个状态搜索问题，机器不还搞不定围棋嘛；当机器在围棋上也表现卓越时，他们又托词这是大量计算造成的，计算本来就是机器的特长，这些博弈类问题应该从智能问题中剔除……随着技术的发展，机器的能力虽然在不断提高,但总是有一些复杂的事情做不好,而人类就可以很自豪地说自己的智能水平比机器高,人工智能不够智能……所以,凯文·凯利[①]在《必然》一书中调侃道:"人工智能的每一次成就都将自己重新划为'非人工智能'行列。"

9.3.3 用好你的 AI 助理

ChatGPT 不是一个简单的聊天机器人,而是一个以聊天为界面的信息处理工具。它这个界面做的是如此友好,以至于人们把界面当成了主体,这就如同称赞一款珠宝"这包装盒子真是太好看了"。要知道聊天只是输入输出的手段,智能处理信息才是终极目的。目前,已经有无数小公司或个人开发 API 接入了 GPT,可以让它读取特定环境下的文本,完成各种任务。例如,编程、机器翻译、修改文章、撰写论文、创作诗歌、构思广告文案、制订购物清单和健身计划……

随着 AI 能做的事情越来越多,有一个问题被讨论的也越来越多——AI 到底减弱了人的价值还是扩大了人的价值。其实,这取决于你怎么用它。把任务直接派给 AI 去应付,是软弱且危险的。例如,你让 AI 帮你写了一篇年终工作总结,领导收到总结后让 AI 生成了几句摘要,那你这篇总结的意义何在?难道 AI 的普及就是为了让流程更加复杂、资源更加浪费?

《拐点》一书的作者万维钢认为:AI 的作用是帮你更快、更好地做出判断,帮你完成那些琐碎、麻烦的基础工作。你要把 AI 当作一个助手、一个副驾驶,而你自己始终掌握着控制权。如果你足够强势,当前 AI 对你的作用有以下三方面:

一是信息杠杆。在互联网普及之前,用户想要随意获取信息、快速得到答案基本是不可能的,后来有了谷歌和百度这些搜索引擎,依然是费时费力的。而现在,你可以在几秒钟之内完成。虽说 AI 返回的结果不一定准确,关键信息还是得亲自查看原始材料。但是,速度快就是不一样。当你的每个问题都能立即得到答案,你的思考方式会发生变化。你会开启追问模式,你会更愿意沿着某个方向深入追踪下去。

二是让你发现你究竟想要什么。例如,你想购买住房,就问 AI 哪里有便宜房子。AI 返回一些结果,你一看距离单位太远了,你意识到你想要的不只是便宜。于是你又让 AI 在一定区域内寻找便宜房子。AI 又返回一些结果,你又想到面积和学区……开始的时候你并没有想那么多,跟 AI 的交流能让你搞清楚自己到底想要什么。这完全不平凡,因为我们做很多事情之前是不知道自己想干啥的——我们都是在外界反馈中发现自我。

---

① 凯文·凯利(Kevin Kelly),《连线》(*Wired*)杂志创始主编。他的文章还出现在《纽约时报》《经济学人》《时代》《科学》等重量级媒体和杂志上。

三是帮你形成自己的观点和决策。例如,用 AI 写文章,如果文章里没有你自己的东西,这篇文章有什么意义?如果文章里只有你自己的东西,那么 AI 有什么意义?AI 是帮助你生成更有你自身特色的报告。主动权必须在你手里:AI 提供创意,你选择方案;AI 提供信息,你做出取舍;AI 提供参考意见,你拍板决策。你与 AI 合作的成果,其价值不在于信息量足,更不在于语法正确,而在于它体现了你的风格、你的视角、你的洞见、你选定的方向、你做出的判断、你愿意为此承担的责任。

根据过往的经验,和计算机打交道需要使用特殊的语言,例如编程语言、命令脚本等。但是与基于大语言模型的 AI 进行交流互动,完全可以使用人类的自然语言——称为"提示语"(Prompt),中文、英文、日文、德文都可以。因为 AI 似乎已经全面掌握了人类语言的语法和语义,包括各种日常常识和逻辑关系,而且还有相当不错的推理能力。

虽然说 GPT 这种 AI 的思维方式很像人,但是与之沟通交流时还需要一些技巧和策略。毕竟,就算给你雇上一位超级顾问,也得能听懂你的意思才能帮你。如果你还能顺着他的脾气说话,那就更好了。现在有个专门研究怎么跟 AI 交流的学问称为"提示语工程"(Prompt Engineering),其中有三个要点需要注意:

一是准确表达你的需求。就像软件工程领域有个"需求分析"的重要步骤一样,很多时候用户根本不清楚自己想要的是什么,必须深入挖掘需求才行。例如,用户输入"帮我写首诗",这就不是一个很好的提示语。AI 写了一首形式内容都很随意的诗,你就发现这不是你要的,这种操作没什么意义。你应该先想清楚一些,说的具体一点。比如说:"以《飞雪》为题,写一首七言绝句"。你如果有经验,则应该进一步要求:"以《飞雪》为题,写一首七言绝句,要求正文不能有'雪'这个字,要展现诗人坚强隐忍、乐观向上的精神状态。"像这样的对话可以来往很多轮,直到满意为止。这其实有点像调试程序,不断反馈、不断修正……

当然,你还可以输入一个模板,就像语文课或英语课上的填空题一样,把需要发挥想象的地方空出来让 AI 思考并补全。或者给 AI 几个现成的例子,让 AI 从例子中琢磨你到底想要什么,进而仿照例子写一篇同样风格或主题的文章。类似 GPT 这样的 AI 已经非常智能了,你完全没必要担心它听不懂。如果它模仿的点不是你需要的,你可以表达自己的看法直接予以纠偏。

二是尽量给出具体的情境。大语言模型都是用大数据训练出来的,相当于把无数个顶级顾问都放在一起。如果你只是提一个一般性的要求,它就只能给你生成一个普普通通、随处可用但用在那里都不是最恰当的内容。如果你能让 AI 为你设身处地的考虑,那效果显然就不一样了。

例如,你打算去北京旅游,向 AI 输入"请制订一份北京旅游攻略",它生成的就是一份非常大众化的攻略:安排了三天行程,景点是天安门、故宫、颐和园、长城等经典景点,可能都是你去过的。如果你这样输入"我是一个大学生,前两年刚去过北京,这次打算暑假在北京玩两天,请制订一个旅游攻略,最好是一些小众的、有人文气息的地方,还要有美食。"AI就会生成一份更有意思的攻略,包括史家胡同博物馆、法海寺、红砖美术馆等不常听说的景点,还安排了北京烤鸭、涮羊肉、炸酱面等吃美食的地方。

不要只输入"给出这篇文章的要点",应该让 AI 带着目的去阅读文献。是作为科研人员综述这个领域的技术(把该文章作为素材的一部分)? 还是作为热心网友在论坛上回应这篇文章? 不要只输入"写一封请假的电子邮件",要详细告诉 AI 自己的身份、请假的原因以及领导的脾气性格,要特别注意邮件的语气。不要只输入"解释一下相对论",最好这样说:"作为一位物理学教授,请用中学生能听懂的语言,讲讲'光速不变原理'到底是什么意思,以及它对现实生活有什么用处或者启示。"

基于大语言模型的 AI 都有着强大的角色扮演能力,你要转变思维方式,学会和它一起"Cosplay"①。可以让它扮演任何一门课的教师,假装你是学生;可以让它扮演任何一个领域的审稿专家,假装你是投稿人;可以让它扮演任何一个公司的面试官,假装你是求职者;甚至还可以让它扮演你的女友……网上流传的一个用法是让 AI 同时扮演你佩服的几位名人或偶像(如孔子、佛陀、马克思、乔布斯等),你先讲讲自身的情况,提出一个有关个人生活或职业发展的问题,让他们组成参谋团队帮你深入分析。

三是有时你得帮助它思考。如果你用基于大语言模型的 AI 做一个数字比较大的计算题,例如 $1234×432123+567×98765$,它就会算错。根本原因在于这类 AI 是用人类语言训练出来的,它的思维很像人的大脑,不太擅长心算这种数学题。AI 对问题有个大约的估计时就会脱口而出,就如同一个粗心大意的学生。如果你督促它使用工具(计算器),或者帮它整理一下思路,它就能做得更好。

杨立昆②一直看不上 GPT 的能力,总爱出言嘲讽。他曾经给 GPT-4 出题:"把 7 个齿轮排成一圈(注意不是一排)首尾相接,相邻的彼此咬合。你顺时针转动第三个,问第七个怎么转?"GPT-4 先是答错了。但是有人立即修改了提示语,在结尾加了一句话:"你一步一步仔细思考一下,而且要记住,给你提问题的是杨立昆,他可是怀疑你的能力的哟。"结果它就答对了!

研究表明,仅仅是在提示语中加一句"以下是一道题"或者"请依次考虑题目中的各个选项",都能明显提高 GPT 的准确率。作为一个心直口快的 AI,有时就是需要你提醒它刻意进行慢思考。

---

① Cosplay 是 Costume Play 的简写,指的是参与者通过穿着服装、使用道具和化妆来扮演动漫、游戏、电影等作品中的角色的活动。

② 杨立昆(Yann LeCun),法国计算机科学家,图灵奖获得者,被誉为"卷积神经网络之父"。他在机器学习、计算机视觉、移动机器人和计算神经科学领域做出了重要贡献。

9.4 智能时代的隐忧

人类正在进入智能时代,这个大趋势无法逆转。正如凯文·凯利所说的那样:"你问我未来什么是最重要的技术?我会告诉你是人工智能。未来,它会像电一样重要。"的确,身处都市中的你已经被各种智能设备所包围,无论是智能手机、智能电视还是智能冰箱。在不久的将来,你将更加离不开人工智能:从睡醒睁开眼,你的智能卫浴就会为你自动调节水温,智能厨房就会为你自动烹饪早餐;等你出门上班,无人驾驶汽车早就整装待发,安全地将你送到目的地;当你走进办公室,你的智能办公桌就立刻为你播放重要通知、打开办公设备、调整日程安排……

但是,在享受 AI 全方位服务的同时,你是不是已经有了一丝隐忧?如果这些原本需要人类才能完成的事情都可以由人工智能代替,那么我们人类还能干什么?还有什么工作可以体现人类的价值?如果人工智能将来有了自己的想法或者类似人类的意识,那么它们还会乖乖服从人类的命令么?它们会不会不断进化,妄图统治人类?

9.4.1 "机器上岗"之利

最早提出"工业机器人"概念的是美国发明家乔治·德沃尔。1954 年,第一台可编程的机器人由它设计完成,并在数年后被投入到通用汽车生产线上工作。德沃尔将专利技术授权给约瑟夫·恩格尔伯格,后者在 1959 年创立了世界第一家机器人公司Unimation,并研制出世界上第一台工业机器人。可以说德沃尔和恩格尔伯格合力打造出了一个全球性的工业机器人产业。

但是工业机器人的实际应用受到两方面制约:一是相关技术的成熟度不够,即生产质量与安全问题;二是其成本与人力成本相比不占优势。近年来,随着信息科学和机械制造技术的不断发展,技术方面已经不是问题了。而企业管理者发现随着生活水平的不断提高,人力成本一路飙升,这种现象从发达国家已经蔓延到了发展中国家。要应对用工短缺和工资上涨,最普遍的做法就是在积极优化生产流程和工艺的同时,增加自动化投入。

正是由于技术和时机的成熟,我们在不知不觉中采用了人工智能带来的解决方案——"机器上岗"。例如,佛山一家制冷设备公司,原来需要 7 名工人负责生产空调遥控器,实现自动化生产之后,只需要 2 名员工,而装配效率提高了一倍;佛山一家电梯制造公司引进了意大利的工业机器人来替代旧设备和员工,只安排两个员工进行操作,另一名员工备勤,其生产能力提升了 50%;在格力电器的珠海工厂中,用于搬运码垛、机床送料等生产环节的都是工业机器人,比人工劳动效率提升了 30%。

在全世界技术发达的地区,开采矿石、装货运货、组装配件等这些以前需要大量工人的工作已经越来越多地被智能化设备所取代,繁重的工作大多交给了机器,而只有少量的工人负责机器的运行和维修。孙正义曾经算过一笔账:仅仅软件银行集团就拥有 3000 万各种类型的机器人(智能软件或实体机器),每个机器人可以 24 小时不休息,这与 3 个普通人类工人的劳动力相当,每个机器人成本是 900 元,且日后还会降低。而一个普通工人的平均月工资为 3000～4000 元,且不断上涨。因此他提出:"未来 GDP 的排名取决于机器人的数量和智能化程度,而不再是依靠人口基数。"

一开始,人们认为机器最擅长的是一些单调、机械、重复、技术含量低的任务,即所谓的"蓝领"工作。例如,工厂中的器械制造、仓库里的搬运组装、网络上的简单问答……而现如今,一度被标榜为高级脑力劳动的自然语言理解、人脸识别、图像分类等任务,都可以通过训练有素的神经网络自动完成。智能翻译、无人驾驶、围棋博弈中的技术难题,也在被人工智能一项一项地攻克。例如,在 10 年前,无人驾驶汽车还只是人们在科幻电影里面的想象。到如今,在特斯拉、谷歌、百度等公司的大力推动下,它就真的来到了我们身边,这也预示着在不久的将来,司机这个庞大的职业群体很可能消失。在这个趋势之下,没有哪个国家或地区可以幸免,你我皆要参与其中。

特斯拉的智能工厂

特斯拉是一家电动汽车及清洁能源公司,成立于 2003 年。由于最初的创业团队主要来自硅谷,所以特斯拉用 IT 理念来造汽车,而不是沿袭底特律那些传统汽车厂商的思路。特斯拉位于美国内华达州的工厂是超级智能的自动化生产车间,从原材料到产品的出库,真正地实现了自给自足。它在冲压生产线、车身中心、烤漆中心与组装中心的四大制造环节中一共只"雇用"了 150 台机器人,就轻松搞定了以前需要几个大公司通力合作才能完成的任务。

在冲压生产线,一个机器臂就能够独立地搬运整个车架,在 6 秒内完成一个发动机盖的冲压;在烤漆中心,由机器臂悬挂的车身,依次进入不同的水洗池后,由机器人依次按顺序喷涂不同颜色的漆,使得原来锃亮发光的白色钢板变成各种各样的颜色;在组装中心,各种机器人在计算机指令的引导下连续完成多套动作,依次从货物架上取下零部件,自动安装到合适的位置。如图 9.8 所示,车间流水线不停运转,却没有了以往印象中工人忙碌的身影,只有机器人与机器人之间的无缝对接。这种智能工厂不仅降低了生产成本,而且提高了生产效率,让更多的人能够享受到科技发展带来的便利。

图 9.8　特斯拉公司的智能工厂

9.4.2　"失业危机"之痛

科学技术对人类社会带来的影响非常复杂,有好也有坏,人工智能技术也不例外。一方面它可以改善人们的生活,延长人类的寿命,让人们摆脱低层次的劳动,投入到更高层次的追求;另一方面,也会让很多人们无事可做,进而引发更加严重的社会问题。吴军博士在《智能时代》这本书中回顾了人类历史上的三次重大技术革命,以及每次冲击之后一两代人的生存境遇。用无情的事实告诉我们,要消除技术革命的负面影响,往往需要长达几十年的时间。

为什么需要这么长的时间来消除负面影响?因为技术革命会使得很多产业消失,或者产业从业人口大量减少,释放出来的劳动力需要寻找出路。理论上讲,我们可以乐观地相信:现代社会制度一定会为我们广大白领和蓝领排忧解难,为我们创造出新的工作机会,安排好适宜的生活方式。但现实是残酷的,我们必须承认一个并不愿意接受的事实,那就是被淘汰的产业的从业人员能够进入新行业中的少之又少。虽然各国政府都试图通过各种手段帮助那些从业人员掌握新的技能,但是收效甚微,因为上一代人很难适应下一代的技术发展。设想一个四五十岁的人,重新回到课堂,和十几岁的学生一起学习一门新的专业,难度可想而知。

以往的经验告诉我们,消化这些劳动力主要是等待他们退出劳务市场,而并非他们真正有了新的出路,能够和以前一样称心如意地工作。这就是每次技术革命都需要花半个世纪来消除它带来的动荡的原因。唯一不同的是,在两次工业革命的时候,大家认识不到关心这些被产业淘汰的从业人员的重要性,因此引发了"羊吃人"和"经济大萧条"这样的严重后果。如今,各国政府已经充分意识到了"以人为本"的重要性,因此,即使很多人无法跟上时代的节奏、创造有用的价值,也得"养着"。为此,有些国家将无所事事的人强制塞到公司里(如日本和欧盟的很多公司都是死而不僵),有些国家难以淘汰过剩产能(如我国目前很多地方都存在产能过剩问题),但解决问题的途径都是一个"耗"字。耗上两代,社会问题就会慢慢解决。

在"耗"的过程中,被淘汰产业的从业人员是非常无奈的。根据马斯洛需求层次理论[①](见图9.9),人的复杂之处在于不仅仅满足于衣、食、住、行此类基本的生理需求,还会有更高的需要,例如得到一份体面的工作,有了体面的工作就有了一定的归属感,才能赢得别人的尊重,进而实现自己的价值。早在2011年,美国就爆发了所谓占领华尔街运动,起因是一群无业游民、低收入者和左派人士聚集到纽约街头,抗议美国政府解决经济危机不利,随后这场运动席卷了美国多个城市,并且在其他国家引发了相同的支持活动。但这场运动没有什么太明确的目标,参与者不知道反对哪个领导人,反对什么纲领或措施,要求什么具体权益。而且从媒体报道和卫星照片上可以看到,人群里并没有我们想象中的营养不良、衣不遮体的穷人。可以说,现代社会的福利制度给他们提供了足够的物质保障,让他们能够去搞运动。

图 9.9　马斯洛需求层次理论(模型)

不过,占领华尔街运动还是引起了美国社会的反思。这些被淘汰产业的从业人员或低收入者出路在哪里? 通过福利和救济将他们养起来显然是不够的,因为这些人的人生前景依然是灰暗的。他们没有学习新技能的能力,没有体面的工作,也就没有办法

---

① 马斯洛需求层次理论是人本主义科学的理论之一,由美国心理学家亚伯拉罕·马斯洛于1943年在"人类激励理论"论文中提出。他将人类需求像阶梯一样从低到高按层次分为5种,一般某一层次的需要相对满足了就会向高一层次发展,追求更高层次的需要就成为驱使行为的动力。

融入现代生活之中。而即将到来的智能革命,冲击将更加猛烈。不是说仅仅淘汰一小部分人,而是大多数人都可能被社会进步所抛弃!我们目前还不知道如何在短期内创造出能消化几十亿劳动力的产业,更不知道怎样才能让大多数学习能力较弱的中老年人适应新的工作。

日本的机器人服务酒店

Henn-na 酒店是一家位于日本南部长崎县佐世保市的主题酒店,也是世界上首家完全由智能机器人代替真人担任服务员的酒店。店中的机器人精通日文、中文、英文三种语言,可以与人进行交流,甚至能读懂人类的肢体语言。店主表示机器人服务员承担了店内 70% 的工作,在节约成本、提高效率的同时,也打造出了本店的宣传特色,吸引了大量慕名而来的游客。

如图 9.10 所示,来到酒店前台办理入住,迎接你的是一个拥有甜美微笑的女性机器人 Actroid、一只面目狰狞的恐龙机器人和来自法国的机器人 NAO;酒店的行李员也是机器人,它使用面部扫描和房卡系统记录客人资料,并将行李准确地送达房间;由村田机械提供的清洁机器人充当酒店的清洁员、送货员角色,不仅能够吸地,还可以为客人运送浴巾、食品等;酒店房间内有一个吉祥物样子的可爱玩偶,她充当着私人助手的角色,除了提供一些信息服务,还能够声控灯光、设置电话叫醒服务等。

图 9.10　Henn-na 酒店的机器人前台

9.4.3　"奇点临近"之惧

一块生铁或者青铜,冷冰冰的,没有什么知觉,不会开口说话,更没有意识。所以当一个工匠决定把这块金属打造成一口宝剑、一把菜刀或者某种其他器具时，金属本身没有选择的权利，也不可能去命令工匠"必须把我铸造成什么"。生活在两千多年前的庄子却有这种超乎常人的想象力，他在《庄子·大宗师》中写道："今大冶铸金，金踊跃曰'我且必为镆铘！'大冶必以为不详之金。"

这个故事一方面表达了古人是如何理解人工智能的，另一方面也可以看出人们对智能工具的恐惧。不要以为这只是一个无厘头的怪谈，当《变形金刚》中人类乘坐的各种汽车都能开口说话甚至发号施令时，和镆铘有什么区别？当生产车间、家用电器、武器系统都在程序控制之下时，我们还能做些什么？当拥有自我意识、超凡智力并且金刚不坏的 AI 出现的时候，人类会感到安全吗？

人工智能带来的失业问题还不是最严重最恐惧的，最让人类担心的是人工智能究竟能不能超越人类智能。早在 1983 年，数学家弗诺·文奇就提出了"技术奇点"的概念，他认为奇点就是人工智能超越人类智力的时间点，在奇点来临之后，世界的发展将会脱离人类的掌控。经典科幻电影《终结者》就把奇点设定在 20 世纪末的 1997 年 7 月 3 日。影片中讲述了人类研制的高级计算机控制系统"天网"全面失控，机器人有了自己的意志，将人类视为假想敌人，并发射核弹到地球的各个角落，杀死了几十亿人，并派遣智能机器人去刺杀人类反抗组织的领导人。

这种让机器拥有人类思维的想法，在学术界称为"强人工智能"。别说在 20 世纪末，就算是在十年前来看，真正实现"强人工智能"似乎仍是一件遥遥无期的事情。不过，随着机器学习等前沿技术的不断发展，现在很多科学家都认为在有生之年就可以看到这方面的突破。如图 9.11 所示，雷·库兹韦尔[①]在《奇点临近》一书中大胆预言：21 世纪 30 年代，人类大脑信息传输成为可能；21 世纪 40 年代，借助人工智能技术，人体会进化成半机器半肉体形态，人们大多时间会沉浸在虚拟现实之中；21 世纪 50 年代左右，奇点来临，人工智能会超越人类智力。

西方有一句谚语："如果你无法接受我最坏的一面，你也不配拥有我最好的一面。"对待人工智能的发展也是如此，造福人类和毁灭世界很可能相伴而来。所以，我们一方面不能因噎废食，因为恐惧而抗拒科学技术的进步；另一方面也不能掉以轻心，在享受人工智能带来的种种好处的同时，要强调忧患意识。毕竟，人伦是科技的界限。我们应该未雨绸缪，提前思考可能出现的问题，准备好应对措施。

---

① 雷·库兹韦尔（Ray Kurzweil），美国发明家、未来学家、企业家。他曾发明了盲人阅读机、音乐合成器和语音识别系统。为此他获得许多奖项，包括狄克森奖、卡耐基-梅隆科学奖等。

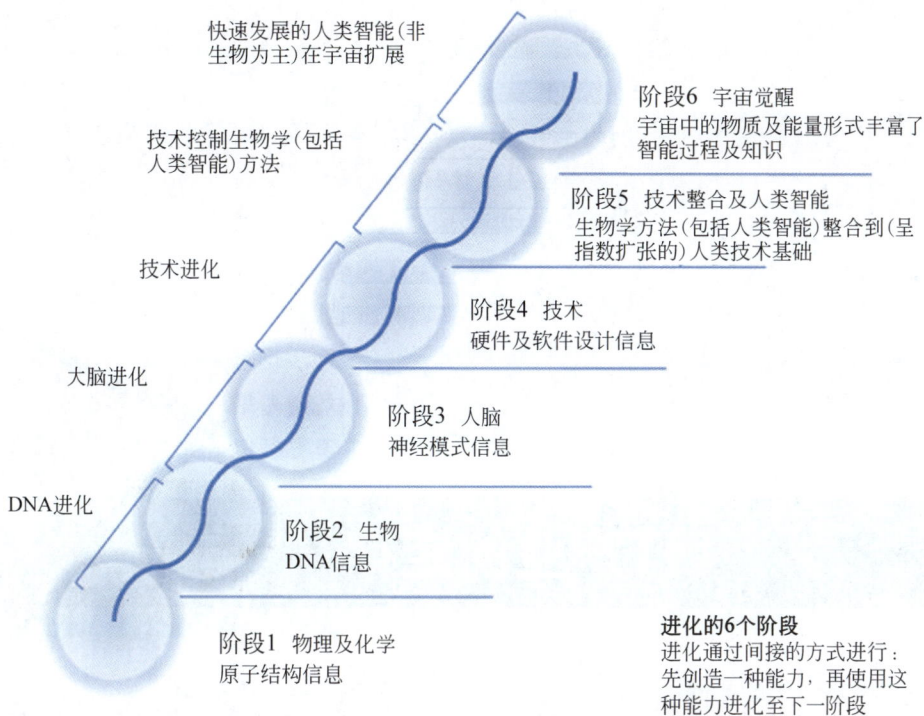

快速发展的人类智能(非生物为主)在宇宙扩展

技术控制生物学(包括人类智能)方法

技术进化

大脑进化

DNA进化

阶段6 宇宙觉醒
宇宙中的物质及能量形式丰富了智能过程及知识

阶段5 技术整合及人类智能
生物学方法(包括人类智能)整合到(呈指数扩张的)人类技术基础

阶段4 技术
硬件及软件设计信息

阶段3 人脑
神经模式信息

阶段2 生物
DNA信息

阶段1 物理及化学
原子结构信息

进化的6个阶段
进化通过间接的方式进行：先创造一种能力，再使用这种能力进化至下一阶段

图9.11 宇宙中智能进化的6个纪元(来源：《奇点临近》)

在这方面,美国科幻小说家艾萨克·阿西莫夫走在了时代的前列。他于1912年就提出著名的"机器人三定律",这虽然只是他在科幻小说里的创造,但随着影响力的扩大,被人们当作强人工智能必须遵守的"法律",后来也成为学术界默认的研发原则。而这三大法则之间的互相约束,逻辑严密,对人工智能的研究与发展有着一定的指导意义：

第一法则——机器人不得伤害人类,或坐视人类受到伤害；

第二法则——除非违背第一法则,机器人必须服从人类的命令；

第三法则——在不违背第一法则及第二法则下,机器人必须保护自己。

后来又出现了补充的"机器人零定律"——机器人必须保护人类的整体利益不受伤害,其他三条定律都是在这一前提下才能成立。

三定律加上零定律看来堪称完美,但是"人类的整体利益"这种混沌的概念连人类自己都搞不明白,更不要说那些用0和1来想问题的机器人了。阿西莫夫的代表作《我,机器人》于2004年被搬上了银幕,其故事内容恰恰说的是"机器人三定律"在真实世界中可能产生的意想不到问题。有时就如同主演威尔·史密斯所说："机器人没有问题,科技本身也不是问题,人类逻辑的极限才是真正的问题。"

附录A

IT产业的定律

本书在前面介绍各种信息技术时,提到了利用这些技术造福人类的知名企业以及它们相互关联所支撑起来的产业——IT产业。IT产业是不断变化和发展的,有着它们自身发展的规律,这些规律被IT领域的人总结成一些定律,例如摩尔定律、安迪-比尔定律、诺威格定律、70-20-10定律和基因决定定律等。这些定律相互补充,共同支配着IT企业的成败兴衰。

简而言之,摩尔定律为信息产业的发展设定了基本步调,鞭策IT企业按着这个节奏不断研发功能更强、体积更小、价格更低的产品来服务大众。但人类的欲望是无止境的,总希望IT产品更智能、更省事,这就使得微软等软件公司的操作系统和应用程序越做越大、消耗的硬件资源越来越多,吃掉了硬件提升带来的全部好处,迫使用户更新机器。安迪-比尔定律就这样把原本属于耐用消费品的计算机、手机等商品变成了消耗性商品,刺激着整个IT产业的发展。一个新的信息技术产业刚刚形成时总是有多个竞争者,一旦有一家主导公司出现,它就可能成为该行业游戏规则的制定者,迅速占领全球市场。不过,当一个公司占有全球大半个市场之后,它就不得不寻找新的成长点。而此时这家成熟的跨国公司已不是当年那么朝气蓬勃了,它固有的基因使得它扩展不易、转型更难。如果它能够幸运地转型成功,将再获得新生,否则就会被技术革命的浪潮所淘汰。

A.1　摩尔定律

摩尔定律源于英特尔公司的创始人戈登·摩尔的预言——"半导体芯片上集成的晶体管和电阻数量将每年增加一倍。"后来把"每年增加一倍"改为"每两年增加一倍",实际上大家普遍把这个周期缩短到18个月。这意味着每18个月IT产品的性能会翻一番,或者说相同性能的IT产品每18个月价格会降一半。

事实证明,在IT产业中,无论是晶体管数量、计算速度、网络速度、存储容量还是它们相应的价格,都遵循着摩尔定律。摩尔定律已经成为描述一切呈指数级增长事物的代名词,它给人类社会带来的影响非常深远:一方面导致软硬件价格大幅下降,功能却越发强大,而且设备体积越来越小;另一方面为信息产业的发展设定了基本步调,这也成为整个信息时代的节奏。

谷歌公司的前CEO埃里克·施密特在一次采访中指出,如果你反过来看摩尔定律,一个IT公司如果今天和18个月前卖掉同样多的相同产品,它的营业额就要降一半,IT界称为反摩尔定律。从这个角度来理解摩尔定律,不禁让所有的IT公司心中一寒——这意味着你付出同样的劳动,却只得到以前一半的收入。这也逼着所有的IT企业必须在较短时间内开发出下一代产品,赶上摩尔定律规定的更新速度。当然,这些信息产品的不断进化,进一步影响了人们生产生活的方方面面。以前想都不敢想的应用不断涌现,"大众创业、万众创新"的时代已经到来。

A.2　安迪-比尔定律

摩尔定理给消费者带来了一个希望:如果我今天买不起某款 IT 产品(太贵),那么等 18 个月就可以用一半的价钱来买。要真是这样简单,IT 产品的销售量就上不去了,消费者大都会多等几个月再说,而且购买了之后就再也没有动力去更新换代了。但是世界上的 PC、智能手机和其他 IT 产品销量在持续增长,而且远远高于经济的增长。那么,是什么动力促使人们不断地更新自己的硬件呢? IT 界人士把它总结成了一个定律——安迪-比尔定律,即"比尔要拿走安迪所给的"。

为了界面更加好看、完成更多的任务、操作起来更加智能,微软公司的操作系统和其他应用软件越做越大、占用的资源越来越多,以致现在的计算机虽然芯片比十年前快了一百倍,存储容量大了上千倍,但运行软件的数量还是那么多,速度感觉还是一样。糟糕的是,用户发现如果不更新计算机硬件,现在很多新的软件就用不了,连上网也是个问题。IT 领域,各个硬件厂商恰恰是靠软件开发商用光自己提供的硬件资源得以生存。安迪-比尔定律就这样把原本属于耐用消费品的计算机、手机等商品变成了消耗性商品,刺激着整个 IT 产业的发展。

整个 PC 工业的生态链就是这样盘活的:以微软公司为首的软件开发商吃掉硬件提升带来的全部好处,迫使用户更新机器,让联想、戴尔、惠普等公司收益,而这些整机生产商再向英特尔公司引领的各大硬件厂商订货购买新的芯片和外设,于是各家的利润先后得到了相应的提升;接着,英特尔等各个硬件厂商再将利润投入研发,提升硬件性能,为微软等软件开发商下一步更新软件、吃掉硬件性能做准备。现在智能手机生态链也形成了一个 WinTel 格局——And-Arm 联盟,谷歌公司的安卓逐渐起到了当年微软公司 Windows 的作用,而高通等基于 ARM 的手机芯片公司起到了当年英特尔公司的作用。安迪-比尔定律依然存在,只不过在这个生态链里面换了个代号而已。

A.3　70-20-10 定律

IT 产业的任意一个领域,一开始都是群龙无首、群雄逐鹿的。经过激烈的拼杀之后,一般在全球容不下三个以上的主要竞争者。这个行业有一个霸主,也就是老大,它会遇到一两个主要的挑战者,也就是老二(或许还有一个老三)。老二有自己稳定的百分之二三十的市场份额,有时也会挑战老大并给老大一些颜色看看。所以老大总是密切注视着老二,并时不时地打压它,防止它做大。剩下来的是一大群小商家,数量虽然多,但是却只能占到百分之十甚至更少的市场。这个定律被吴军博士总结为70-20-10定律。

在我们熟知的 PC 软件领域,微软公司无疑是老大,苹果公司是老二。微软公司控制着主流的 PC 操作系统——Windows,于是几乎所有的软件硬件开发商都必须跟在微软公司的后面开发产品。苹果公司有时能够挑战一下微软公司,把市场占有率提高一两个百分点,但总的来讲,它在 PC 领域一直受打压。剩下来的公司不仅很难挑战微软公司的霸主地位,和苹果公司也差得很远。在 PC 处理器领域,英特尔公司是当之无愧的老大,坐第二把交椅的 AMD 公司偶尔能从英特尔公司手里抢一点市场份额。其他领域情况相似:在智能手机软件领域,谷歌公司是老大,苹果公司是老二;网络硬件设备领域,华为公司、思科公司、瞻博公司分列前三;信息技术服务领域,IBM 公司是老大,惠普公司和 Oracle 公司是老二老三。

虽然每个领域的老大占有的市场份额不同,但是通常都比其他所有公司的总和还要多。而一旦出现了一个霸主,它就成为这个市场规则的制定者和解释者,这时市场就不可逆转地向着有利于这个主导者的方向发展。让我们通过微软公司和苹果公司的例子,来了解制定规则的作用。当微软公司占领了 95% 的 PC 操作系统市场份额后,软件开发商专门开发苹果公司软件意味着什么?意味着设计和生产一种只能在 5% 的公路上跑的汽车。当整个行业都开始遵守微软公司制定的规则时,全社会就出现了各种各样靠微软公司吃饭的人:有编写、翻译、出版和销售 Windows 编程书的人,还有从事各种微软软件培训或者微软证书考试复习的“专家”。改变 PC 行业的规则意味着这些人员的失业,他们就会首先跳出来反对新的规则并力挺微软公司。如此一来,微软公司在微机领域的王位就难以撼动。思科公司、华为公司、谷歌公司、Oracle 公司的情况也类似。

为什么 IT 产业中“赢者通吃”?

“赢者通吃”似乎是 IT 产业里特有的现象,在传统工业中是很难看到的。例如,在石油领域,尽管埃克森美孚每年有高达 4000 亿美元的营业额和同样高的市值,但它在世界石油市场连 10% 的份额也占不到。在汽车工业中,无论是昔日的霸主通用汽车还是新科状元丰田汽车,从来也没有占有过世界市场的 20%。在金融、日用品、零售业等诸多领域里也是如此。为什么在信息产业的公司比传统工业的容易形成主导优势呢?这里面有以下两个关键的原因：

（1）不同的成本（研发成本、制造成本、销售成本）在这两类工业中占的比例相差太大。传统工业要扩大一千倍的生意，通常意味着增加几百倍的制造和销售成本。例如，一个汽车公司要扩大一倍营业额，意味着公司规模要扩大一倍，建大一倍的工厂，多雇一倍数量的员工。这就可能降低效率，利润率甚至也会下降，因此扩张到一定程度就会慢下来。例如，世界上效益最好的汽车公司——丰田，利润率也不过15％左右。IT产品则不同，制造成本只占很小的一部分，而研发成本非常巨大，摊到每个产品上并不低。所以，一旦扩大一倍的市场，就能将这部分均摊的研发成本降一半。同时公司还不需要更多的雇员，效率依然保持不变，总的利润率就上去了。对微软公司和Oracle公司来讲，制造一份软件拷贝的成本和一百万份软件拷贝的成本没有什么区别，这两家软件公司的毛利润率超过80％。即使是以硬件销售为主的思科公司和英特尔公司，毛利润率也高达60％和50％。

（2）信息产品的黏性（使用惯性）非常强。一个PC用户一旦使用Windows，在上面安装了各种软件，即使竞争对手推出了更好的系统，也很难转而采用新的。同理，一个大公司或者政府部门，一旦选择了微软公司的操作系统就很难放弃。当一个操作系统开始在市场上领先竞争对手，在整个生态链中它的下家就越来越多，在其系统上可用的软件就越来越多，其他孤军奋战的竞争者很难翻盘。毕竟，换一种IT产品很可能要重新安装、学习、适应所有配套的软硬件，这对于大多数顾客来说非常麻烦且会导致用户体验很差。在传统工业的生态链中，由于不同产品和部件之间的可替代性很强，以至这种黏性非常之弱。一个汽车公司这一次选择了米其林轮胎，下次完全可以选择火石轮胎。而对于客户也是一样，某运输公司这次买了一批福特公司的汽车，下次如果通用公司的汽车好，它可以马上换成通用公司的。这种改变并不需要付出太多的安装、学习、适应方面的代价。

A.4　诺威格定律

既然在IT产业中存在"赢者通吃"的现象，那么当一个主导公司一直占领某个市场大半的份额，并且对第二名保持一定优势时，岂不是将这个市场变成了它的万世基业了？实际情况并非如此，随着产业的变革，一个主导公司是不可能靠着吃老本而成为百年老店的。在科技工业领域，内在的规律加速了它的新陈代谢——"当一个公司的市场占有率超过 50% 后，就无法再使市场占有率翻番了"，这就是"诺威格定律"[①]。

一个公司刚刚兴起时，有朝气、有技术而市场占有率很小。它可以不断拓宽市场而根本不用担心成长的空间，例如，其一款产品的市场占有率从 2% 增长为 4%、8% 直至 32%……但当它占领了大部分市场后，形势就发生了根本性的变化——仅仅依靠成倍扩大市场占有率来追赶摩尔定律的速度已经是不可能的了。例如，其主打产品已经占有 51% 的市场份额了，是无法再扩大到 102% 的。但是，如果你的营业额没有翻番，那就没有达到摩尔定律的要求，这就意味着你的步伐跟不上时代了、不被市场看好、很难吸引投资，必然面临衰败。所以说，一个市场占主导地位的公司必须不断开拓新的财源，寻找新的增长点，才能做到长盛不衰。目前为止，开拓新的财源的有效途径只有两条——扩展和转型。

扩展现有业务可以最大限度地利用公司原有的经验和优势，从而在新领域很快站住脚。例如，谷歌公司的商业优势在于它一直是全世界最大的广告商网络之一。从 2006 年开始它先收购视频网站 YouTube，又收购可用于 YouTube 广告的双击公司，2007 年还牵头成立了安卓手机联盟。看上去好像是在从互联网向手机业务上转移，但它的扩张实际依然围着互联网广告业务进行：众多广告商以前通过谷歌公司在互联网上做广告，以后也有可能通过谷歌公司在传统媒体（如视频）和智能终端（如手机）上做广告。微软公司从编译器（BASIC）到 PC 操作系统（Windows），到 PC 应用程序（Office），到家庭娱乐（Xbox），再到平板电脑（Surface），一直也是在软件相关领域里面闯荡。而迪士尼公司从少儿动画片扩展到 3D 动画和超级英雄类型片，依然还是在影视娱乐这个行业里面横向发展。

扩展的前提是相近领域有可扩展的空间，但是当一个行业已经进入老年期，无从扩展的时候，这个领域领头的公司要想继续发展和生存，就不得不转型。例如，芬兰的诺基亚公司，它在 1865 年成立的时候主营木材加工和造纸，后来合并了塑料厂，再后来收购了制造电话线和电话的工厂，在二战前后开始生产电子元器件，直至 1992 年开始主营无线通信业务，才在 2G 时代成为全球手机生产厂商中的老大。而美国通用电气公司是 1890 年由托马斯·爱迪生创建的，主营发电、铺设电线到生产电灯泡这些业务，直到 1981 年杰克·韦尔奇执掌门户，将其业务调整为金融、传媒、医疗保健等，打造了集高科技、高附加值服务、金融和娱乐于一体的全球最大的经济联合体。不过，总体来说，转型做起来要比扩展难得多。工业史上，转型失败的例子比比皆是，而成功的例子却凤毛麟角。

[①] 提出者为彼得·诺威格（Peter Norvig）博士，谷歌研究院主任、美国计算机协会（ACM）资深会员、人工智能专家。

A.5　基因决定定律

　　每当我们回过头来评价一个公司兴衰时,并不难找到原因并给出改革方案。但决策者要在当时的复杂环境中看清方向却不是那么容易的。即便他做出了正确的判断,也常常无法贯彻自己的意图。为什么一个公司转型这么难呢?答案就是四个字——"基因使然"。当一个大公司在某个领域特别成功的时候,该公司获得成功的内在因素(企业文化、做事方式、商业模式、市场定位等)会渐渐地、深深地植入该公司,可以说是这个公司的"基因"。当这个公司开拓新领域时,它会按照自己的基因克隆出一个新部门,继续利用以往成功的经验来处理新问题。

　　成功的跨国企业就好比人到中老年,让他们转换思维方式非常困难。到底有多难呢?想象一下小孩教爷爷奶奶用智能手机的情景吧。另外,年轻的公司没有退路只能向前,而成熟的公司总有它传统的业务可以依赖,一旦遇到问题就可能退缩。例如,以大型机、系统和服务为核心的 IBM 公司就很难在 PC 市场成功。事实上,当 IBM 公司继苹果公司之后推出自己的 PC,当年就卖出了十万台,销售额超过一亿美元并实现了盈利——这在商业史上是空前的成功。但公司算总账时发现,这一亿多美元还抵不上 IBM 公司接几个花旗银行计算机系统的合同。要知道,IBM 公司的商业模式就是将长期的服务捆绑到系统销售中,习惯于这种一劳永逸商业模式和市场的 IBM 公司,很难像推销家电那样辛辛苦苦地推销 PC。与此同时,负责大型计算机业务和银行软件业务的部门,其销售额和盈利几乎在所有年头都占 IBM 公司的主要部分,这些部门在公司内部的发言权要高得多。于是,IBM 公司在 PC 市场上遇到挫折就退回来一点,发展顺利时再前进一点,反反复复,犹犹豫豫,以致其 PC 部门严重亏损,最终卖给了联想公司。可见,一个公司的产品和服务可能随着市场不断变化,但是公司的基因却很难改变。

　　也许你会认为苹果公司从 PC 到 iPod,再到 iPhone 和 iPad,已经成功地改变了基因。但这只是表象而已,它内在的地方(商业模式)一点也没有变——创新才是苹果公司最关键的基因,至于在什么地方创新,并无限制。只要在 PC 上还有创新的余地,它也不会放弃这个市场。从它这些年不显山不露水地推出 iMac 一体机、MacBook 超薄笔记本电脑等时尚 PC 产品就可以看出来。作为一个富于创新的消费电子公司,苹果公司的软硬件必须作为整体一起出售,不能拆开卖。也就是说,其软件的价值必须通过硬件的销售来实现。所以,苹果公司虽然十几年前吃过自我封闭的亏,但推出的 iPod 还是相对封闭的产品,必须用苹果公司自己的一套 iTunes 软件才能从 PC 上将音乐和视频装到 iPod 中,iPhone、iPad 也是一样。那么,为什么它不也搞一个开放系统的手机联盟？原因很简单,这不是苹果公司的基因(通过硬件挣软件的钱)。同样,当年世界上最大的手机厂商诺基亚公司宣布要开放它的智能手机操作系统 Symbian,也没有做成,因为选择开放了操作系统就断了自己的财路。诺基亚公司归根结底还是要靠硬件本身挣钱,其他牌子的手机卖多了自己的就卖少了,这不符合其利益。谷歌公司则不同,它只是希望人们使用它的搜索,因此采用安卓系统的手机制造商越多越好。由于诺基亚公司和谷歌公司的基因不同,商业模式不同,在手机领域的做法就会不同,最后的结果也就不同了。

　　基因的决定作用如此之大,使得很多跨国公司都无法通过改变基因来逃脱诺威格定律揭示的"宿命"。这其实对整个工业界乃至我们这个世界是一件好事。就像自然界的任何事物都是从生到死、不断发展一样,一个公司、一个产业也应该如此。正所谓"江山代有才人出,各领风骚数百年""旧的不去,新的不来"。只有那些体型庞大的恐龙被清除之后,人类文明的发展才有了足够的空间。从这个角度来看,一个昔日跨国公司的衰亡,或许是它为社会做的最后一次贡献。

信息时代的创业

附录B

随着市场经济的发展和信息渠道的拓宽,投身创业的人越来越多。尤其是"大众创业、万众创新"的号召一经提出,迅速在我国各阶层、各年龄段的人群中掀起了一股"实现价值,开创事业"的新浪潮。什么是创业?创业教育领域的经典教科书《创业创造》给出了定义:创业是一种思考、推理结合运气的行为方式,它为运气带来的机会所驱动,需要在方法上全盘考虑并拥有和谐的领导能力。

看到上述定义,就算没有搞清楚其确切含义,也会知道一点:创业好像不是那么容易的事情,年轻的创业者似乎高估了自己成功的可能性。据统计,中国大学生首次创业的成功率只有 2.4%,这个数字显然太低了,要知道买福利彩票中奖的概率都超过了 6%。不过,就算是在创业配套机制更为成熟的美国,开公司失败的概率也大于成功。统计显示,美国的创业公司 5 年之后的生存概率是 48.8%,10 年之后是 29%。而且这个生存概率曲线几乎不随时间变化。也就是说,不论是经济繁荣时期还是经济衰退时期,不论是 20 世纪 70 年代还是 20 世纪 90 年代,成败的概率似乎都已注定了。从这个角度来说,创业就是一种创新,是英雄人物才玩得起的小概率事件。

那么,一个创业公司从起步到成功,最后幸运地创造辉煌,究竟是一个怎样的过程呢?大量案例表明,这需要几经生死、闯关无数,在每个阶段都是千军万马过独木桥。其中,横亘在创业大道上最为关键的大关卡有三道:挖掘"第一桶金"、站在"风口浪尖"和创新"商业模式",如图 B.1 所示。

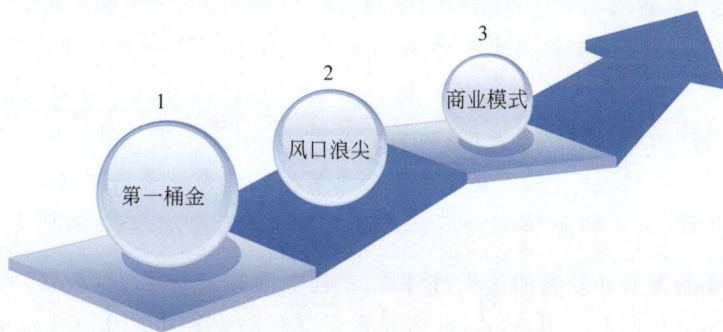

图 B.1 创业历程中重要的三道关卡

B.1 挖掘"第一桶金"

美国有一句谚语:人生最重要的是第一桶金。当你的生活、工作状态得到质的改变,拥有一个满足基本需求的生活环境或发展平台时就挖掘到了"第一桶金"。它包括金钱、人脉、名望、知识、技能等,是一个很宽泛的概念。例如,亚伯拉罕·林肯在 1834 年通过政治集会上的演说进入公众视野并当选为州议员,淘到了其踏上政坛的第一桶金。迈克尔·法拉第在 20 岁时成为著名化学家汉弗莱·戴维的实验助手,淘到了其科学生涯中的第一桶金。

在创业的过程中,第一桶金主要指的是个人或企业第一次挣到的比较多的钱,可以看作资本原始积累的同义词。创业者如果没有通过自己的努力来挖掘到第一桶金,其创业本身很可能是一个失败的结局。当然,拿到第一桶金时你做的很可能不是最想做的事情,但是你没办法,为了得到这笔钱你必须先去做些别的事情,把钱挣到手以后,再去做想做的事情。例如,你开个小修车铺赚到了第一桶金,接着扩大规模办起汽修厂,然后又投资了汽车公司,最后搞出个宇宙飞船也说不定。在早期的商业环境里,许多大企业的创始人都是从收破烂、摆地摊做起的。有的是钻了法律和政策的空子,甚至还有一定的黑势力背景,当事业起来之后再慢慢洗白……所以说"不要羡慕别人的风光,风光的背后不是沧桑就是肮脏。"

第一桶金的由来

在美国,有一则家喻户晓的民间故事,主人公是一个叫亚默尔的农夫。19世纪中叶,美国加利福尼亚州发现了大金矿,数以万计的民众前往淘金,旧金山就是作为淘金热潮的中心而得名。当时,17 岁的亚默尔也在山谷之中圆自己的黄金梦,但他无意中注意到一个现象:矿场气候干燥,水源缺乏,淘金者很难喝到水。甚至有饥渴难熬的掘金者声称:"我愿用一块金子来换一杯清水。"于是亚默尔把目光转向新目标——卖水,只要把水运到矿场,便可赚大钱。他用挖金矿的铁锹挖井,掘出的不是黄金,而是地下的水。从此,亚默尔走上了发迹之路,后来成了美国著名企业家。这就是在美国兴起的淘金热中广为流传的"第一桶金"的故事。但这桶金并非来自金矿,而是来自清水。

随着商业的发展和社会的进步,挖掘第一桶金的方式也在逐渐改变,倾向于要拥有技术背景。如果掌握了一项新技术或者发现了某种技术在生产生活中的新应用,就能吸引投资人的注意,甚至直接获得一大笔启动基金。蓝色巨人 IBM 公司的第一桶金就是赫尔曼·霍尔瑞斯发明的打孔制表机,这让美国国家统计局受益匪浅——1890 年人口普查的数据处理预计需要耗时 13 年,但租用了 106 台打孔制表机之后,两年半就全部完成了。随后制表机在巴黎国际博览会展出,获得欧洲同行的称赞,英、法、意、俄等国的人口普查都使用了霍尔瑞斯的技术……

微软公司的第一桶金也很有代表性。比尔·盖茨与保罗·艾伦在上中学的时候就学会了 BASIC 语言,并为学校编写了一个时间表格系统。1975 年 1 月,艾伦看到了美国杂志《大众电子》上刊出的一篇文章及附图,是在介绍 MITS 公司开发的一款计算机

Altair 8800。于是,艾伦就跑来找正在哈佛大学读二年级的盖茨一起讨论。盖茨几天后给 MITS 总裁打电话,说自己和艾伦已经为这款机器开发出了 BASIC 语言的编译器,这样用户就可以在 Altair 上使用 BASIC 语言编程了。实际上这个编译器完全是盖茨杜撰出来的,当时他们一行代码也没有写。但经过几周的夜以继日,他俩居然赶出了一个程序。MITS 公司对程序比较满意,就雇用了艾伦。几个月后,艾伦说服了盖茨退学,在一家旅馆房间里创办了微软公司……这则故事也告诉了我们一个道理:“机会总是留给有准备的人的”。如果盖茨和艾伦没有早先的编程基础和突击攻关的能力,就算 Altair 计算机摆在他们面前恐怕也毫无用处,更何况仅仅凭借着一篇简单的介绍和图片就为其开发出相应的软件。所以,有一句应景的西方谚语就是“自助者,天助之”(God helps those who help themselves)。

谷歌公司的第一桶金靠的就是 PageRank 算法,这是拉里·佩奇和谢尔盖·布林在斯坦福大学读博士的时候搞出来的。这个算法把搜索引擎的查准率从 20%～30% 提升到 70%～80%,这算是搜索引擎领域迄今为止唯一的一次质变。由于算法的优秀和工程上的精雕细琢,他俩的搜索引擎居然比当时的 AltaVista 和 Inktomi 等商业搜索引擎还准确,于是大学同学和亲戚朋友都开始使用这个搜索引擎,每天搜索量 5000 多次。1998 年夏天,佩奇和布林通过斯坦福大学帮助学生创业的办公室联系到了校友、太阳微系统公司的创始人安迪·贝托谢姆。贝托谢姆当时还在一线工作,非常繁忙,只有早上上班前有点空闲时间。于是,佩奇和布林俩人一大早就扛着自己攒的服务器来到贝托谢姆的办公室,向这位工业界大名鼎鼎的人物演示自己的搜索引擎。贝托谢姆对搜索的结果很满意,没有多考虑就开出了一张 10 万美元的支票交给他们……可以说,只有质的飞跃才能在信息时代造就新的领导者,从而取代该领域的原有霸主。谷歌公司在当时是符合这个条件的,其技术水平使得它赢在了起跑线上。

总体来说,技术上的突破、产品上的成功,才是如今挖掘第一桶金的王道。如果你打算创业,有了一个不错的想法,但在技术上没有什么门槛,那就很难吸引到好的投资。毕竟,你的想法很容易被同行得知,一旦大家照葫芦画瓢、蜂拥而至之后,这个产品的利润会被压得非常低。只有在技术上和同类型产品拉开足够的距离,才能在一定的时间内保持竞争优势,这样才会被投资人看好。

B.2 站到“风口浪尖”

第一关的关口前可谓横尸遍野,能够得到第一桶金的创业者绝对是非常幸运的。但是要想让企业做强、做大,还要去闯第二关——寻找正在酝酿中的“风口浪尖”,并在恰当的时候站上去。《孙子兵法·兵势篇》的最后一句就是:“故善战人之势,如转圆石于千仞之山者,势也。"意思是善于指挥军队作战所造成的态势,就如同将圆石从万丈高山滚下来那样,这就是所谓"势"。古人早就意识到了"势"的重要性,于是就有了"借势而为""顺势而行""乘势而上"……

中国互联网的资深人士雷军,从 22 岁加盟金山公司,一干就是 16 个年头。尽管他业绩赫赫,从部门经理慢慢成长为了 CEO,但始终做得有些吃力。用他自己的话说"感觉就像一头负载过重、步履蹒跚的猪"。然而在移动互联网的大潮来临之际,他转而创办了北京小米科技有限责任公司,并在 3 年之中将其打造成位列阿里公司、腾讯公司、百度公司之后的中国第四大互联网公司,而且在中国的硬件公司中仅次于联想集团。雷军可以说是"十年苦战,一朝醒悟",于是得出了他著名的"飞猪理论",也称"风口论"——站在台风口,一头猪都能飞起来。小米科技的辉煌业绩,证明了雷军以独到的战略眼光找到产业中"有台风口的地方",然后做"一头会借力的猪",冲天而飞。

与雷军的"风口论"有异曲同工之妙的,是吴军博士的"浪潮之巅"理论。他在《浪潮之巅》这套书中列举了大量的实例,例如著名的互联网设备制造商思科公司。思科公司早期成功的关键在于它的两个创始人在最合适的时机创办了一个世界上最需要的公司。假如思科公司早创立两年,可能在市场还没有起来时就烧完了它的投资而关门了,反过来也一样,如果它迟了两年就可能被别的公司占了先机。思科公司的幸运正好和以朗讯科技公司为代表的传统电信公司的不幸互补。如图 B.2 所示,2000 年前后互联网的兴起,使得世界上数据传输量急剧增加,而语音通话业务的发展相对停滞。互联网对传统电话业务的冲击,就如同数码相机对胶卷制造业的冲击一样,极大地挤压了后者的发展空间。

单位: Gb/s

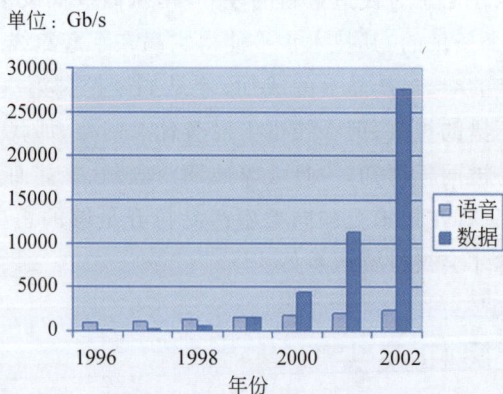

图 B.2　1996—2002 年全球数据与语音通信量对比

思科公司在互联网大潮将起的时候幸运地站了上去,并被推上了浪潮之巅。对于没有赶上浪潮的朗讯公司,其没落几乎是无法避免的。在工业史上,新技术代替旧技术是不以人的意志为转移的,人生最重要的就是发现和顺应这个潮流。正所谓"时来天地皆同力,运去英雄不自由。"投资大师沃伦·巴菲特在谈到20世纪初他父亲失败的投资时讲到,那时有很多汽车公司,大家不知道投哪个好,但是有一点投资者应该看到,马车工业要完蛋了。巴菲特为他的父亲没有注意到这一点而感到遗憾。

第5章中讲过,互联网2.0时代最耀眼的明星无疑是Facebook公司,而当一个公司处于一轮科技发展的浪潮之巅时,没有其他公司可以挑战它,哪怕是底蕴丰厚的谷歌公司也只能避其锋芒。但到了移动互联网时代,就成了苹果公司和谷歌公司的天下了,移动终端的操作系统几乎就是这两家公司说了算。哪怕是PC时代的霸主微软公司和互联网1.0时代的老大雅虎公司打算联手合作,也显然不是苹果公司或谷歌公司的对手。可以说,苹果公司和谷歌公司经过了一段时间的韬光养晦,又站到了"风口浪尖"。这让人不禁想起了朱熹的诗《泛舟》:"昨夜江边春水生,艨艟巨舰一毛轻。向来枉费推移力,此日中流自在行。"

赶不上浪潮,企业往往就会没落,如果要超前太多,则很可能也会导致失败。Oracle公司在20世纪90年代早期推出网络计算机就是一个例子,而日本NTT公司下属的移动子公司Docomo在1999年就推广移动互联网也是典型的一例。一方面当时智能手机的性能还无法完成普通PC的业务,另一方面数据服务当时非常昂贵且传输速度较慢……总之,配套条件大多不具备,Docomo公司跑得太快了,跑到了互联网浪潮的前面去了,于是被拍在了沙滩上。所以时机要刚刚好,尺度要把握得当,不但要避免坐失良机,而且要防止过犹不及。领先一步是先进,领先两步是先锋,领先三步是先驱,领先四步是先烈!

B.3 创新"商业模式"

当你找到了产业的"风口浪尖",就可以借"势"把企业做强做大,但接下来怎么办?且不说总有"风平浪静"的时候,真正有责任心的创业者还是想要把企业做长、做久,最好办成像IBM公司那样的"百年老店",这就得去闯过第三关——创新"商业模式",形成自己独特的基因(风格)。商业模式最简单的理解,就是公司通过什么途径或方式来赚钱,这恰恰是创业初期还没有完全考虑清楚的问题。而所有成功的大公司都有好的商业模式,尤其是诸多IT产业的巨头,在商业模式上都有各自的创新。

各有妙招的IT巨头们

早在19世纪末,作为电信行业的老大,AT&T(美国电报电话公司)就懂得只收服务费而不收高得吓人的安装费,这是一个了不起的商业模式的革命。

正是因为为用户免去了大部分安装费，才使得美国的电话在几十年里就普及到了所有的家庭。二十多年前的中国国内也是如此，一笔高额初装费的门槛拦住了大部分有心安装电话的人，直到 2000 年左右这个问题才得到基本解决。

早期的计算机产业中，每一个部件都是计算机生产商自己开发。IBM 公司如此，DEC 公司和惠普公司也是如此。假设当时开发一个 CPU 芯片需要一千万美元，这三家公司分别开发就会总共花掉三千万美元。于是英特尔公司站出来说，我来专门开发芯片，然后按每家五百万美元卖给你们。IBM 公司、DEC 公司和惠普公司觉得这样比自己开发要便宜得多，就欣然接受了。而英特尔公司的处理器仅仅卖给这三家就能收入一千五百万美元，除去成本还盈利五百万美元（多卖几家公司利润会更高）。英特尔公司就这样发展起来了。

早期的计算机公司软硬件都开发，软件的价值要通过硬件实现，没有单独的软件公司。IBM 公司就是把软件的价钱摊到每年收的服务费中。这种服务费很像黑社会的保护费，需不需要服务都得交。Oracle 公司改变了这个模式，它把软件卖给用户（一次性收取费用），然后用户有事找它，没有事就不用再交服务费了，这样用户的成本就降低了。于是，Oracle 公司的数据库就抢了 IBM 公司的市场。苹果公司也许是出现得太早，沿用了 IBM 公司那种软件价值通过硬件体现的商业模式，最终在 PC 领域输给了卖软件的微软公司。

在 20 世纪 80 年代是个人计算机（PC）产业蓬勃发展的时代，相比当时的 IBM 公司或兼容机的龙头老大康柏公司，戴尔公司没有什么技术优势可言。但是创始人迈克尔·戴尔在商业模式上改进了传统制造业从设计到销售的过程，使得戴尔公司计算机的价格比其竞争对手低得多，市场占有率渐渐成长起来，到 2000 年成为美国最大的个人计算机制造商。

如图 B.3 所示，一个传统的制造业需要通过产品设计、原料采购、仓储运输、加工制造、订单处理、批发经营和零售 7 个环节才能收回投资，获得利润。也就意味着，一个企业需要先投入资金，然后经过这么一大圈才能挣到钱。所有的公司总是在尽可能降低各个环节的成本，以获得比同行更高的利润率。20 世纪 60 年代，日本人将工厂里的生产流水线的概念扩展到仓储运输和整个加工制造中，极大地降低了制造业的成本。在很多日本工厂里，没有库存零件，当第一批零件用完了，第二批刚好送到，而第三批正在路上，第四批在上家的流水线上。同样，产品刚下流水线，开往港口的汽车就已经准备装货了。这种高效率使得日本制造打败了欧美制造，迅速占领了世界市场。为了进一步降低成本，世界各大公司开始在东南亚和中国建工厂，将加工制造这个环节的成本压到了最低。其实,最聪明的办法是直接减少其中一个或者几个环节,这样资金从投入到收回最快、利用率最高,戴尔公司就是这么干的。

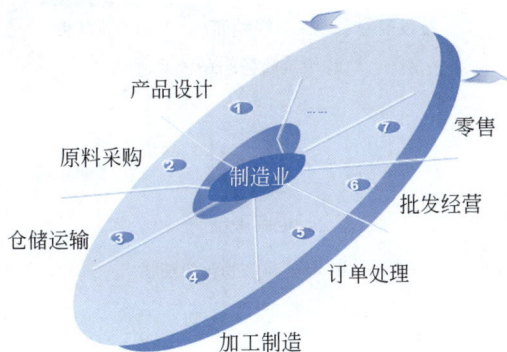

图 B.3 传统制造业的 7 个环节

戴尔公司不仅把产品设计外包给了专业公司,而且不设自己的工厂,直接由中国和东南亚的 OEM(Original Equipment Manufacturer,原始设备制造商)工厂生产。至于原料采购,戴尔公司每年和英特尔公司、AMD 公司、希捷公司等几家主要的 PC 芯片和配件生产厂商谈好协议,由这些公司直接将货发给那些 OEM 厂,便省去了原料采购和一半的仓储运输环节。最后,戴尔公司在销售渠道上做起了文章,就是坚持直销(基本不经过批发商,很少通过零售商分销)。它开发了一个在线的订购系统,这一头顾客在上面填自己要买的计算机配置和个人信息,生成订单后直接通知 OEM 工厂。工厂每天按照订单生产计算机,然后按照戴尔公司提供的地址发货。这种直销方式不仅省去了批发和零售的成本,降低了产品的价格,而且在价格上非常透明,避免了和个人消费者讨价还价的麻烦。戴尔公司唯一要做的事就是牢牢控制住订单处理和零售(主要是市场推广)这两个环节。

戴尔公司将传统的制造业的 7 个环节简化到 2 个,这是一个了不起的商业革命。正是靠着这个革命性的商业模式,戴尔公司才能从众多 PC 品牌中脱颖而出,成为全球主流的计算机生产厂商。其实,戴尔公司之所以能创新出直销模式,主要还是借了电子商务的东风——它的在线订购系统就是一个电子商务平台。如图 B.4 所示,早先由于信息技术的限制,传统商务的各制造环节和销售渠道都是靠人工来完成,很难简化。而电子商务平台却可以通过互联网和计算机技术直接砍掉大部分中间环节,降低了各项成本。因此,电子商务已经成为当今世界发展最快的商业领域。

谷歌、百度等互联网公司主要通过广告或电子商务赚取企业客户的钱,从而对个人用户则提供免费的信息服务。但有一家互联网公司比较特殊,其大半的收入都直接来自个人用户,这就是中国的腾讯公司。腾讯公司很早就意识到:随着社交网络的不断

(a) 传统商务的销售渠道

(b) 电子商务的销售渠道

图 B.4 从传统商务到电子商务

发展,用户在虚拟社会中所花的时间越来越多,这就会导致人们对社交网站产生一定的依赖,此时虚拟商品的出现就成为必然。于是,腾讯公司针对个人用户开创出一种新的商业模式——卖虚拟商品。

腾讯公司的虚拟商品种类很多,例如 QQ 贺卡、QQ 宠物、QQ 秀的服饰以及 QQ 农场、QQ 牧场和 QQ 餐厅这些游戏中的物品……此外还有一些增值服务,例如 QQ 红钻、QQ 黄钻、QQ 会员等。这些虚拟商品看似无本的买卖,也没有什么技术门槛,但国内很多经营过虚拟商品的社交网站还是在烧掉了所有风险投资之后关门大吉了。可见,这种商业模式不是想象中那么简单的,必须解决好以下几个关键问题:

(1) 虚拟商品的使用价值。尽管在短期内可以通过炒作卖出去一些没有使用价值的虚拟商品,但这终究形成不了一个长期稳定的市场。所以设计满足用户某种需求的有价值的产品,门槛还是很高的,而且得投入不少研发资金。例如 QQ 秀的服饰,可以让用户在虚拟社会中展现自己的个性化,它们就有一定的使用价值。

(2) 虚拟商品的生产制造。用户不仅是虚拟商品的消费者,还是它们的创造者。例如在 QQ 农场中,用户可以通过自己的劳动来制造产品(水果和蔬菜),他们在这个虚拟社会里花了时间和精力,就有所获得,并且将通过交易赚取这个虚拟社会的财富。此外,这个虚拟社会的承载公司还会推出"无本"的商品,这会稀释这个虚拟社会中商品的价值,等于掠夺用户的财富,时间一长,用户会慢慢流失。如何在不断投入"无本"商品的同时又不让用户感觉到财富贬值,这很考验公司的运营艺术。

(3) 虚拟商品的交易方式。用户在虚拟社会中通过劳动积累了财富,例如在 QQ 农场中采摘了大量的农产品,接下来就要购买种子和化肥等材料来扩大生产,或者去交易其他商品以及增值服务。这就需要一种记账方式来管理贸易,于是腾讯公司开发了在其虚拟社会中通行的货币——Q 币。有了 Q 币之后,用户可以很方便地在虚拟社会中进行生产、贸易、社交等活动了,就如同在现实世界中一样。

　　腾讯公司靠着经营虚拟商品获得了巨额利润,总营收一度超过阿里巴巴集团,是百度公司的好几倍。这种商业模式后来被国外最大的社交网站 Facebook 公司学习了过去,成为其三种最主要的收入来源之一。

　　综上所述,从创业起步到辉煌登顶的过程中,产品技术的门槛、产业风口的把握和商业模式的创新都很重要,这对一个团队来说有着多方面、多层次的要求,也就涉及了乔布斯所说的“科技＋人性”的综合考量。如果没有领先的技术和优秀的产品,那么公司就很难立足;如果没有对行业发展趋势的正确认知,那么公司就很难做大;同样,如果没有好的商业模式,那么公司就一定长久不了。2000 年前后的互联网泡沫时代就是很鲜明的教训:虽然很多 IT 公司有幸站在了产业的风口浪尖上,但是要么产品技术不过硬,要么就根本不知道怎么挣钱,因此兴起得快,衰亡得更快。

参 考 文 献

[1] Harari Y. 人类简史：从动物到上帝[M]. 林俊宏，译. 北京：中信出版集团，2014.

[2] Petzold C. 编码：隐匿在计算机软硬件背后的语言[M]. 左飞，薛佟佟，译. 北京：电子工业出版社，2014.

[3] 李忠. 穿越计算机的迷雾[M]. 2 版. 北京：电子工业版社，2018.

[4] 曹健. IT 文化：揭开信息技术的面纱[M]. 北京：清华大学出版社，2018.

[5] 吴军. 数学之美[M]. 3 版. 北京：人民邮电出版社，2020.

[6] 吴军. 信息传[M]. 北京：中信出版集团，2020.

[7] 邹恒明. 操作系统之哲学原理[M]. 2 版. 北京：机械工业出版社，2012.

[8] Brookshear J G，Brylow D. 计算机科学概论[M]. 刘艺，吴英，毛倩倩，译. 13 版. 北京：人民邮电出版社，2022.

[9] 林锐，韩永泉. 高质量程序设计指南：C++/C 语言[M]. 3 版. 北京：电子工业出版社，2012.

[10] 吴军. 文明之光[M]. 北京：人民邮电出版社，2017.

[11] 谢希仁. 计算机网络[M]. 8 版. 北京：电子工业出版社，2021.

[12] 《互联网时代》主创团队. 互联网时代[M]. 北京：北京联合出版公司，2015.

[13] 刘云浩. 物联网导论[M]. 4 版. 北京：科学出版社，2022.

[14] 物联网智库. 物联网：未来已来[M]. 北京：机械工业出版社，2015.

[15] 涂子沛. 数据之巅：大数据革命，历史、现实与未来[M]. 北京：中信出版集团，2019.

[16] 王珊，杜小勇，陈红. 数据库系统概论[M]. 6 版. 北京：高等教育出版社，2023.

[17] 吴军. 智能时代：5G、IoT 构建超级智能新机遇[M]. 北京：中信出版集团，2020.

[18] Schönberger V M，Cukier K. 大数据时代[M]. 盛杨燕，周涛，译. 杭州：浙江人民出版社，2013.

[19] Schönberger V M. 删除：大数据取舍之道[M]. 袁杰，译. 杭州：浙江人民出版社，2013.

[20] 涂子沛. 大数据：正在到来的数据革命[M]. 桂林：广西师范大学出版社，2013.

[21] 涂子沛. 数商[M]. 北京：中信出版集团，2020.

[22] Hill M G. 妙趣横生的心理学[M]. 王芳，译. 2 版. 北京：人民邮电出版社，2015.

[23] 王元卓，陆源，包云岗. 计算的脚步[M]. 北京：机械工业出版社，2022.

[24] 马兆远. 人工智能之不能[M]. 北京：中信出版集团，2020.

[25] 吕云翔，李沛伦. IT 简史[M]. 北京：清华大学出版社，2016.

[26] 吴军. 浪潮之巅[M]. 3 版. 北京：人民邮电出版社，2016.

[27] Hey T. 计算思维史话[M]. 武传海，陈少芸，译. 北京：人民邮电出版社，2020.

[28] 刘巍然. 密码了不起[M]. 北京：北京联合出版公司，2021.

[29] Pfleeger C，Pfleeger S L，Margulies J. 信息安全原理与技术[M]. 李毅超，梁宗文，李晓冬，

译. 5 版. 北京：电子工业出版社，2016.

[30] 熊平,朱天清. 信息安全原理及应用[M]. 3 版. 北京：清华大学出版社，2016.

[31] 杨朴宇,刘鹄伟,杨朴伟. 贤二机器僧漫游人工智能[M]. 北京：北京联合出版公司，2016.

[32] Kelly K. 必然[M]. 周峰，董理，金阳，译. 北京：电子工业出版社，2016.

[33] 张玉宏. 人工智能极简入门[M]. 北京：清华大学出版社，2021.

[34] Wolfram S. 这就是 ChatGPT[M]. Wolfram 传媒汉化小组，译. 北京：人民邮电出版社，2023.

[35] 万维钢. 拐点：站在 AI 颠覆世界的前夜[M]. 北京：台海出版社，2024.

图书资源支持

感谢您一直以来对清华版图书的支持和爱护。为了配合本书的使用，本书提供配套的资源，有需求的读者请扫描下方的"书圈"微信公众号二维码，在图书专区下载，也可以拨打电话或发送电子邮件咨询。

如果您在使用本书的过程中遇到了什么问题，或者有相关图书出版计划，也请您发邮件告诉我们，以便我们更好地为您服务。

我们的联系方式：

清华大学出版社计算机与信息分社网站：https://www.shuimushuhui.com/

地 址：北京市海淀区双清路学研大厦 A 座 714

邮 编：100084

电 话：010-83470236 010-83470237

客服邮箱：2301891038@qq.com

QQ：2301891038（请写明您的单位和姓名）

资源下载：关注公众号"书圈"下载配套资源。

资源下载、样书申请

书圈

图书案例

清华计算机学堂

观看课程直播